프리미엄 오디오 시스템 설계 제작

김대진·박형도 공저

전남대학교출판문화원

프리미엄 오디오 시스템 설계 제작

인 쇄 | 2023년 12월 1일
발 행 | 2023년 12월 7일

저 자 | 김대진·박형도
발행인 | 김광석
발행처 | 전남대학교출판문화원

등 록 | 1981. 5. 21. 제53호
주 소 | 61186 광주광역시 북구 용봉로 77
전 화 | (062) 530-0573
팩 스 | (062) 530-0579
홈페이지 | http://www.cnup.co.kr
이메일 | cnup0571@hanmail.net

정가 16,000원

ISBN 978-89-6849-992-0 (93560)

머리말

제품 개발의 근본 개념은 공학의 원래 목적인 원하는 기능의 제품을 얼마나 빠른 시간 내에 경제적으로 구현하는가에 있다. 오늘날 컴퓨터와 전자통신의 발달, 표준화, 자동화, 오픈 소프트웨어, 자료의 통계 분석 적용 등으로 전자제품을 개발 제작하는 기간이 지속적으로 단축되고 있다. 시장을 선도하기 위해서는 제품 기능의 디지털화, 혁신적인 디자인, 사용자의 사회 문화적 요소, 소비 계층의 인간적인 감성과 정서 등 모든 분야가 융합된 개념을 반영한 설계가 요구된다. 따라서 제품 개발 공학 교육에 있어서 기초 설계, 요소 설계, 종합 설계의 교과 과정을 진행하는 설계 프로젝트 실무 교육 과목이 매우 중요해졌다.

이 교재는 전자공학 프로젝트 수행 지침서로 오디오 신호 증폭용 오디오 앰프 제작을 통해서 전자 제품 개발 과정을 학습하는 내용으로 구성되어 있다. 이 전자제품은 작은 오디오 신호 전압을 증폭하는 프리앰프와 스피커 구동을 위한 전력 증폭 기능의 메인 앰프가 함께 복합된 인티그레이티드 앰프로 전기 에너지를 소리로 변환하는 스피커를 구동하는 회로와 부품들로 구성되어 있다. 프리미엄 오디오 앰프는 증폭 특성과 신뢰도가 우수하며 경제적인 진공관들을 사용하여 설계하였다. 증폭 회로는 듣기 좋은 음질을 구현한다고 널리 알려진 3극관 동작 회로로 설계하였다. 추가하여 USB 메모리와 블루투스 모듈을 설치하여 디지털 음원이나 인터넷 음악을 충분히 재생할 수 있도록 설계하였다. 오디오 전문가가 충분한 성능을 내면서 쉽게 제작할 수 있는 회로로 설계하였고, 충분히 음악 감상을 할 수 있는 성능을 지닌 가정용 앰프이다. 그래서 전자공학 전공의 대학생 뿐만 아니라 공동제작을 원하는 오디오 애호가들도 학습 교재로 사용할 수 있다. 이 교재는 오디오 앰프에 대한 이론과 기기를 설계, 제작, 측정, 평가, 개선하는 방법을 제시하고 있다.

본 교재의 내용에 따라 프로젝트를 수행하면 다음의 학습능력을 기를 수 있다. 첫째, 오디오 증폭 스피커와 프리미엄 진공관 앰프 설계 제작을 통해서 전자공학 기초 회로 이론을 이해하고 소리 재현에 적용하여 학습한 이론과 지식을 실무에 활용하는 능력을 기른다. 둘째, CAD를 이용한 도면 제작과 파워포인트로 작성하는 리포트 수행을 통해서 개발용 응용 소프트웨어 사용 능력을 기른다. 셋째, 오픈 소스의 활용, 동료 학생과의 정보 교환, 교수자와의 질의응답 등의 유기적 소통을 통해서 문제 해결 능력 및 개발 시간 단축 능력을 기른다. 넷째, 조별 팀워크 활동을 통하여 조직관리, 협동업무, 문제해결 능력 등 공학도로서 갖추어야 할 업무 자질을 향상시킨다.

2023년 8월

차례

PART 1. 제품 설계 제작법

PART 2. 오디오 기초 이론

PART 3. 오디오 증폭 스피커 설계 제작

PART 4. 프리미엄 진공관 앰프 설계 및 제작

PART 1.

제품 설계 제작법

제1장

전자 제품 제작 과정

1.1. 전자 제품 디자인 이슈

공학의 중요한 역할은 원하는 기능의 제품을 최대한 빠른 시간 내에 경제적으로 구현하는데 있다. 오늘날 새로운 개념의 전자 제품을 출시하여 시장을 선도하기 위해서는 다양한 분야가 융복합된 개념을 적용한 설계가 요구된다. 즉, 제품 기능의 디지털화, 혁신적인 디자인, 사용자의 사회 문화적 요소, 소비 계층의 인간적인 감성과 정서 등이 반영되어야 한다. 소비시장의 세계화에 따라 각 나라의 문화와 전통, 종교, 기후에 따라 제품을 대하는 감성에도 큰 차이가 있다. 따라서 다양한 소비자의 취향에 맞도록 촉감, 색감, 느낌, 디자인 등과 같은 감각적 요소뿐만 아니라, 고객의 감정과 고객의 삶의 방식까지 고려하여야 한다. 또한, 경쟁사의 동종 제품 분석을 통하여 제품의 성능, 기능, 효율성, 편의성을 높이고 가격 대 성능비도 높여야 한다. 최근에는 소비자의 통찰력과 사용 경험에 의해서 만들어진 빅 데이터를 분석 반영하여 고객들의 내재된 소비 성향과 기호를 끌어내어 성공 확률을 높이는 기법도 적용하고 있다.

1.2. 전자 제품 설계 및 제작 기법

전자 제품 개발에 있어서 용도에 적합한 기능 뿐만 아니라 시장의 최신 트랜드도 반영하여야 한다. 최근의 전자 제품은 다른 제품들과 연동시켜 데이터를 교환하고 다른 사용자와 연결할 수 있는 통신 기능을 부가하는 추세에 있다. 또, 기기에 따라서는 다양한 정보를 얻고 새로운 기능 추가를 위해 센서들이 적용되고 있다. 전반적으로 제품들이 인터넷에 연결되어 데이터를 수집하여 정보를 전달하거나 저장하는 사물인터넷(IoT: internet of things) 환경으로 전환되는 추세이다. 예를 들어 10년 전의 세탁기는 단순한 모터와 기계식 타이머로 설계되어 있는 전기 기계 장치였다. 그러나 오늘날의 세탁기는 기본 기계 장치와 수 많은 센서 및 전자 부품들로 구성된다. 기능에 적합한 전용 MPU(multi processing unit)를 장착하고 소프트웨어 코드에 의해서 작동되며 인터넷에 연결되어 원격제어나 감시를 할 수 있다.

사회적 개발 인프라의 발달로 제품 개발 시간은 단축되고 있으나 어느 수준의 신기술을 적용하여 제품을 출시하느냐 하는 것도 하나의 큰 관건이다. 기술 적용이나 방향 시기를 잘못 선택할 경우 판매 시장에서 참패할 수 있으므로 신중한 접근이 필요하다. 개발 기업 및 개발자는 소비자의 요구사항을 미리 예측하고 대비하여야 한다. 새로운 것은 과거의 경험에 기반하며 우수한 제품은 치열한 경쟁과 끊임없이 발전하는 기술의 융합으로 탄생된다. 우수한 기능, 적은 에너지 소비, 세련된 디자인, 경제적인 가격과 안전성 등은 제품 설계에 있어서 가장 기본적인 요구사항이다. 더 좋은 제품을 만들기 위해서는 기계, 기구, 구조, 전기, 전자, 유체, 열, 공기흐름, 진동이나 노이즈 방지, 소프트웨어 등의 공학적 기본 요소를 적용해야 한다. 기본 요소 이외에 감성적인 디자인, 소비자의 사용 패턴, 사용 지역의 종교, 문화, 기후, A/S 정책, 친환경 요소 등 광범위한 영역의 빅 데이터를 분석하여 적용하는 것이 요구되고 있다. 요구사항을 충족하고 문제를 해결하기 위해서는 다양한 기술과 지식이 필요하다. 더 많은 정보를 분석하여 적용하는 것이 더 좋은 제품을 개발하여 성공할 수 있는 요소이다.

전자 제품 개발을 위해서 중요하게 검토해야 할 사항은 법적, 기술적, 경제적인 문제와 실현 가능성 및 판매 가능성이다. 통신과 교통수단의 발달로 인하여 제품 시장의 세계화, 규격의 세계화, 각국 정부 규제 준수, 저작권 및 특허권 보호 등 세계적인 설계 요구 조건을 충족해야 한다. 개발품에 대한 고객의 사용 경험과 요구 조건을 철저히 조사하여 분석해야 한다. 또한 제품 특성과 기능을 유지할 수 있도록, 소프트웨어, 전자, 기계 시스템 등 기술 분야별로 설계팀을 구성해야 한다. 개발 팀에서는 개발 단계에서부터 시간 지연과 품질 보장 등 제조 시에 일어날 수 있는 난제를 대비하여 제조 방법을 모색해야 한다. 단품, 소량, 대량 생산 등 개발 규모에 따라 수작업이나 자동화를 고려해야 한다. 시간 단축을 위해 워크플로우 진행에 소셜미디어 또는 협업 툴을 활용하는 것도 필요하다. 특히, 글로벌 차원의 상품 개발을 진행하는 경우 어렵고 복잡한 규제나 문화적 차이에서 오는 문제들을 해결해야 개발 시간을 단축시킬 수 있다. 시제품 제작에 있어서 가상 시뮬레이션을 통해 개발 비용을 줄이고 실물에 가까운 정교한 튜닝 과정으로 시행착오를 줄여야 한다. 설계 및 제조 비용을 실시간으로 평가하고 검토하여 최선의 방법을 선택해야 한다. 채산성이 없는 경우에는 과감한 방향 전환이 필요하다.

경쟁력 있는 제품 개발을 위해서는 개발과 관련된 축적된 지식과 경험이 필요하며, 부족할 경우 경험자의 영입이나 전문성을 갖춘 관련사와의 협력 또는 분업 체계를 검토해야 한다. 그리고 개발자나 관련사들 간에 거리, 시간, 문화가 서로 다를 때 소통과 협업의 부재는 제품 개발의 성패에 심각한 도전이 될 수 있다. 개발자들이 똑같은 기술과 지식을 이용해 서로 다른 분야나 위치에서 개발을 진행하는 경우 목표치에 도달하지 못하고 개발자도 모르는 사이에 치명적인 제품의 결함을 가져올 수도 있다. 문제점이 서로 공유되지 않고 개발이 진행되면 A/S 등 추후 재작업이 늘어나게 된다. 어떤 유명 스마트폰 제조업체는 전지 분리형에서 일체형으로 제품을 전환하는 과정에서 전지 폭발로 인해 큰 어려움을 겪었다. 이 사건으로 제조업체는 브랜드 이미지 저하와 보상 비용 지출로 경제적인 큰 손실을 입었다. 이 사례를 보면 분야별 역할과 제품 기능 전환에 대비한 소통을 통한 문제 해결 능력이 얼마나 중요한지를 보여주는 좋은 예라 할 수 있다. 소통 부재는 개발 비용 증가와 제품 성능 저하로 이어져 고객의 기대치를 충족하지 못하게 된다. 결국 시장퇴출로 이어져 심각한 상태를 초래할 수 있다. 소통문제 해결 방법으로 나날이 발전하고 있는 소셜 미디어들을 잘 활용하는 것이 제품 개발 팀들 간의 협업과 실시간 커뮤니케이션의 좋은 방법이 될 수 있다.

전자 제품 개발에 필요한 도구로 워드, 엑셀, 파워포인트, 소프트웨어 개발 툴, CAD (computer aided design), CAE(computer aided engineering), 등 다양한 응용 프로그램이 사용된다. 제품 개발 툴들은 각각 개별적으로 분산된 파일을 생성하게 된다. 따라서 이러한 정보의 통합과 표준화가 필요하다. 공동 작업을 위해서는 제품 특성 데이터 및 모든 관련 데이터를 공유할 수 있는 통합 작업 환경을 구축해야 한다. 고객 요구사항을 수집하고, 문서화하고, 제품에 적용하고, 그리고 또 다시 피드백을 받아서 충족되었는지 검증할 수 있어야 한다.

제품 개발 시 나눌 수 있는 모듈이나 분야는 개발 팀 밖의 전문가와 협력 작업하는 방식은 시간을 절약하고 수익성을 높이기 위한 좋은 방법이다. 모듈에 대한 설계도, 작업 분야별 설명서 및 데이터를 분석 평가하여 최선의 협업 방법을 모색해야 한다. 인쇄회로기판(PCB: printed circuit board), 기계 기구 설계, 모니터링 시스템, 조작제어 모듈, 통신 모듈 등 전문업체가 형성되어 있는 분야들은 모듈별로 나누어 외주가 가능하다. 소프트웨어 프로그램도 인터페이스를 정확히 정의하고 분리하여 외주가 가능하다. 모듈이나 분야 별로 나누어 자사나 외주에서 개발 업무를 진행하는 경우 동시 다발적 업무 수행으로 시간을 단축할 수 있다. 특히, 복잡한 시스템 개발이나 시간이 많이 소요되는 소프트웨어 개발에 있어서 이 방식이 주효하다. 분야별로 협업시스템을 구축할 경우 통합 관리할 수 있는 체계를 갖추어야 한다. 분야별로 개발 작업을 수행할 때 다양한 인터페이스가 어떻게 서로 상호 작용하는지를 알고 있다면 협력을 통해 재작업을 줄여 제품 개발 일정을 단축시킬 수 있다.

제품 개발은 제품 기능에 맞는 기기를 설계 제작하고 CAD 도면을 활용하여 조립도를 만든다. 제품 개발 도중 제품 구조나 기능 시험을 지속적으로 시행하여 완제품 출시 이전에 문제점이 생기지 않도록 보완해야 한다. 개발된 제품 뿐만 아니라 개발 과정도 완벽한 것은 없다. 따라서 문제점 분석 및 설계 변경 사항의 생성, 추적, 관리는 필수 요소이다. 프로젝트 설계 단계에서 제조 및 생산 과정을 계획하여 설계 개발이 완료되면 제조 생산 과정으로 들어간다. 생산 제조 엔지니어들은 조립 및 제조 계획을 세우고 필요 시 자동화 툴을 이용해 조립 제조 전 과정을 관리하면서 규모에 따라 작업을 진행하여야 한다. 작업을 위해서는 자재 관리가 필요하며 제조 과정에 맞추어 자재 수급을 효율적으로 조절하여야 한다.

제품설명서 작성 작업은 마지막으로 수행하는 매우 중요한 작업이다. 제품이 완성되면 최종적으로 서비스 및 제품설명서를 만들어 완성한다. 필요하다면 제품설명서를 비디오 형태로 만들어 인터넷 상에서 공유할 수도 있다. 설계 과정에서 설명서를 효율적으로 만들 수 있다면 제품 개발 시간을 줄이고 시장 출시 시간을 앞당길 수 있다. 또한, 실용적인 제품을 개발하기 위해서는 제품 사용 시 일어날 수 있는 문제점을 인터넷 환경을 이용하여 미리 파악하고 해소할 수 있어야 한다. 개발자는 인간적이며 더 스마트하고, 더 빠르고, 더 간편하게, 더 경제적인 개념을 제품 개발에 적용해야 한다. 이러한 복잡하고 다양한 요소들을 반영하여 많은 구매로 이어질 수 있는 차별화된 기능을 갖춘 제품 개발이 중요하다. 결론적으로 현재 전자제품 개발 방식은 하드웨어 장비를 사용하는 것 뿐만 아니라 소프트웨어 프로그램 툴을 활용한 방식으로 빠르게 전환되고 있다.

본 교재에서 설계 제작 프로젝트를 수행하는 프리미엄 진공관 오디오 앰프는 하나의 전자제품으로 디지털 음원이나 인터넷 음악을 충분히 재생할 수 있도록 설계되었으면서도 순수 아날로그 소리 재현이 가능한 음향기기이다. 이 기기는 작은 오디오 신호 전압을 증폭하는 프리앰프와 스피커 구동을 위한 전력 증폭 기능의 메인 앰프가 함께 복합된 인티그레이티드 앰프로 전기 에너지를 소리로 변환하는 스피커를 구동하는 회로와 부품들로 구성되어 있다. 제품 설계를 위해서는 진공관과 트랜지스터(TR: transistor) 증폭 회로, 옴의 법칙, 최대 전력전송 이론과 임피던스 매칭, 스피커 및 전원 트랜스 동작 원리, 전원 회로 보호회로 등 관련 기초 전자 회로 이론 학습이 필요하다. 또한 상용 판매를 위해서는 앰프와 스피커에 대한 전반적인 기술 발전 방향과 시장에 판매되고 있는 기존 제품 동향 분석이 필요하다. 학습 지식과 분석 자료를 바탕으로 기본 회로를 응용하여 증폭 회로를 설계하고 구현한다. 또한, 진공관, 트랜지스터, 커패시터, 인덕터, 저항, 방열판, 다이오드 등 관련 부품 학습과 실제 선정 및 사용 방법을 익힌다. PCB 설계는 캐드를 이용한 제작 방법까지 공부하고 프로젝트 수행 시간 절약을 위해 미리 제작된 전용 PCB를 사용한다. 공구 사용법을 익혀 PCB 부품 장착 및 납땜을 수행하여 PCB를 완성하고, 제품 케이스에 부품을 고정하고 전원부와 완성된 회로 기판을 장착하는 작업을 수행하여 제품을 완성한다.

1.3. 전자 제품 제작 평가

일반적인 전자 제품을 제작 평가할 때는 우선 공학적 측면에서 원하는 기능과 구조 그리고 성능이 성취되었는지 분석한다. 그리고 가혹한 사용 환경에서의 내구력 시험을 통해서 제품의 완성도를 평가한다. 내구력 시험은 스위치 부분의 반복 동작, 사용 환경에서의 낙하 시험, 접는 부분의 반복 동작에 의한 내구력 테스트, 온도와 습도의 변화에 의한 정상동작 및 변형 점검 등이 기본적으로 수행해야 할 시험이다. 여기서 가장 중요한 것은 전자 제품 목적에 맞는 동작 성능이다. 즉, 청소기는 청소, 세탁기는 세탁, 오디오는 소리 재생, TV는 영상과 음성 수신 등 최종적인 전자 제품으로서의 기능의 정상적인 수행이 기본 요소이다.

음향기기를 기술적으로 완벽하게 평가하기 위해서는 왜율 측정, S/N비 측정, 증폭율 측정, 스테레오 기기의 경우 좌우 편차 측정, 바이어스 드리프트 측정, 재생 주파수 대역 측정 등 수 많은 측정 요소가 있다. 본 프로젝트에서는 제작하는 앰프의 근본 기술적인 요소와 더불어 사용자 측면의 청감도 같이 평가한다. 일단 안정성 평가를 위해 바이어스 및 출력단 0점 조정 후 24시간 이상 앰프를 연속으로 장시간 동작시킨다. 이어서 바이어스 전압의 변화 여부 및 앰프 출력단의 전압이 정상적으로 유지되는지 확인한다. 과도한 전류 흐름으로 열이 나거나 타는 부품이 없는지 후각, 촉각, 육안 및 측정기를 이용하여 측정한다. 촉각으로 온도를 감지하는 경우 화상을 입지 않도록 주의한다. 예를 들면 온도계가 없을 경우 저항이나 부품에 물을 살짝 도포하여 증발 여부를 확인하는 것도 고온 측정의 하나의 테크닉으로 활용할 수 있다. 이 때 회로에 물이 흘러 절연이 불량해지지 않도록 주의한다. 발진기와 오실로스코프를 이용하여 앰프가 가청주파수 영역에서 평탄한 증폭 특성이 나오는지 20 Hz에서 20 kHz 사이의 주파수를 가변하여 특성을 측정한다. 신호가 없을 때 노이즈를 측정하여 신호 대 잡음비(S/N: signal to noise ratio)를 계산한다. 전용 장비가 있으면 왜율 등을 정밀 측정한다. 제품이 완성되었으면 원하는 성능만큼 음질을 재생하고 있는지 평가하는데, 이 경우 평가용 음원을 사용하여 소리 재현을 테스트한다. 기본적인 소리 재생 평가가 끝났으면 보이스, 오케스트라, 재즈, 록 음악, 관현악 등 다양한 장르의 음악을 재생하여 청감 시험을 한다. 청감을 평가하여 부족한 점이 있으면 보완하여 제품 제작을 완수한다.

1.4. 프리미엄 진공관 앰프 중심의 프로젝트 수행

이 교재는 전자공학 프로젝트 수행 지침서로 오디오 증폭 앰프 제작을 통해서 전자 제품 개발 과정을 학습하도록 구성되어 있다. 전자공학과 관련 2~3학년 학생이 이미 학습한 전자 회로 이론을 기반으로 오디오 신호, 오디오 기기, 증폭 회로, 전원 회로 등 오디오 신호 재생 및 제작과 관련된 전반적인 이론을 교재를 통해 학습한다. 또한, 개별 리포트를 통해서 실무에 적용할 수 있도록 재정립한다. 정립된 이론을 응용하여 교재 과정에 따라 회로 설계, 앰프 제작과 측정, 평가, 개선 등을 진행한다. 기초 지식의 복습과 관련 지식을 심층 심화 학습하고 실제 적용하여 이해도를 높이도록 한다. 이론을 현실화하는 과정에서 예상치 못하게 발생하는 문제들을 교재를 바탕으로 학습 당사자가 자기주도형으로 스스로 문제를 해결하여 학습 과정을 수행한다. 스스로 해결이 불가능한 어려운 문제들은 교수자와의 질의응답 및 소셜 미디어를 통한 소통으로 해결할 수 있다.

1.4.1. 프로젝트 수행 목표

첫째, 프리미엄 진공관 오디오 앰프 설계 제작을 통해서 전자공학 전자 회로 이론을 이해하고 소리 재현에 적용하여 학습한 이론과 지식을 실무에 활용하는 능력을 기른다.

둘째, CAD를 이용한 도면 제작과 파워포인트로 작성하는 리포트 수행을 통해서 개발용 응용 소프트웨어 사용법을 익히고 도면과 제안서 작성 시 표준화 기법 적용 능력을 기른다.

셋째, 오픈 소스의 활용, 동료 학생과의 정보 교환, 교수자와의 질의응답 등의 유기적 소통을 통해서 문제 해결 능력 및 개발 시간 단축 능력을 기른다.

넷째, 자율적인 조별 팀워크를 통하여 조직관리, 협동업무 등 공학도로서 갖추어야 할 업무 자질을 향상시킨다.

1.4.2. 프로젝트 수행

전자공학 프로젝트 수행을 위하여 이론 과목 및 실험 과목을 통해 학습한 전자공학을 활용할 수 있는 프리미엄 진공관 오디오 앰프 제작을 선택하였다. 본 교재 내용의 프리미엄 진공관 오디오 앰프 설계 제작 학습을 통하여 전자공학의 필수 요소인 오디오 증폭 관련 회로 이론과 전자 기기를 이해한다. 또한, 제작한 기기의 성능과 기능을 평가하고 개선하는 학습 과정을 통해 실무 능력 및 제품 개발 완수 능력을 기른다. 전자회로 설계 제작하는데 기본적이면서 필수적인 CAD 도구로 프리웨어인 KiCAD를 학습하고 사용법을 익혀 실무에 적용하는 능력을 기른다. 설계 제작한 시스템의 소리 재현 성능과 기능 개선을 위하여 스피커 시스템 관련 이론 학습과 오디오 청음 방법에 대해 공부한다.

프로젝트에 사용할 오디오 앰프 회로는 음질이 좋기로 정평이 난 진공관을 사용한다. 제작하는 앰프는 전압 증폭과 전력 증폭이 한 회로 내에서 이루어지는 프리메인 일체형 오디오 앰프인 인티앰프(integrated amplifier)이다. 앰프 회로는 초단, 드라이버 단, 전력 증폭단으로 구성된다. 앰프 입력 초단에는 증폭도가 높고 안정성이 좋아 방송용 믹서에 많이 사용되어온 EF-86 5극관을 3결하여 삼극관으로 사용한다. 드라이버단은 진공관 시대의 오실로스코프 등 측정기에 사용된 고신뢰관 6DJ8을 SRPP 형태의 회로를 구성하여 사용한다. 출력단은 정전압관이나 오디오 증폭용으로 사용되는 고신뢰관 6080W관을 사용하여 경제성과 우수한 성능을 나타내도록 구현하였다. 출력 트랜스포머는 특별 주문 제작한 특주품을 사용하여 앰프 대역폭 20 Hz ~ 20,000 Hz를 구현하였다.

회로 도면은 KiCAD를 이용하여 회로를 그리면서 학습하지만 PCB 제작까지는 수행하지 못하고, 프로젝트 진행이 한 학기를 기준으로 수행되는 관계로 미리 전문가가 제작한 전용 PCB와 케이스를 이용하여 조립한다. 오디오 함수 발생기와 오실로스코프, 멀티테스터를 이용하여 바이어스, 주파수 특성을 측정하여 완성한다. CD 플레이어나 PC를 이용하여 다양한 장르의 음악을 감상하여 청감 시험과 장시간 동작 시험을 한다. 소리 재현에는 진공관 앰프용 풀 레인지 스피커를 사용하고 고역 주파수 재생 특성 개선을 위하여 트위터를 부가하여 사용할 수 있도록 한다.

완성된 시스템은 조정단계를 거쳐 최소 24시간 이상 연속으로 동작시켜 본다. 이어서 전자제품으로서의 기능과 성능 시험으로 완성도를 평가한다. 최종적으로 오디오로서의 성능과 기능 확인을 위해 다양한 장르의 음악 청취를 통해 청감을 평가한다. 측정과 평가 후 미비한 점이 있으면 보완하여 최종 완성한다.

PART 2.

오디오 기초 이론

제2장

오디오 신호

2.1. 초창기 오디오 역사

인류 역사와 함께 해온 소리의 예술인 음악은 에디슨의 유성기 발명 이후 영원한 인류의 동반자가 되었다. 지구상에서 최초로 인간의 목소리를 기록했다가 다시 들려준 유성기의 발명은 오늘날의 '오디오 공학'을 탄생시킨 위대한 첫걸음이었다.

당시 이 기기를 본 사람들은 자신의 귀를 의심하고 그 속에 악마가 들어 있다고까지 생각했다. 보잘것없이 간단한 구조로 소리를 낼 수 있는 뮤직 박스(music box)이지만 상상력을 뛰어넘을 정도로 충격적인 것이었다. 오디오 시스템의 원조격인 소리통의 역사는 이미 13세기부터 시작되었다고 기네스북에 기록되어 있다.

- **1857년** 프랑스의 과학자인 레온 스코트에 의해 음향기록 이론이 전개되기 시작했는데 그가 내놓은 것은 종이에 음파를 기록한 것으로 오토그래프라 명명

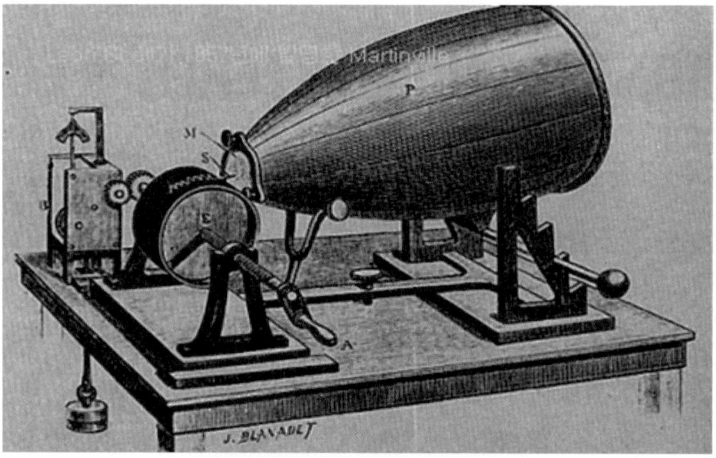

그림 2.1. Marinvile (1857, Leon Scott)

그림 2.2. Martinvile 개량기(Leon Scott)

- **1864년** 맥스웰이 전파의 존재를 예언
- **1878년 2월 19일** 레온 스코트가 발명한 기기를 보고 나서 에디슨이 유성기를 발명. 이 기기는 직접 소리를 기록할 수 있었고 그것을 다시 들을 수 있게 제작된 인류 최초의 소리상자라고 할 수 있음

그림 2.3. Tinfoil (Edison)

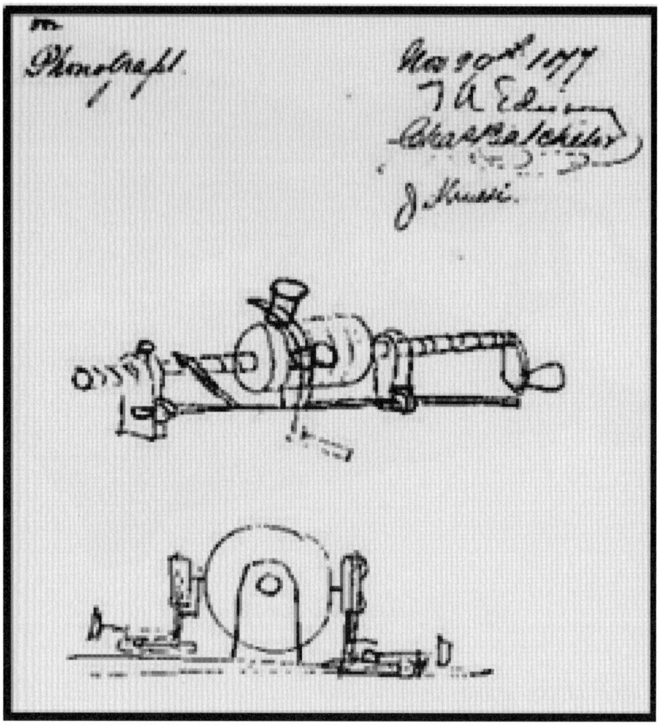

그림 2.4. 에디슨이 스케치한 Tinfoil 모습

- **1878년 4월 18일** 에디슨에 의해 이름이 붙여진 틴호일(tinfoil)은 포노그래피(phonograph)라고 이름을 붙여 소개되었고 에디슨은 틴호일 포노그래피 제품을 개선시킨 그의 두 번째 모델을 발표함
- 틴호일 포노그래프로 이름을 붙인 최초의 소리통은 실린더식 무쇠로 된 대반 중앙에 두개의 베어링식 기둥을 세우고 한쪽 끝에는 손잡이를 다른 끝에는 축을 꿰어 돌아갈 수 있도록 되어 있다. 축 가운데에는 놋쇠와 같은 금속 철판으로 만든 실린더를 고정시켰는데 그곳에는 1인치당 10줄의 소리 골, 즉 홈이 새겨져 있다. 에디슨이 발명한 유성기를 석박식으로 포노그래프라고 불렀는데 당시 이 제품의 용도 설명을 보면 음악 뿐만 아니라 만능기기로서의 역할을 할 수 있다고 했음

그림 2.5. Tinfoil 유성기의 두 가지 디자인

■ **에디슨이 생각한 틴포일 포노그래프의 기능**

① 속기사 없이 편지를 쓸 수 있는 것 이외에 구술필기에도 사용할 수 있다.
② 이것을 사용하면 맹인도 책을 읽을 수 있다.
③ 웅변술 교육에 사용할 수 있다.
④ 음악을 녹음, 재생시킬 수 있다.
⑤ 가족의 기록으로서 사람들의 육성이나 유언을 녹음할 수 있어 추억을 남길 수 있다.
⑥ 뮤직 박스 또는 장난감으로 쓸 수 있다.
⑦ 귀가시간이나 식사시간을 알려준다.
⑧ 발음을 정확하게 녹음하기 때문에 그 교정이 가능하다.
⑨ 선생님의 강의를 녹음해 두면 노트를 대신하게 되며 또한 단어의 스펠링을 기억하는데도 유용하게 사용할 수 있다.
⑩ 전화와 유성기를 조합하여 그 통화를 영구 보존해 남길 수 있다는 것 등

- **1884년** 에디슨이 전구를 실험하다가 에디슨효과 발견

- **1886년 5월 4일** 그레이엄 벨(1847-1922)이 운영하고 있던 벨연구소가 개량된 포노그래프의 특허를 받아내고 에디슨에게 더욱 진보된 기기를 함께 제작하자는 제안을 했다. 초기의 실린더 방식의 유성기는 청진기 같은 고무판을 사용해 주거나 큰 나팔관을 달아 주어야 하는 불편이 있었다. 그들이 발명해 특허를 얻어낸 제품은 작동 방식도 에디슨의 실린더가 손으로 돌려주는 것에 반해 이것은 톱니바퀴를 조립, 사용하기 편하게 된 설계였다. 이를 고안한 사람은 유성기에 관해 연구를 해온 알렉산더 그레이엄 벨의 사촌인 Chichester Bell과 물리학자인 Charles Sumner Tainter였다. 두 사람은 에디슨을 찾아가 기술 제휴를 제안했지만 한마다로 거절당했다. 에디슨은 두 사람이 발명한 설계가 자기 것을 도용해 특허까지 받아낸데 화가 나서 한동안 유성기 개발에 등한시했음

■ **에밀 베를리너 음반을 눕히다**

- 에디슨과 벨, 틴터가 실린더식 소리상자를 가지고 다투고 있을 즈음, 이 두 가지 외에 전혀 다른 방식이 에밀 베를리너에 의해 소개되었다. 젊은 과학도인 에밀 베를리너는 원통형 유성기가 소리를 들려주는 기기로서 결코 만족스럽지 않아서 음파의 진동을 눕혀서 기록해 보고 싶었다. 그래서 고정된 바늘 밑에서 유리 원반이 회전하면서, 그 표면에 바른 아마유 피막이 바늘의 진동에 따라 벗겨지는 방법을 이용한 'Grammar phone'이 개발된 것이다. 이로 인해 불가능했던 레코드의 복제가 가능해지자 유성기 산업은 서서히 진가를 발휘하기 시작했음

- **1887년 9월 26일** 에밀 베를리너는 발명품의 특허를 신청했고 그 이듬해 5월 16일에는 필라델피아의 프랭클린 협회에서 학자들과 관계 인사들을 초청하여 그래머폰 디스크를 공개하였다. 이 장소에서 베를리너는 미국의 독립 선언문을 직접 낭독, 녹음했는데 목소리가 또렷이 재생되어 참석한 모든 사람들을 놀라게 만들었다. 이 기기는 1893년 워싱턴의 아메리카 그라모폰 회사에서 소규모로 제작 판매하였고 1895년경에는 베를리너가 직접 설립한 베를리너 그라모폰 회사에서 기계와 원반의 제작을 맡아 판매했음

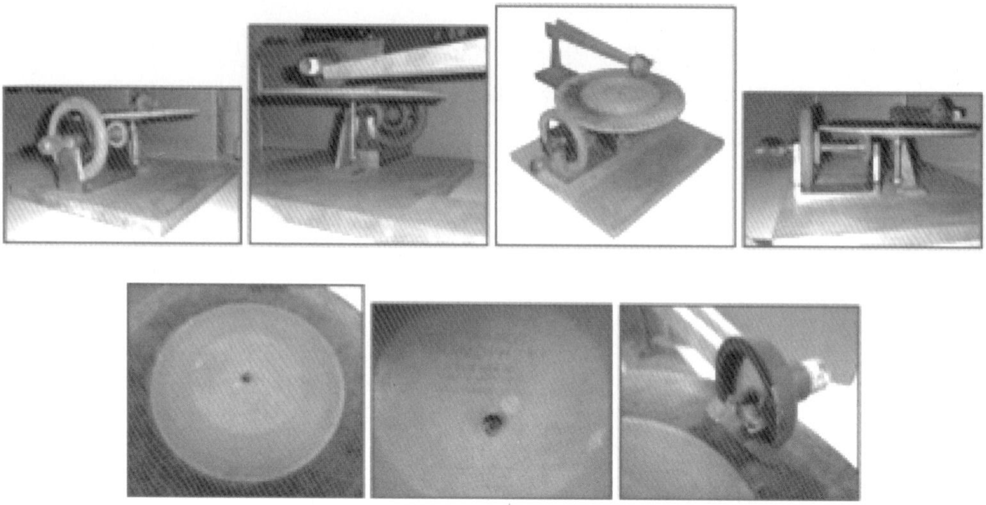

그림 2.6. 에밀 베를리너가 고안한 초기의 유성기 모형

그림 2.7. 에밀 베를리너와 그가 고안한 유성기 모습

Enregistrement des vibrations sonores sur un disque animé d'un double mouvement, circulaire et rectiligne. Tel était le principe du Grammophon de Berliner. Le disque était en zinc, recouvert d'une pellicule de cire. Après inscription dans la cire, le disque était traité à l'acide chromique, qui mordait le métal au niveau du sillon.

그림 2.8. 초기 신문에 실린 에밀 베를리너의 그라모폰 모습

- 유성기 개발이 계속 베를리너에게 몰리고 있던 에디슨은 에밀 베를리너의 특허 신청을 알고 나서 5일간 한잠도 자지 않을 정도로 유성기 개발에 대한 강한 집념을 보였다. 마침내 5일 만에 개량형 유성기를 완성시켰는데, 이것이 'M(E)형'이었다. 중량급으로 만들어진 이기기는 단순히 소리를 듣게 해주는 것보다 더욱 선명한 음악을 재생시켜 주는 기기로서 직류 모터를 사용한 최초의 유성기라는 점에서 가치를 두고 있다. Type K 유성기는 6″ 대형 레코드를 사용할 수 있게 했고 판매가격도 미화 150불이었으며 청진기로 소리를 들을 수가 있어 좋은 반응을 보임

그림 2.9. 에디슨의 개량형 포노그래프 'M(E)형'

그림 2.10. 일렉트리닉 그라모폰 세트 (Sam Tainter)

- **1898년 2월** Edison 'Standard Phonograph' 제품 발명

- **1900년** 발더마르 폴젠 박사에 의해 녹음기가 만들어짐. 그의 녹음방식은 전화기의 송화기가 신호를 전자석을 통하여 보낼 때 강철선이 자성을 띄게 되는 것에서 힌트를 얻은 것임

- **1904년** 영국의 플레밍(J.A. Flemming, 1849～1945)이 에디슨효과를 응용해서 2극 진공관 발명

- **1905년** 오데온 레코드사에 의해 양면 레코드가 탄생

- **1906년** 미국의 드 포레스트가 3극 진공관 발명 : 2극 진공관의 캐소드와 애노드 사이에 철사망으로 된 그리드(grid)라는 제3의 전극을 집어넣음으로서 전압을 제어할 수 있게 함. 이즈음 레코드 산업은 점차 본격적인 대중의 예술매체로 등장했으며 미국인들이 즐겨 듣는 행진곡과 민요 그리고 컨트리 송 등을 담은 레코드 탄생. 유성기의 판매경쟁이 본격적으로 시작되자 자연스럽게 품질이 향상되었고 더욱 좋은 제품을 만들기 위해 메커니즘 부분이 개량됨

그림 2.11. 다양한 진공관

- **1915년** 아마추어 무선 기사로 일하던 다비드 사알노프가 무선전신 수신기를 변형시켜 유성기처럼 가정에서 음악을 듣는 '라디오 뮤직 박스(radio music box)'를 만들어냄. 이때 처음으로 라디오란 말이 사용됨

- **1919년** 미국 RCA(Radio Corporation of America)회사가 설립. RCA는 'Western Electric'과 함께 초창기 미국 전자산업을 이끌었음. RCA는 주로 가정용 음향기기를 생산하였고 'Western Electric'은 극장용 음향기기를 생산

- **1920년 10월 27일** '웨스팅하우스'가 피츠버그에 방송국을 건설, 최초의 정규 방송을 시작

- **1947년 12월 23일** 벨연구소의 윌리엄 쇼클리(1910-1989), 존 바딘(1908-1991), 월터 브래튼(1902-1987)이 3극 반도체 발명. 그들이 만든 반도체의 이름은 증폭기능을 가졌다는 '앰플리스터'(amplister)와 저항을 바꿈으로써 신호를 전달한다는 '트랜지스터'(transistor)가 막판까지 경합을 벌이다 트랜지스터로 최종 결정됨

- **1948년** 콜럼비아사 CBS연구소에 의해 지름 30cm, 회전 33 1/3로 23분간 연주 가능한 레코드가 시판

- **1956년** 쇼클리, 바딘, 브래튼이 노벨물리학상 수상

- **1956년** 영국의 'DECCA'사에 의해 스테레오 방식이 개발됨. 데카에서 개발한 스테레오 기술은 베를리너 방식과 에디슨의 방식을 종합한 간단한 방법이었음. 하나의 소리 골에 2개의 음벽을 새겨 넣는 것임. 영국의 데카는 EMI와 함께 영국의 양대 레코드 회사로서 오디오 분야에 많은 업적을 남긴 회사이며 스테레오의 등장은 입체 음향은 물론 연주회장의 분위기를 레코드에 담을 수 있게 함

그림 2.12. 노벨물리학상 수상자(쇼클리, 바딘, 브래튼)

2.2. 아날로그 오디오 밸런스와 언밸런스 신호

오디오 신호란 음성을 포함한 자연의 소리를 전기적인 파형 신호로 바꾸어 표현한 것으로 보통 사람이 들을 수 있는 가청 주파수인 20 Hz~20 kHz 주파수 신호를 의미한다. 신호는 형태에 따라 크게 디지털과 아날로그 신호로 나눌 수 있다.

아날로그 오디오 신호는 밸런스(balanced)와 언밸런스(unbalanced) 신호로 나눌 수 있다. 이는 입력 및 출력 신호 라인 케이블의 신호 전송 타입을 의미하며, 오디오 케이블은 언밸런스 신호를 전송하는 RCA 케이블과 밸런스 신호를 전송하는 XLR 케이블 두 가지 방식이 있다. 그림 2.13의 RCA 언밸런스 신호는 오디오를 비롯한 일반적인 신호 전송에 옛날부터 가장 흔하게 사용되는 방식이다. 하나의 신호선과 하나의 그라운드(접지선)로 구성되어 있다. 그라운드가 기준선이 되고 신호선이 실제 시그널을 전달하는 방식이다. 오디오 분야에서는 출력 전압이 크고 외부잡음의 영향을 덜 받는 전자 악기나 카세트 덱크, CDP(compact disk player) 등 A/V(audio video)기기를 단거리 연결할 때 주로 사용된다. 연결용 단자로는 일명 바나나 잭 이라고 부르는 그림 2.14 RCA 커넥터가 대표적이다.

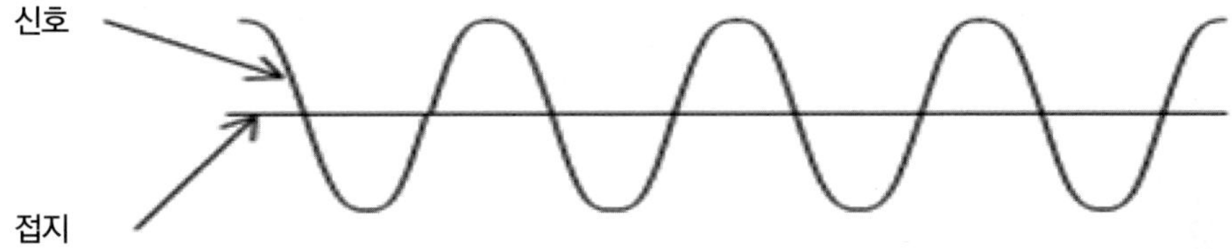

그림 2.13. 신호선과 접지선 두 개의 선으로 구성된 RCA 언밸런스 신호 전송 방식

언밸런스 신호 전송 방식은 사용하기에 편리한 반면 전자기 유도 등에 의해 잡음이나 큰 신호가 유입되면 오디오 신호에 바로 영향을 미치게 된다. 특히, 기준점인 그라운드가 영향을 받기 쉬워 큰 잡음이 유입되거나 명료도가 저하되는 현상이 나타날 수 있다.

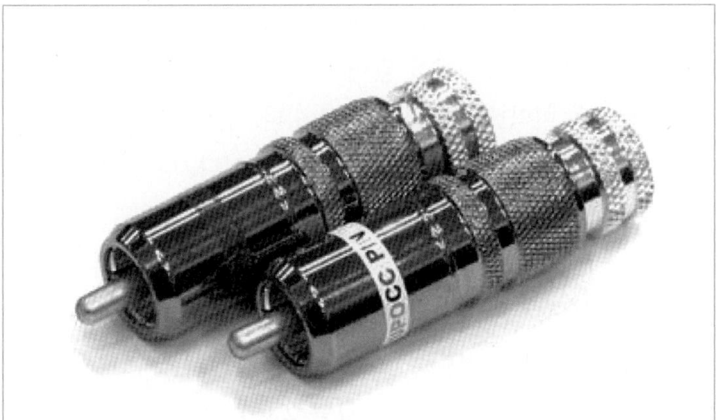

그림 2.14. RCA 커넥터

언밸런스 신호의 문제점 해결을 위해 만들어진 것이 그림 2.15의 밸런스 신호 전송 방식이다. 밸런스 신호 전송 방식은 방송, 통신, 스튜디오 등 전문가용 오디오 기기나 PA(public address)분야에 많이 사용된다. 두 개의 신호선과 하나의 접지선으로 구성된다. 한 선(+)은 본래의 신호, 다른 한 선(−)은 본래의 신호의 위상을 전기적으로 180도 뒤집어 위상이 반대인 신호로 구성한다.

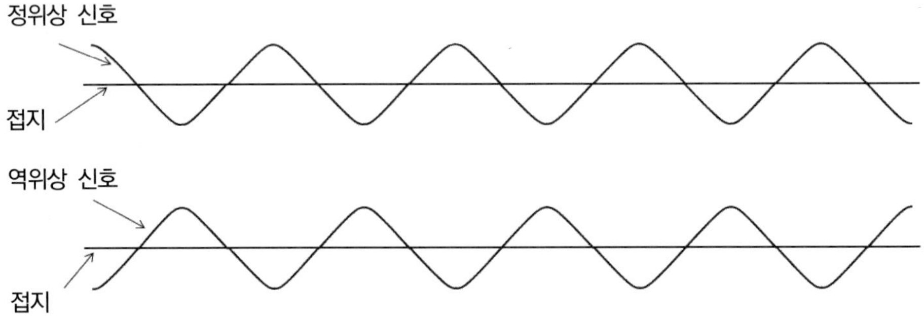

그림 2.15. 세 선으로 구성된 밸런스 신호

이렇게 구성된 역상 신호와 함께 그라운드와 정 위상 신호를 함께 전송하여 전송을 받는 측에서 이 두 신호를 차동회로나 트랜스 등을 이용하여 차이 신호를 검출 사용하게 된다. 서로 인접한 도체에 전류가 흐르면 각각 다른 자기장을 발생하여 필요없는 잡음이나 간섭 신호가 유도되어 신호의 품질에 큰 영향을 준다. 그러나 정, 역 위상으로 신호를 전송하면, 신호를 전달할 때 외부로부터 유도된 간섭 신호는 위상 합성을 통하여 상쇄시킬 수 있다. 이러한 이유로 밸런스 신호는 전문 음향 A/V 장비에 많이 사용된다. 오디오 실무에서 잡음 발생 문제가 가장 영향을 많이 미치는 경우가 마이크로 소리를 수음할 때이다. 마이크 출력 전압은 미약하고 저 임피던스이다. 선로가 길어지면 다양한 외부환경에 노출되어 잡음 유도로 인해 음질이 크게 저하하게 된다. 방송국의 공개홀, 공연장, 스튜디오 등에서는 수음을 위해 다양한 장소에 위치해 있는 수 개에서 수십 개의 마이크를 사용한다. 또한, 조명, 카메라, 전기장비, 전자장비 등 다양한 잡음 유발 장비도 함께 사용하게 된다. 뿐만 아니라 오디오 비디오 콘솔과 장비 간의 신호 전송 등 다양한 A/V 신호도 전송해야 한다. 따라서 오디오 신호 전송에는 잡음을 줄일 수 있는 밸런스 신호가 기본으로 사용되고 있다. 대표적인 커넥터로 그림 2.16의 XLR이 있다.

그림 2.16. XLR 커텍터

이렇게 밸런스 신호로 전송하게 되면 노이즈나 간섭 신호가 유입되거나 신호가 불안정하더라도 유입된 잡음을 차동회로로 제거하거나 보정할 수 있어 원래의 신호에 최대한 가깝게 복구하는 것이 가능하다.

그림 2.17은 밸런스 신호에 잡음이 유입되어 이상신호를 형성하는 과정을 보여주고 있다. 정, 역 위상의 신호에 잡음이 유입되어 신호와 합쳐져 노이즈를 포함한 정, 역 위상의 두 신호가 수신측 장비로 전송된다. 그림 2.18은 밸런스 신호에 잡음이 유입 전송되어 차동회로에서 동상 신호인 노이즈는 상쇄되어 제거되고 신호는 합쳐져 두 배로 커지는 것을 보여 주고 있다. 극성이 반전된 노이즈는 원래의 노이즈에 더해졌을 때 서로 상쇄가 일어나게 되는데 이것을 공통모드제거(common mode rejection)라고 한다. 이 때 주의할 점은 송신측과 수신측 장비 모두 밸런스 타입이어야 한다는 점이다. 밸런스와 언밸런스 신호는 전용 트랜스나 위상 변환기를 사용하면 쉽게 변환할 수 있다.

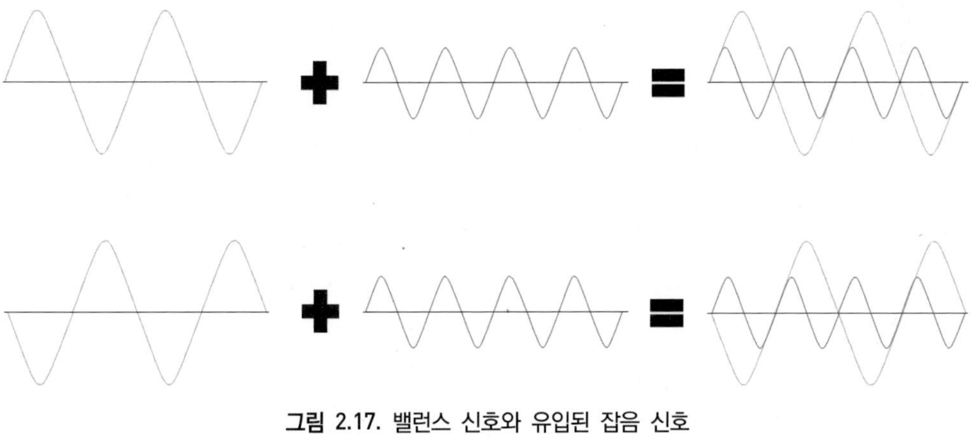

그림 2.17. 밸런스 신호와 유입된 잡음 신호

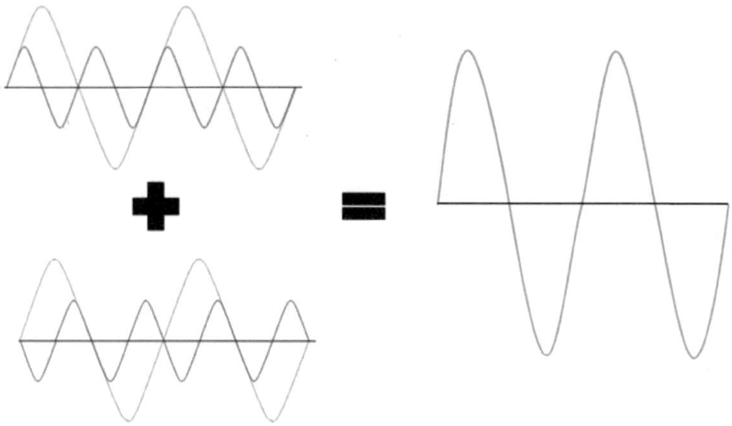

그림 2.18. 차동 증폭기를 이용한 밸런스 신호의 잡음 제거

2.3. 아날로그 오디오 커넥터와 케이블

케이블 방식에 따른 음질은 구조상 언밸런스 타입의 케이블들이 형태 재질에 따라 음색 변화가 크다. 밸런스 타입의 케이블들은 언밸런스 타입에 비하여 규격화가 잘 되어있기 때문에 규격 제품에서는 성향의 차이는 있지만 성능의 차이는 크지 않다. 일반적으로 동일한 재질의 선과 커넥터를 사용하면, 밸런스 타입과 언밸런스 타입의 기본적인 소리 성향은 동일한 전송 구조를 사용하는 경우 음질은 유사하다. 케이블의 접속 방식에서 공통적으로 느껴지는 차이점은 밸런스와 언밸런스 타입의 원리에 따른 소리 특성이라고 할 수 있다. 그러나 같은 구조로 전송하는 경우 밸런스와 언밸런스 타입의 앰프 내부 구조 활용 방식에 따라 차이가 난다. 앰프의 입력회로 구조, 증폭 회로 형태, 성능에 따라 음질이 크게 변한다. 밸런스 타입은 언밸런스 타입에 비해 에너지감이 넘친다. 또한 음장감이 확대되고 섬세한 질감과 표현력이 증가한다. 언밸런스 케이블에서 음질과 주파수 특성 개선을 위해 무산소 동선이나 극저온처리 동선 등 특수 가공한 타입의 선재를 사용하기도 하는데 매우 고가인 경우가 많다. 오디오 케이블 선택은 가격보다는 기본적인 음질 특성이 본인의 시스템이나 성향에 맞는 것인지를 확인하고 고르는 것이 좋다.

밸런스 타입과 언밸런스 타입의 커넥터와 케이블의 구성을 보면 밸런스 타입은 세 개의 도선으로 구성되어 있다. 실드(shield)처리가 되어 있는 두 개의 신호선이 서로 반대 극성의 정, 역위상의 신호를 전송하며 컨덕터 몸체는 두 개의 신호라인을 꼬거나 둘러싼 막으로서 차폐 역할과 내부 도선을 보호하는 역할을 한다. 두 개의 신호라인에는 실드 처리가 제대로 되어 있지 않는 부분을 통해서 외부의 잡음이 유입될 수 있다.

그림 2.19는 모노 신호 한 개를 밸런스 모드로 연결하는 XLR 잭과 1/4" 잭의 결선을 보여주는 것이다. ①번은 접지, ②번은 정(+)위상 신호, ③번은 역(−)위상 신호를 연결한

다. 1/4" 잭은 끝의 팁(tip)에는 정(+)위상 신호, 중간의 슬리브(sleeve)에는 역(-)위상 신호, 몸통 쪽의 링(ring)에는 접지를 결선한다.

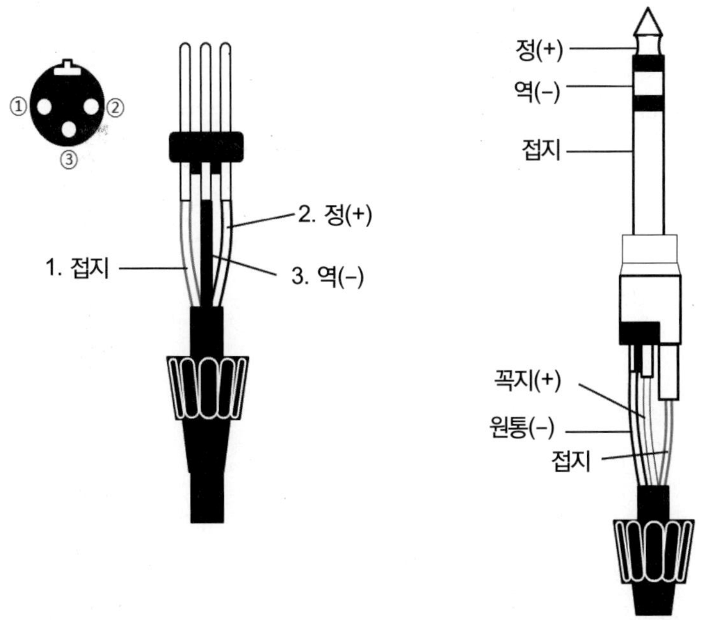

그림 2.19. XLR 잭과 1/4" 잭의 밸런스 결선

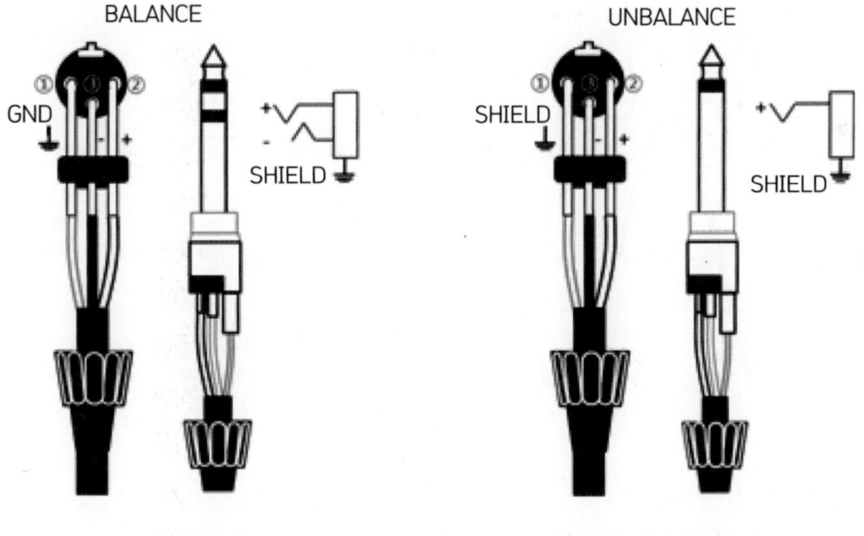

그림 2.20. XLR 잭과 1/4" 잭의 밸런스 결선과 언밸런스 결선 비교

그림 2.20 오른쪽은 XLR 잭과 1/4" 잭의 언밸런스 결선으로 언밸런스 타입은 ②번을 신호선으로 사용하고 ①번과 ③번은 접지선 두 가닥으로 사용한다.

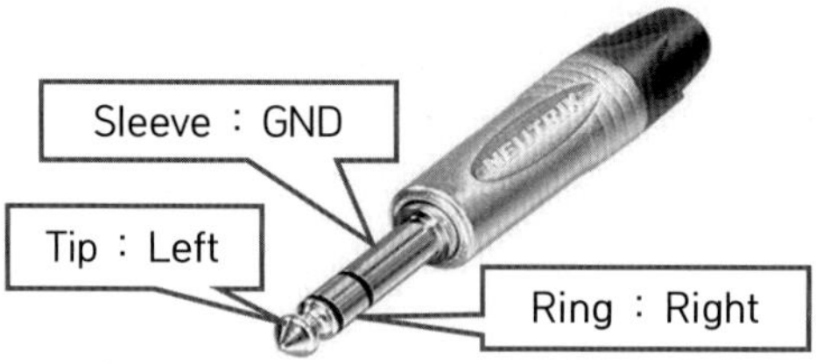

그림 2.21. TRS 단자의 스테레오 연결

그림 2.21은 TRS 단자를 스테레오로 연결할 경우, 끝의 팁(tip)에는 LEFT의 입력을 연결하고, 가운데 링(ring)에는 RIGHT 입력을 연결하고, 슬리브(sleeve)는 접지를 연결하여 사용한다. 보통 LEFT 단자는 흰색을 RIGHT 단자는 적색을 사용하여 구분한다.

2.4. 아날로그 디지털 신호 변환

아날로그 신호란 시간에 따라 신호의 변화가 연속적인 신호를 말한다. 전압, 전류, 온도, 속도, 압력, 음성, 오디오, 비디오, 통신신호 등 우리가 실생활에서 볼 수 있는 모든 물리적인 양은 아날로그로 표현이 된다. AD변환기(Analog to Digital Converter)는 아날로그 신호를 양자화된 디지털로 변환하는 장치이다. 컴퓨터는 0과 1로 이루어진 디지털 신호만을 인식할 수 있기 때문에 아날로그 계측값을 컴퓨터에 입력하기 위해서는 AD 변환이 필수적인 과정이라고 할 수 있다. 그림 2.22는 아날로그 신호를 디지털 신호로 변환하는 과정을 보여준다.

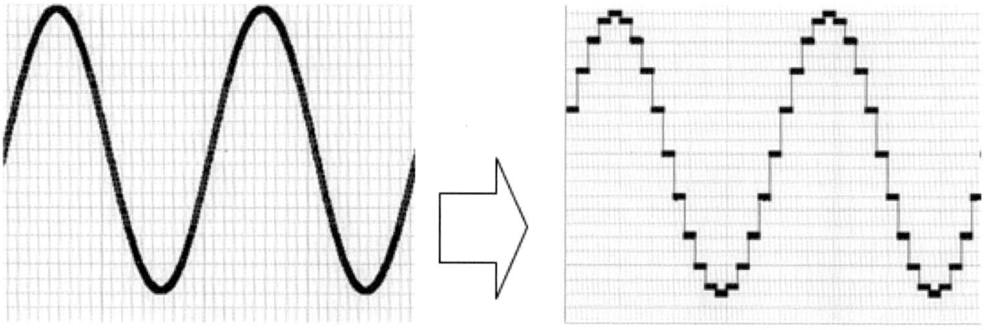

그림 2.22. AD 변환

예를 들어 0 V에서 +10 V까지 변화하는 정현파 전압을 생각해보자. 이 아날로그 신호값은 0~10 V사이에서 무한히 많은 전압을 가진다. AD변환은 표본화-양자화-부호화 과정을 거친다. 먼저 표본화(sampling)란 그림 2.23에서 보는 바와 같이 아날로그 신호를 일정한 주기로 추출하는 과정이라고 할 수 있다.

표본화 주기를 짧게(표본화율을 높게) 할수록 신호를 더 정확하게 표현할 수 있겠지만, 과도한 표본화는 많은 데이터를 생산해내므로 저장 메모리를 많이 사용하거나 통신 용량을 많이 차지하는 단점이 있다. 따라서 원래 신호를 정확하게 복원할 수 있는 정도의 주파수만으로 표본화를 한다. 이 주파수를 나아퀴스트율(Nyquist rate)이라고 한다.

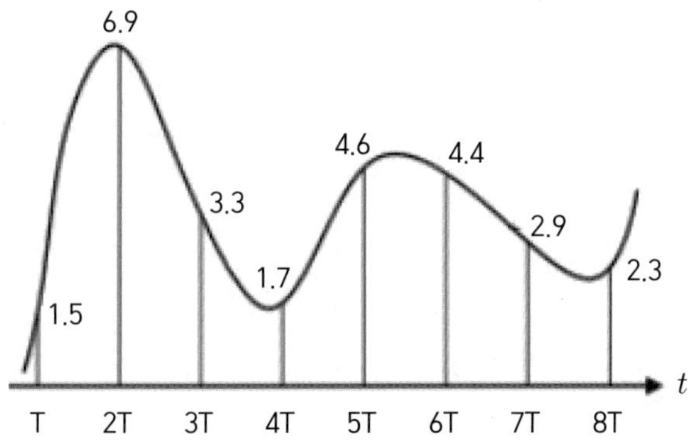

그림 2.23. 표본화

> 나이퀴스트 율은 아날로그 신호를 디지털 신호로 표본화하는 경우 표본화된 부호 신호를 정확하게 아날로그 신호로 재생하기 위한 표본화 주파수이며, 표본화하고자 하는 아날로그 신호 최대 주파수의 2 배이다.

이상적인 설계는 실제 하드웨어로 구현하기 어려우므로 실제로는 나이퀴스트 율보다 약간 더 크게 표본화 주파수를 선정하는데, 음성과 오디오의 경우 아날로그 신호 최대주파수의 2.2~2.4 배로 표본화하는 것이 일반적이다.

표 2.1. 음성 오디오 서비스의 표본화율

서비스 종류	대역폭 (Hz)	나이퀴스트율 (Hz)	표본화율 (sample/sec)
음성	300 ~ 3400	6,800	8,000
CD 오디오	20 ~ 20,000	40,000	44,100
DTV 오디오	20 ~ 20,000	40,000	48,000

예를 들어 전화에서 음성 신호를 표본화하는 경우 최대 주파수 성분은 3.4 kHz 정도로 6.8 kHz의 표본화 율이 필요하지만, 실제적으로 8 kHz의 표본화 율을 사용하여 약간의 보호대역을 둔다.

표본화 주파수를 나이퀴스트 율 보다 낮게 설정할 경우 신호의 중첩이 생겨 신호가 왜곡되는 현상이 나타나는데, 이를 에일리어싱(aliasing)이라 한다. 그림 2.24를 살펴보자. 실선으로 그려진 원래의 아날로그 고주파 신호 $x_2(t)$를 나이퀴스트율 보다 낮은 표본화 율을 사용하여 표본화 했을 때 점선으로 그려진 $x_1(t)$처럼 저주파 신호로 해석되어 신호가 왜곡되는 현상이 나타나는 것을 말한다.

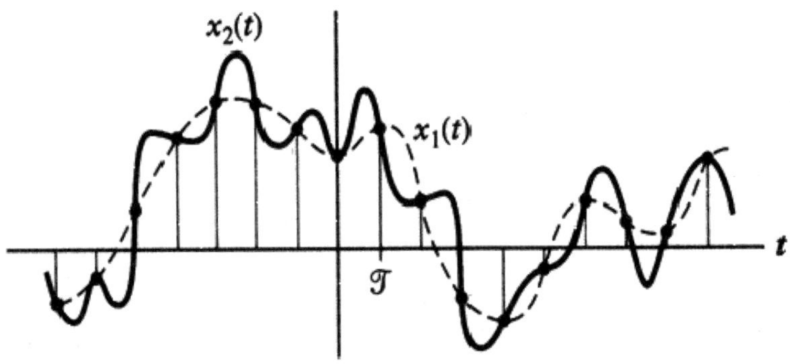

그림 2.24. 에일리어싱으로 인한 신호의 왜곡

표본화 다음으로 양자화 과정을 거치게 된다. 아날로그 신호의 값을 모두 표현할 수 없기 때문에 어느 정도 범위 내의 값들은 하나의 대표 값으로 근사화하는 과정인 양자화를 한다. 예를 들어 그림 2.25와 같이 10 V의 전압 범위를 3 비트를 이용하여 양자화할 경우 0.00 V 이상 1.25 V 미만의 아날로그 신호 값은 0 V를 대표 값으로 사용한다. 즉, 0.1 V도 0 V로 나타나고 1.24 V도 0 V로 나타난다. 이 과정처럼 몇 비트를 사용하여 얼마나 세밀한 간격으로 아날로그 값을 양자화 하는지를 결정해야 하는데, 이를 결정하기 위해 필요한 지표인 분해능에 대해 알아보도록 하자.

그림 2.25는 10 V의 전압 범위를 몇 개의 스텝으로 나누었는지에 따른 신호의 디지털화의 정확도를 나타낸다. 2^3개의 스텝을 사용한 경우 근사화할 스텝은 0 V부터 8.85 V까지 1.25 V 차이를 가진 8개의 스텝들 밖에 사용하지 못하므로 많은 오차가 발생한다. 10 V의 전압 범위를 2^{16}(65,536)개의 디지털 데이터로 표현하는 경우 나타낼 수 있는 최소 전압은 약 0.00015 V (10÷65536)이다. 즉 10 V의 전압범위를 0.00015 V 간격의 디지털 데이터로 변환할 수 있다. 이를 AD변환기의 분해능(resolution)이라고 한다.

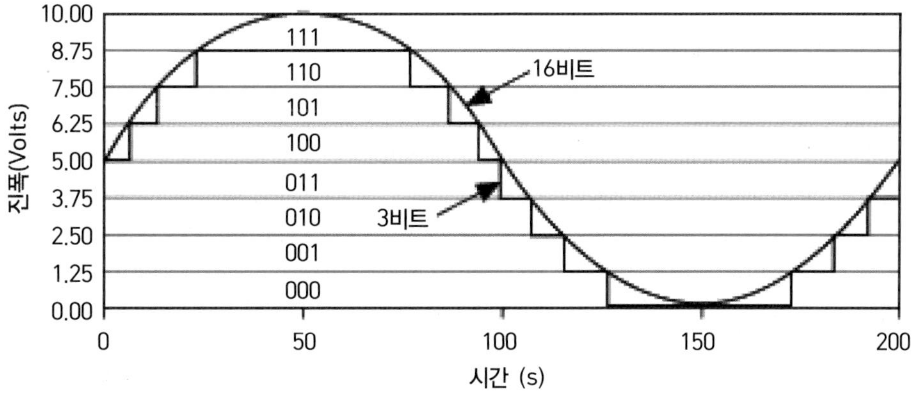

그림 2.25. 비트수에 따른 아날로그 신호 표현

n비트 AD변환기에서 최하위 1 비트의 아날로그 입력의 변화량의 백분율을 분해능이라 하며 분해능의 정확한 계산식은 다음과 같다.

$$\text{n비트 AD변환기의 분해능 : } \frac{1}{2^n - 1} \times 100\% \tag{2.1}$$

분해능이 매우 뛰어난 변환기의 경우에도 연속된 신호를 모두 표현하는 것은 불가능하며, 아날로그 신호를 양자화하여 계단형의 근사화된 파형을 만드는 과정에서 생기는 오차 때문에 발생하는 잡음을 양자화 잡음(quantization noise)이라고 한다. 양자화 잡음의 최대값은 최하위 1 비트의 아날로그 입력 변화량의 절반이다. 이 양자화 잡음의 허용치는 사람의 눈이나 귀가 감지할 수 있는 변화량 이하로 해서 우리가 잡음을 직접 느낄 수 없도록 해야 한다. n비트 AD변환의 경우 SNR(signal to noise ratio : 신호대 잡음 비)은 1 비트씩 커질 때 마다 약 6 dB(4배)정도씩 향상된다. 식 (2.2)에 사용된 비트수에 따른 SNR을 구하는 공식이 나타나 있다.

$$\text{SNR} = 6n + 1.8 \text{ dB (n비트 사용한 경우)} \tag{2.2}$$

실제 기기에서 음성과 비디오는 8 비트를 사용하고, CD 오디오는 16 비트를 사용하며, 통신신호는 그 응용분야에 따라 8~12 비트를 사용한다.

사용된 비트수가 많을수록 양자화 잡음은 현저히 줄어들지만, 데이터가 많아지기 때문에 저장메모리를 많이 사용하거나 통신 용량을 많이 차지하는 단점이 있다. 이 때문에 합리적인 비트수를 선정하여 AD 변환하는 것 또한 중요하다. 그림 2.26을 예로 들어보자. 한 픽셀(pixel : 이미지를 이루는 가장 작은 단위인 이 네모 모양의 작은 점들)당 몇 비트

표 2.2. 비트수에 따른 SNR

샘플당 사용하는 비트수	대표값의 갯수	SNR(dB)
5	32	31.8
6	64	37.8
7	128	43.8
8	256	49.8
10	1024	61.8
16	65536	97.8

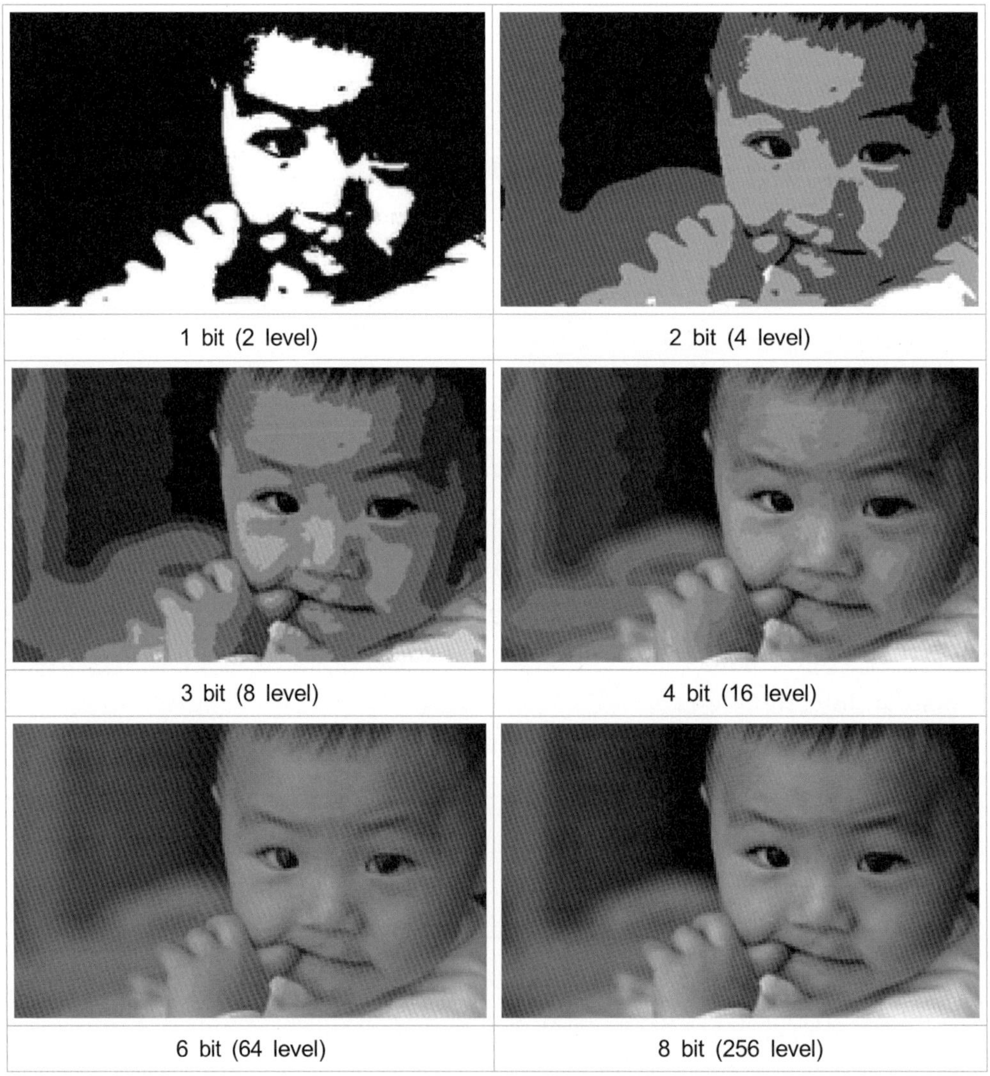

그림 2.26. 픽셀당 비트수에 따른 이미지 변화

를 할당하는지에 따른 이미지의 변화를 나타낸다. 흑백이미지의 경우 1 비트를 할당할 경우 0과 1 즉, 흑색 또는 백색으로만 이미지를 표현할 수 있다. 또한 2 비트를 할당할 경우 00, 01, 10, 11 4가지 명암을 가진 색으로 이미지를 표현할 수 있다. 그림 2.26에서 보여지는 것처럼 1~4 비트를 사용한 이미지의 경우 색깔의 명암차이(등고선)가 눈에 띄게 차이가 있다. 하지만 6 비트 이상을 사용한 변환의 경우 양자화 잡음이 사람의 눈으로 인지할 수 없을 정도로 줄어든다. 그렇기 때문에 컬러이미지를 표현하는 경우 빛의 3원색인 R(red), G(green), B(blue) 한 가지 색상 당 8 비트씩 사용하여 총 24 비트(8bit × 3색)를 주로 사용한다.

마지막으로 양자화된 신호들을 전송 및 처리에 적합하도록 부호화하는 과정을 거친다. 양자화된 신호들은 전송할 때 잡음에 민감하므로 전송 및 처리에 적합하도록 부호화한다. 부호화는 이산화된 불연속적인 펄스열을 미리 정해놓은 수치에 대응하는 부호 펄스로 변환하는 과정이다. 그림 2.27(a)는 5, 7, 5, 2, 2, 3 등의 숫자들에 해당하는 전압을 전송하는 것을 보여주고 있고, 그림 2.27(b)는 각각의 숫자에 대응하는 부호펄스 $(101)_2$, $(111)_2$, $(101)_2$, $(010)_2$, $(010)_2$, $(011)_2$로 변환하여 1은 +1V로 0는 −1V로 전송하는 부호화 방식이다.

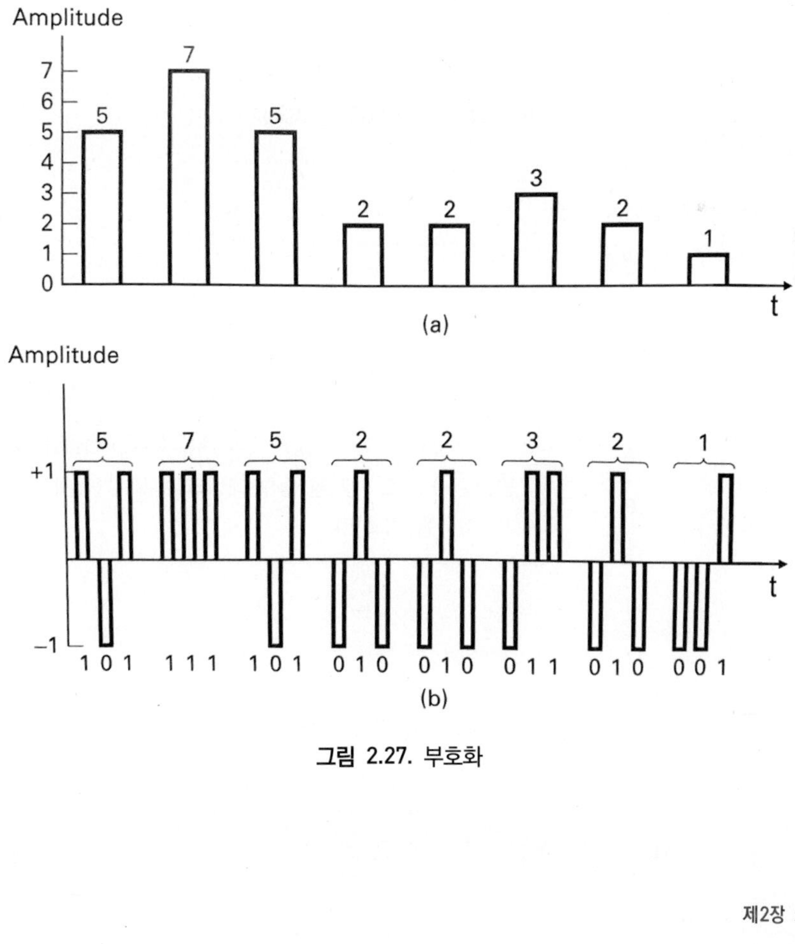

그림 2.27. 부호화

■ 8 비트 AD변환기 예 ADC0808

아날로그 디바이스나 필립스 등 오디오 부품메이커의 오디오용 AD변환기는 오디오 신호 처리에 맞도록 속도와 출력 방식 사용전압 등이 특화되어 있다. 오디오용은 아니지만, AD변환기용 IC를 이해하기 위한 예로 가장 기본적인 8 비트 AD변환기인 ADC0808을 살펴본다. ADC0808의 핀 배치도는 그림 2.28과 같다.

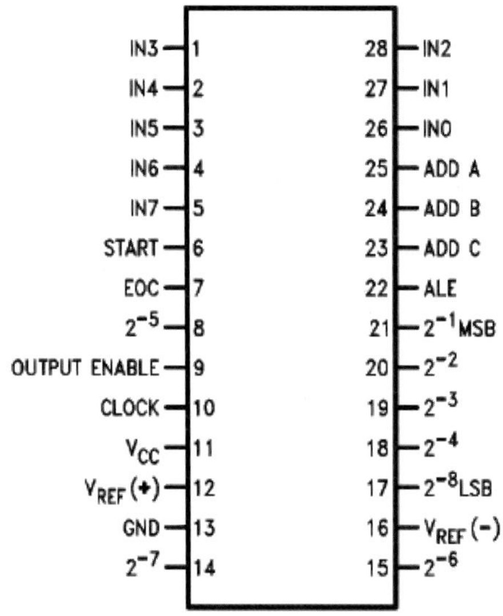

그림 2.28. ADC0808 핀 배치도

표 2.3. ADC0808의 출력 단자 기능

명 칭		핀 번호	기 능
출 력 단 자	2^{-1}	21	기준전압 $V_{REF(+)}$와 $V_{REF(-)}$에 의해 설정된 전압범위를 기준으로 AD 변환된 8 비트 디지털 출력 데이터로, 2^{-1}이 최상위 비트이고 2^{-8}이 최하위 비트이다.
	2^{-2}	20	
	2^{-3}	19	
	2^{-4}	18	
	2^{-5}	8	
	2^{-6}	15	
	2^{-7}	14	
	2^{-8}	17	
End of Conversion (EOC)		7	AD 변환이 정상적으로 완료되었음을 나타내는 출력단자

이 외의 다양한 입출력 단자들의 기능을 이해하기 쉽도록 핀 번호 순이 아닌 기능 중심으로 배치하여 명칭과 기능에 대해 자세히 알아보도록 하자. 출력단자들의 명칭과 기능은 표 2.3에, 입력단자들의 명칭과 기능은 표 2.4에 나타나 있다.

표 2.4. ADC0808의 입력 단자 기능

<table>
<tr><th colspan="2">명 칭</th><th>핀 번호</th><th>기 능</th></tr>
<tr><td rowspan="2">전 원</td><td>$+V_{CC}$</td><td>11</td><td rowspan="2">+5V의 직류입력전압 공급을 위한 전원용 단자</td></tr>
<tr><td>GND</td><td>13</td></tr>
<tr><td colspan="2">CLOCK</td><td>10</td><td>클럭(clock) 입력단자</td></tr>
<tr><td rowspan="2">기 준
전 압</td><td>$V_{REF(+)}$</td><td>12</td><td rowspan="2">AD 변환기의 FSR(full scale range)을 결정하는 중요한 기준전압으로 매우 정밀하게 직류전압을 조정하여 입력</td></tr>
<tr><td>$V_{REF(-)}$</td><td>16</td></tr>
<tr><td rowspan="8">입 력
채 널</td><td>IN0</td><td>26</td><td rowspan="8">8개의 입력채널로 선택된 입력채널의 아날로그 입력전압이 AD 변환에 의해 8 비트 디지털 출력 데이터 변환</td></tr>
<tr><td>IN1</td><td>27</td></tr>
<tr><td>IN2</td><td>28</td></tr>
<tr><td>IN3</td><td>1</td></tr>
<tr><td>IN4</td><td>2</td></tr>
<tr><td>IN5</td><td>3</td></tr>
<tr><td>IN6</td><td>4</td></tr>
<tr><td>IN7</td><td>5</td></tr>
<tr><td rowspan="3">채 널
선 택
단 자</td><td>AD2
(ADD C)</td><td>23</td><td rowspan="3">8개의 입력채널 중 하나를 선택하기 위한 3 비트의 선택단자로 AD2가 최상위 비트, AD0가 최하위 비트이고, $000_{(2)}$이면, IN0이 선택되고 $111_{(2)}$면 IN7이 선택</td></tr>
<tr><td>AD1
(ADD B)</td><td>24</td></tr>
<tr><td>AD0
(ADD A)</td><td>25</td></tr>
<tr><td rowspan="3">제 어
단 자</td><td>ALE</td><td>22</td><td>Address Latch Enabel 단자로 채널선택단자의 입력 데이터에 의해 입력채널을 선택하도록 하는 단자. 즉 ALE=1인 경우 채널선택단자에 의해 특정 입력채널이 선택</td></tr>
<tr><td>START</td><td>6</td><td>AD변환에 필요한 모든 입력 데이터가 설정되고, 실제 AD변환을 수행하도록 하는 제어단자</td></tr>
<tr><td>OE</td><td>9</td><td>Output Enable 단자로 START 명령에 의해 AD 변환된 데이터가 출력단자로 전달되게 하는 단자</td></tr>
</table>

예를 들어 $V_{REF(+)} = 5\,V$, $V_{REF(-)} = 0\,V$이고, 8 비트의 디지털 출력 데이터가 $10010110_{(2)}$(= $150_{(10)}$)라 하면 아날로그 입력전압은 다음과 같다.

$$V_{IN} = \frac{5 \times 150}{256} = 2.93\,V \tag{2.3}$$

2.5. 디지털 아날로그 신호 변환

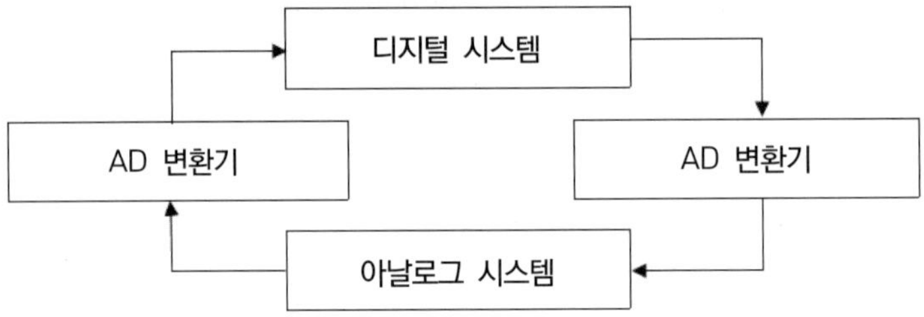

그림 2.29. 디지털 시스템과 아날로그 시스템의 인터페이스

실세계의 사물이나 물리적 기계에서 발생하는 신호는 대부분 아날로그 신호이다. 이 아날로그 신호를 컴퓨터(디지털 시스템)로 처리하려면 컴퓨터가 취급할 수 있는 디지털 신호로 변환하여야 하는데 이러한 변환 동작을 수행하는 것이 AD변환기였다. 반대로 아날로그 전압에 의해 구동되는 시스템을 컴퓨터로 제어하고자 하면 컴퓨터의 2진수 출력을 아날로그 전압으로 변환하는 DA변환기가 필요하다.

■ 8 비트 DA변환기 예 DAC0808

디지털 오디오를 아날로그 오디오 신호로 바꾸어주는 오디오용 DA변환기는 음질에 영향을 미치는 가장 중요한 요소의 하나로 부품 제조사에 따라 종류도 다양하고 방식도 다양하다. 오디오용은 아니지만, AD변환기용 IC를 이해하기 위한 예로 가장 기본적인 8 비트 범용 DA변환기인 DAC0808을 살펴본다. DAC0808의 핀 배치는 그림 2.30과 같고, DA변환기 출력에 OP앰프를 연결하는 기본 회로 예시는 그림 2.31과 같다.

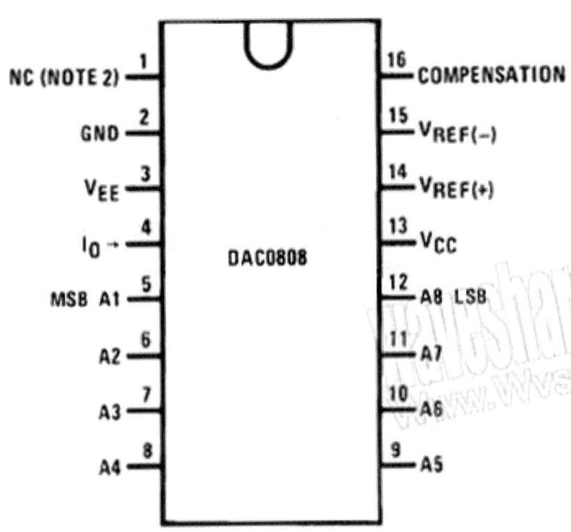

그림 2.30. DAC0808 핀 배치

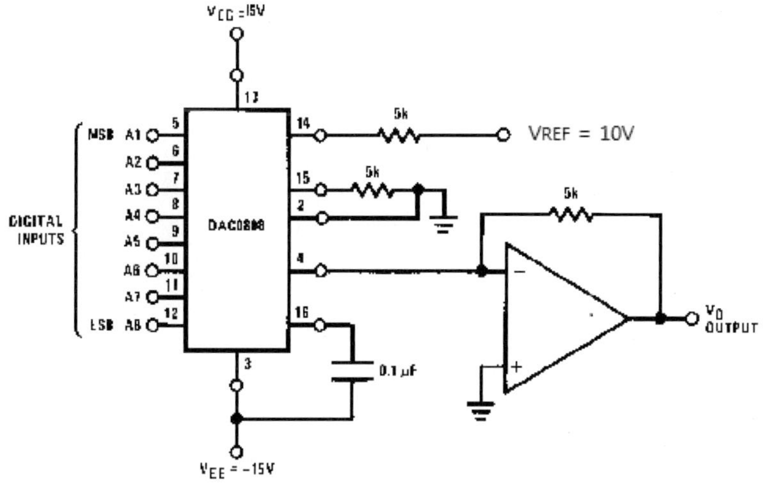

그림 2.31. DAC0808 기본 회로 예시

DAC0808은 8개의 디지털 입력단자와 입력전원용 단자 V_{CC}와 V_{EE}가 있다. 입력전원용 단자 $V_{CC} = +15\,V$, $V_{EE} = -15\,V$를 인가해 주어야 한다. 4번핀 I_o는 출력단자이며 그림에서 표시되듯이 전류가 IC쪽으로 흘러들어가는 방향이라는 것에 주의해야 한다. 표 2.5에는 각 핀별 명칭 및 기능이 나타나 있다.

표 2.5. DAC0808 핀의 명칭과 기능

명 칭		핀 번호	기 능
전 원	V_{CC}	13	$V_{CC} = +15\,V$, $V_{EE} = -15\,V$, $GND = 0\,V$의 직류 입력전압 공급을 위한 전원용 단자
	V_{EE}	3	
	GND	2	
기 준 전 압	$V_{REF(+)}$	14	AD변환기의 전압범위(full scale range)를 결정하는 중요한 기준전압이므로 매우 정밀하게 직류전압을 조정하여 입력
	$V_{REF(-)}$	15	
입 력 데이터	A1	5	8 비트의 디지털 입력 데이터로 A1이 최상위 비트, A8이 최하위 비트인 입력데이터이고, 8 비트이므로 디지털 입력 데이터는 $00000000_{(2)}$에서 $11111111_{(2)}$(=$256_{(10)}$)까지 가능
	A2	6	
	A3	7	
	A4	8	
	A5	9	
	A6	10	
	A7	11	
	A8	12	
출 력 단 자	I_o	4	8 비트의 디지털 입력 데이터를 DA 변환한 아날로그 출력

I_o는 식 (2.4)와 같이 표시된다. 여기에서 R_{14}는 V_{REF}전압과 14번 단자 사이에 연결된 저항이며, R_4는 연산증폭기의 출력과 비반전 입력단과의 피드백저항이다.

$$I_o = \frac{V_{REF}}{R_{14}}(\frac{A1}{2^1}+\frac{A2}{2^2}+\frac{A3}{2^3}+\frac{A4}{2^4}+\frac{A5}{2^5}+\frac{A6}{2^6}+\frac{A7}{2^7}+\frac{A8}{2^8}) \quad (2.4)$$

$$V_o = \frac{R_4}{R_{14}} V_{REF}(\frac{A1}{2^1}+\frac{A2}{2^2}+\frac{A3}{2^3}+\frac{A4}{2^4}+\frac{A5}{2^5}+\frac{A6}{2^6}+\frac{A7}{2^7}+\frac{A8}{2^8}) \quad (2.5)$$

위의 기본회로에서 $R_{14} = R_4 = 5k\Omega$ 이므로 간단하게 식 (2.6)으로 나타낼 수 있다.

$$V_o = V_{REF}(\frac{A1}{2^1}+\frac{A2}{2^2}+\frac{A3}{2^3}+\frac{A4}{2^4}+\frac{A5}{2^5}+\frac{A6}{2^6}+\frac{A7}{2^7}+\frac{A8}{2^8}) \quad (2.6)$$

위 식을 이용하여 디지털 입력신호가 아날로그 신호 값으로 변환되는 과정을 살펴보자. 예를 들어 구성회로는 그림 2.31과 같이 $V_{REF} = 10\,V$이고, $R_{14} = R_4 = 5k\Omega$ 이며, 8 비트 아날로그 신호가 $(00110110)_2$라고 가정하면 출력되는 아날로그 신호 값은 수식 (2.6)으로 구할 수 있다.

$$\begin{aligned} V_o &= 10 \times (\frac{0}{2^1}+\frac{0}{2^2}+\frac{1}{2^3}+\frac{1}{2^4}+\frac{0}{2^5}+\frac{1}{2^6}+\frac{1}{2^7}+\frac{0}{2^8}) \\ &= 10 \times \frac{1+2+8+16}{2^7} \\ &= 2.109375\,V \end{aligned} \quad (2.7)$$

식 (2.4) ~ 식 (2.6)의 과정을 통해 각각의 디지털 신호에 대응하는 아날로그 신호 값을 표현할 수 있으며, 표 2.6에 몇 가지 디지털 신호와 대응되는 아날로그 신호 값들이 나타나 있다. V_{REF}, R_{14}, R_4는 그림 2.31의 기본회로 예시와 같은 조건일 때이다.

표 2.6. 기본회로 예시의 디지털 신호에 따른 아날로그 신호 값

디지털 신호	아날로그 신호 값 (V)
00000000	0
…	…
00001000	0.3125
00001001	0.3515625
…	…
10000000	5
…	…
11111111	9.9609375

2.6. 디지털 오디오 저장 포맷

디지털 오디오 저장 포맷에는 녹음 포맷과 파일 포맷이 있다. 원본 오디오 신호를 아날로그 또는 샘플링한 디지털 신호 형태로 보존하는 형식이다. 저장 대상이 테이프라면 녹음 포맷, 컴퓨터 하드 디스크 등에 저장하면 파일 포맷이라고 한다. 컴퓨터 기반의 디지털 오디오 어플리케이션에서 저장 매체는 하드디스크, RAM을 이용한 메모리, SSD(solid state drive) 등이 주류를 이루고 있다. 오디오 파일 포맷(audio file format)은 컴퓨터에서 디지털 오디오 데이터를 저장하기 위한 파일 포맷이다. 오디오 데이터를 저장하는 방식에는 압축 방식과 비압축 방식이 있다. 대부분의 오디오 데이터들은 크기가 매우 크기 때문에 압축하여 저장하며, 압축하는 방식에 따라서 손실 압축 포맷과 비손실 압축 포맷으로 나뉜다.

■ 디지털 오디오 녹음 포맷

디지털 오디오 녹음 포맷에는 장비 제조사에 따라 다양한 종류가 있지만 아날로그 비디오 테이프를 이용한 MTR(multi tape recorder)용 대표적인 포맷 두 가지를 소개한다.

첫번째로, ADAT(Alesis digital audio tape) 녹음 포맷(type-Ⅰ/Ⅱ)은 Alesis사의 멀티레코더 ADAT을 사용하는 방식이다. 기록 매체는 저렴한 가격의 S-VHS 카세트 테이프이며 8트랙의 디지털 오디오 데이터를 기록한다. 일반 비디오 플레이어보다 3배 빠른 테이프 속도를 사용하며 120분용 S-VHS 테이프에 8트랙 디지털 오디오를 40분 녹음할 수 있다. S-VHS 테이프를 사용하기 위해서는 ADAT 녹음 포맷으로 포맷 작업이 선행되어야 한다. 포맷 과정에서 녹음의 기준이 되는 타임 코드가 테이프에 기록된다. 디스플레이에 표시되는 테이프 관련 정보도 이 타임 코드에 의해서 표시된다. 포맷된 테이프에는 처음 15초간의 공백에 이어 2분간의 데이터 정보가 기록된다. 이 전용 타임 코드를 이용해서 여러 대의 ADAT 레코더를 동시에 동작시켜 멀티채널 작업이 가능하다. 또한 기록된 데이터 정보에는 Alesis 사의 ADAT 리모트 콘트롤 규격인 BRC(big remote control)에 관계된 명령 이외에 SMPTE(Society of Motion Picture and Television Engineers) 정보, 인 아웃 포인트 등 다양한 운용 정보가 기록된다. 오리지널 ADAT 포맷은 16 비트의 양자화 비트로 48 kHz의 샘플링 레이트를 사용한다. ADAT XT 이후에서는 44.1 kHz와 48 kHz의 샘플링 레이트를 선택할 수 있다. ADAT TYPE-Ⅱ 포맷은 양자화 비트수가 20 비트로 확대되어 더욱 폭 넓은 다이내믹 레인지를 얻을 수 있다. TYPE-Ⅱ는 16 비트의 오리지널 ADAT와 호환성이 없다. 단지 다운 그레이드하여 TYPE-Ⅱ 포맷의 데이터를 TYPE-Ⅰ 포맷에서 재생하는 방법은 있다. 디더링 알고리즘을 이용하여 20비트를 16 비트로 변환하면서 ADAT 인터페이스를 경유하여 레코딩하면 된다. 디지털 광 케이블을 지원하며 8개의 입출력을 한 케이블로 동시에 전송할 수 있으며 동기 제어를 통하여 멀티 채널 작업을 할 수 있다.

두번째로 TASCAM DTRS(digital tape recording system) 녹음 포맷은 TASCAM 사에서 1993년 출시한 DA-88 MTR에 채용한 디지털 오디오 레코딩 포맷으로 ADAT와 마찬가지로 8트랙 오디오 데이터를 비디오 테이프에 기록하는 포맷이다. S-VHS보다 작고 기록 밀도가 높은 Hi8 비디오 카세트 테이프를 사용한다. 120분 카세트로 108분 길이의 8트랙 오디오를 녹음할 수 있다. 장비들을 서로 묶으면 멀티채널 녹음이 가능하다. 다른 디지털 테이프 녹음과 마찬가지로 여기서도 녹음을 위해 미리 테이프를 포맷해야 한다. DTRS 8트랙 포맷의 경우 16 비트 양자화로 48 kHz와 44.1 kHz의 샘플링 레이트가 표준이다. 4트랙에서는 88.2/96 kHz, 2트랙에서는 176.4/192 kHz가 사용된다. DTRS HR 포맷에서는 24 비트 레코딩이 가능하다.

■ 디지털 오디오 파일 포맷

먼저 구별해야 할 것으로 오디오 파일 형식과 오디오 코덱은 다르다. 오디오 코덱은 원본 오디오 데이터를 인코딩하거나 복호화하는 기능을 수행하는 반면, 파일 포맷은 오디오 데이터 자체를 포함하고 있다. 대부분의 오디오 파일 포맷들은 하나의 형식의 오디오 데이터(하나의 오디오 코덱으로 코딩된)만을 지원하지만, AVI 같은 멀티미디어 컨테이너 포맷들은 하나 이상의 오디오나 비디오 데이터를 지원하기도 한다. 디지털 오디오 파일 포맷은 매우 다양하여 특징과 용도를 잘 이해하고 필요에 따라 적당하게 사용하여야 한다.

첫 번째는 WAV(waveform audio format) 파일 포맷이다. 비압축 포맷인 WAV 파일 포맷(.wav)은 하드 디스크에 보존하는 오디오 파일의 한 가지 형식이다. 마이크로소프트와 IBM에서 개발한 것으로 널리 사용되는 윈도 시스템 PC의 표준 오디오 포맷의 하나이다. 덩어리째로 데이터를 저장하기 위한 RIFF(resource interchange file format) 비트스트림 포맷 방식에서 변화한 것으로, 매킨토시 컴퓨터에 쓰이는 AIFF 포맷에 매우 가깝다. 매킨토시 상의 어플리케이션에서도 이 포맷을 사용할 수 있으며 대표적인 오디오 편집 프로그램 프로툴스도 HD가 출시되면서 WAV를 기본 포맷으로 사용한다. WAV 파일의 경우 채널수, 양자화 비트수, 샘플링 레이트를 사용자가 설정할 수 있다. 그래서 WAV 파일에서는 모노부터 멀티채널까지 가지가지 채널 수의 오디오 신호를 다룰 수 있다. 일반적인 WAV 파일은 대부분 모노, 스테레오 파일이다. 멀티채널 파일은 개별트랙에 녹음된 것들을 따로 독립적으로 편집할 수 없기 때문에 전체를 모노 또는 스테레오의 복수 파일로 분할하여 처리한다. 윈도 비스타 버젼부터 기본 지원 포맷이 마이크로소프트가 개발한 윈도 미디어 오디오 포맷인 WMA으로 바뀌었다.

두번째는 AIFF(audio interchange file format) 파일 포맷이다. 1988년에 애플이 일렉트로

닉 아츠의 인터체인지 파일 형식(interchange file format, IFF)을 기반으로 공동 개발하였다. 다른 어플리케이션 사이에서 음성데이터의 호환성을 높이는 것을 염두에 두고 개발한 포맷이다. 개인용 컴퓨터 및 기타 오디오 전자 장비에서 소리 저장용으로 많이 사용한다. 비압축 무손실 압축 포맷이며 고품질 오디오 CD를 굽는데 사용할 수 있다. 주로 애플 매킨토시에서 사용된다. 파일 확장자는 .aiff, .aif, .aifc이다. OS고유의 포맷이기 때문에 어떤 매킨토시 제품에서든 파일 녹음 편집 재생이 가능하다. PC 세계에서 많은 어플리케이션이 AIFF 파일을 다룰 수 있도록 되어 있다. 매킨토시에서는 AIFF라는 정보가 시스템의 데이터 정보 블록에 기록되어 있기 때문에 파일명에 확장자를 달지 않아도 자동적으로 인식된다. PC에서는 .aif라는 확장자가 없으면 인식되지 않으므로 주의가 필요하다. AIFF 포맷은 유연성이 높아 채널수, 양자화 비트수, 샘플링 레이트를 자유롭게 설정할 수 있다. 마커, 피치, 루프, 포인트 등의 특정 어플리케이션 소프트웨어 정보 기록도 가능하다. 실제 멀티채널 포맷에 대응한 어플리케이션이 거의 없기 때문에 일반적인 경우 모노나 스테레오의 파일인 경우가 대부분이다. 신호 손실과 음질 열화를 무시하는 경우 AIFF 파일은 압축할 수 있다. 압축된 AIFF 파일은 AIFF-C(C는 compressed의 머리글자)로 구별한다. AIFF와 SoundDesignerⅡ는 매킨토시를 사용한 하드 디스크 레코딩 시스템에서 표준적으로 사용되는 기본 포맷이다. 매킨토시용 소프트웨어의 대부분은 이들 두 가지 포맷을 같이 취급하는 경우가 많다. 소프트웨어 상에서 같은 샘플링 레이트의 파일이라면 두 가지 포맷의 파일을 혼용해서 작업을 해도 문제가 없다.

세번째는 FLAC(free lossless audio codec) 포맷이다. FLAC 포맷은 오디오 데이터 압축을 위한 파일 형식으로 무손실 압축 포맷이다. 다시 말해서, MP3, AAC, Vorbis와는 달리 오디오 스트림에 손실이 발생하지 않는다. 다른 압축 방법들과 마찬가지로, FLAC의 장점은 전송율, 대역폭, 저장공간 등을 절약할 수 있다는 점이다. FLAC 포맷은 오디오 소스를 본래의 온전한 모습으로 보전해준다. 예를 들어, 디지털 레코딩(콤팩트 디스크)을 FLAC으로 인코드하였다가 디코드하면 정확히 똑같은 오디오 데이터를 얻을 수 있다. 보통, FLAC으로 압축하면 원래 크기의 40-50%로 줄어든다. FLAC는 태깅(tagging), 앨범 아트, 빠른 건너뛰기(fast seeking)를 지원하기 때문에 일상적인 음악 재생과 보관에 알맞다. FLAC은 자유 소프트웨어이자 동시에 오픈 소스 소프트웨어, 로열티 없는 소프트웨어이기 때문에, 많은 응용 소프트웨어가 FLAC을 지원하고 있다. MP3 플레이어 등 휴대용 기기에서 2013년부터 상당수 기종이 이 포맷을 지원하고 있다. 특히 안드로이드 운영 체제를 탑재한 제품의 경우 음악 애플리케이션에 따라 이 포맷의 재생이 가능한 경우가 많다. 하지만 현재 인기 있는 애플사의 제품에서는 iTunes부터 FLAC 재생을 지원하지 않기 때문에 아이폰과 아이팟 모두 FLAC을 지원하지 않는다. 조시 콜슨(Josh Coalson)이 FLAC의 주요 개발자인데 2003년 1월 29일 Vorbis, Theora, Speex 및 기타 등등과 마찬가지로 자이

포포러스(자유 코덱, 자유 포맷 등을 개발하는 단체로 지금은 Xiph.Org 재단이라 불림) 목록에 FLAC 등록을 발표하였다.

FLAC은 오디오 데이터의 효율적인 압축을 위해 특수하게 설계되었다. 일반적인 무손실 압축 방식인 ZIP 및 gzip과는 다르다. CD 품질의 오디오에 대하여 ZIP은 10~20%의 압축률을 보여준다. FLAC은 대개 30~50% 압축률이다. 보통 음악의 경우이고 보컬 녹음의 경우에는 압축률이 더 올라간다. 비트 레이트는 약 800~950 kbit/s이다. 손실 압축 코덱(lossy codec)은 80% 이상의 압축률을 보여준다. 원본 스트림의 데이터에 손실을 가져오기 때문이다. FLAC은 선형 예측 방법을 사용하는데, 오디오 샘플을 작고, 상관관계가 없는 값(나머지)들의 수열로 변환한다. 이 수열은 골롬-라이스 코딩(Golomb-Rice coding)을 사용하여 효율적인 저장이 가능하다. 또한, FLAC은 소리 없는 구간 등 동일한 샘플의 블록들에 대해 반복 길이 부호화를 사용한다. 다른 무손실 압축 코덱과 비교하면, FLAC은 스트림이 가능한 것이 특징이다. 또한 FLAC의 디코딩 시간은 비교적 빠른 축에 속하며 이것은 압축 레벨과 관계없다. 다른 무손실 압축 방식과 마찬가지로, FLAC은 콤팩트 디스크 등의 미디어 소유자가 소장하고 있는 오디오 작품을 장기간 보존하는 데 있어서 매우 널리 쓰이는 포맷이다. 원본 미디어는 세월이 지나 분실, 손상 등이 될 수 있지만 FLAC으로 복제된 오디오는 언제든 정확히 원본 미디어의 오디오 데이터와 동일하게 복구될 수 있다. MP3과 같은 손실 있는 코덱으로 압축된 데이터는 원본 미디어의 오디오 데이터와 동일하게 복구될 수 없다. CD를 리핑할 때는 선택적으로 큐 시트(음악 소프트웨어 .CUE 파일)을 생성할 수 있다. CD를 FLAC으로 완전히 리핑해 두었다가 훗날 이 CUE 파일의 도움을 받아 정확히 동일한 CD를 구워낼 수 있다. 트랙 순서, 프리 갭, CD-Text 등을 정확하게 복원할 수 있다. 하지만 일부 오디오 CD에 들어 있는 가사, CD+G 그래픽 등은 CUE 파일 및 대부분의 CD 리핑 애플리케이션의 범위 밖이며, 정확히 원본대로 복원시킬 수 없다.

유럽 방송 연합 (EBU)은 유로라디오(Euroradio) 네트웍에서 고품질의 오디오를 배포하는 데 FLAC 포맷을 사용한다. FLAC은 부동 소수점을 지원하는 것이 아니라 오직 고정 소수점만 지원한다. 4내지 32 비트 샘플 크기를 지닌 PCM을 처리할 수 있다. 샘플링 레이트는 1 헤르츠 내지 1,048,570 Hz까지 1 Hz 단위로 처리할 수 있다. 1~8 채널을 처리할 수 있다. 채널은 스테레오나 5.1 채널 서라운드 사운드처럼 묶을 수 있고, 채널 간 상관관계를 이용하여 압축률을 높일 수 있다. 스트리밍 프로토콜에서 사용될 경우 FLAC은 CRC 체크섬을 사용하여 잘못된 프레임을 골라낸다. FLAC의 라이스 파라미터(Rice parameter)는 0~16이다. 최대 8 채널의 오디오, 최대 192 kHz까지의 다양한 샘플링 레이트, 다양한 비트/샘플 폭을 지원한다.

네번째는 MPEG(moving picture experts group: 동영상 전문위원회)파일 포맷이다.

MPEG 오디오 파일에는 .mp?("?"의 부분에는 레이어 단계를 나타내는 숫자가 들어간다.)라는 확장자가 붙어있으므로 금방 알 수 있다. MPEG는 특정 메이커가 고안한 포맷이 아니라 ISO(국제표준화 기구)와 IEC(국제전기표준회의)라는 두 곳의 표준화 조직이 제창하고 그 지원을 받아 ISO의 하부위원회인 MPEG이 실제적인 개발을 한 포맷이다. 동영상 전문위원회가 개발한 만큼 사실 MPEG는 처음에 오디오 데이터를 염두에 두고 개발한 포맷은 아니었다. 원래는 동영상 데이터와 그것에 대응하는 음성 데이터의 압축을 목적으로 한 포맷이다. MPEG에는 MPEG1, MPEG2, MPEG4 등 많은 규격이 있으며, 용도에 따라 구별해 사용하도록 되어있다.

MPEG-1은 1992년 11월에 실용화된 규격으로 막대한 데이터 양의 영상 및 음성 파일을 CD-ROM에 들어갈 수 있는 사이즈까지 슬림화하는 것을 염두에 두고 개발한 우수한 규격으로 자리 잡아 사용자나 WEB 디자이너 사이에서 각광받았던 규격이다. 인터넷의 급속한 보급으로 WEB 콘텐츠의 데이터 압축에 이용하게 되었다. 고도의 데이터 압축규격으로 주로 영상과 음성 데이터의 압축에 사용되고 있다.

MPEG2는 MPEG1에서 파생된 규격이다. 일반적인 TV나 HDTV(고품위 텔레비전) 등의 제작 현장에서 데이터, 화질, 음질 등을 심하게 열화시키면 안 되는 경우에 사용되고 있다. 따라서 화질은 MPEG1과 비교하면 엄청난 차이가 있고 소리는 5.1 서라운드에도 대응하고 있다. 또한, DVD 동영상 데이터 압축 포맷으로도 사용되고 있다. DVD의 음성 데이터의 압축 방식은 지역에 따라 다르게 사용되고 있다. 예를 들면 유럽에서는 MPEG2, 미국에서는 DOLBY 사의 AC-3 디지털 멀티채널 규격이 채용되었다.

MPEG4는 전화회선 등에 의한 저속 동영상 통신에서 양방향 멀티미디어를 구현할 수 있도록 제정된 규격으로 1999년 8월에 표준화되었다. MPEG1, MPEG2 표준이 만들어짐에 따라 방송과 통신과 컴퓨터 산업 간의 경계가 무너져 서로 융합되어 복합적이고 다양한 서비스들이 제공되기 시작하는 계기가 되었다. 그러나 호환성에 문제가 생기면서 이러한 요구를 반영하여 1993년부터 연구하기 시작한 것이 MPEG4이다. 대역폭이 적은 통신 매체에서도 전송이 가능하고 양방향 멀티미디어를 구현할 수 있는 A/V(audio/video) 표준 부호화 방식이다. 기존 H.261, JPEG, MPEG1, MPEG2에서 쓰던 블록 단위의 변환 부호화 방법을 탈피하고 영상 내용에 근거하여 영상 신호를 부호화하는 새로운 방법이 사용된다. MPEG1, MPEG2가 압축률을 높여 빠른 전송을 추구하는 반면 MPEG4에서는 64 kbps급의 초저속 고압축율 실현을 목적으로 하고 있다. 기능은 크게 객체지향 대화형, 고능률 압축, 범용 엑세스 등이다. 객체지향 대화형 기능은 화면이나 음향 같은 요소들을 독립적으로 취급하면서 이들을 서로 링크에 의해 결합해 사용자가 화면이나 음향을 자유로이 구성할 수 있도록 하는 기능을 말한다. 예를 들어 화면 속의 모든 물체를 하나의 개체로 분리하여 따로 따로 저장하거나 전송한 후에, 정보를 수신하는 쪽이 나누어진 개체를 하나로 모아 완성된 화면을 볼 수 있도록 한다. 영화나 게임 속의 주인공 얼굴을 자신의 사진으로 대치할 수도 있는 기능이다.

다섯번째는 MPEG Layer 1,2,3이다. MPEG-1/2 Layer 1(.mp1)은 PASC(precision adaptive subband coding)라는 방식으로 만들어진 디지털 오디오 포맷이다. 1992년에서 1996년까지 필립스의 DCC(digital compact cassette)라는 휴대용 카세트 플레이어에 사용한 방식으로 최대 384 kbps까지의 비트 레이트로 녹음할 수 있다.

MPEG-1/2 Layer 2(.mp2)는 MUSICAM(Masking pattern adapted Universal Subband Integrated Coding And Multiplexing)라는 방식으로 만들어진 포맷이다. 비디오 디스크, ADR, DVB에서 사용했다. 일반적으로 사용하는 비트 레이트는 192 kbps, 224 kbps, 256 kbps를 사용한다.

MPEG-1/2 Layer 3(.mp3)는 보통 MP3 라고 부르는 형식이다. Layer2를 바탕으로 개발된 것이고, 허프만 코드, 비선형 양자화 코드, 6 또는 18 탭 MDCT를 사용했다. 일반적으로 사용하는 비트 레이트는 128, 160, 192Kbps를 사용한다. 최대 640Kbps 까지 사용할 수 있다.

여섯째는 애플 무손실 코텍이다. 애플 무손실 또는 ALE(Apple lossless encoder) 또는 ALAC(Apple lossless audio codec)은 애플에서 개발한 디지털 음악의 무손실 압축 오디오 코덱이다. 애플 무손실 코덱의 데이터는 MP4의 컨테이너에 저장되어 있으며 .m4a 파일 확장자를 사용한다. 이 확장자는 MP4 컨테이너에 들어있는 AAC 오디오 데이터를 사용하지만 AAC의 변형은 아니며 다른 무손실 코덱인 FLAC나 Shorten과 유사한 점이 있다. ALAC는 다른 퀵타임 컨테이너를 사용하는 파일들처럼, DRM을 장착할 수 있다. 2011년 10월말 애플이 아파치 라이선스로 공개하여 오픈 소스가 되었다.

마지막으로 기타 파일 포맷이 있다. 디지털 레코딩 세계에서는 필요에 따라 개발된 특정 컴퓨터 시스템 전용의 저장 포맷 또는 특정 어플리케이션 전용의 저장 포맷 등 천차만별의 서로 다른 포맷들이 존재한다. 과거부터 사용했던 것들도 셀 수 없을 정도로 많고 새로운 포맷도 속속 등장하고 있어서 그 수는 계속 늘어나고 있다. 사용 시에는 포맷의 특성을 잘 알아야 하고 호환성, 성능, 기능 등을 분석하여 용도에 맞게 사용해야 한다.

■ 디지털 오디오 파일 전송 포맷

전송 포맷이란 디지털 오디오 시스템 간의 실시간 데이터 전송의 규칙을 정하는 것으로, 저장 포맷과는 다르다. 아날로그 오디오 신호는 음원에서 발생한 다양한 주파수의 AC 전압으로 구성되어 있다. 아날로그 오디오 전송에서는 밸런스와 언밸런스 두 가지 신호 전송 방식이 사용되며 다양한 종류의 케이블이나 커넥터가 사용된다. 기본적으로 장비와 커넥터 케이블에 오디오 신호 전류가 통과하면서 동작이 이루어진다. 따라서 플러그의 모양이나 소켓이 다를 경우에는 변환 플러그를 사용하여 연결하면 된다.

디지털 오디오 시스템에서도 갖가지 종류의 케이블이나 커넥터가 존재한다. 디지털 오디오 신호는 신호 자체에 포맷이 있어서 케이블이나 커넥터 변경으로 아날로그 신호처럼 간단히 변경시킬 수는 없다. 즉, 디지털 케이블로 전송되는 디지털 오디오 신호는 아날로그 오디오 신호를 수치화한 오디오 신호 데이터이다. 따라서 AC 전압으로 구성된 아날로그 신호에서 발생하는 험이나 간섭 신호 유도 등의 전기적 노이즈에 의한 음질 열화는 없다. 실제 드물게 저 품질의 커넥터나 규격품이 아닌 커넥터 사용 시 디지털 신호의 데이터 손실이 발생하여 귀로 인식할 수 있는 클릭음이나 드롭아웃이 발생하는 경우는 있다. 그러나 이것은 노이즈가 아니고 접속불량에 의한 것이다. 데이터 전송은 소프트웨어 전송 프로토콜에 따라 실행된다. 즉, 송신과 수신 쪽 쌍방의 장치가 이 프로토콜을 인식할 수 없으면, 데이터 전송은 이루어지지 않게 된다. 디지털 오디오 시스템의 경우 케이블이 물리적으로 접속되어 있더라도 쌍방의 장치가 이해할 수 있는 전송포맷이 사용되지 않았다면 데이터 전송은 이루어지지 않는다. 이 경우 한쪽 장치의 전송포맷을 다른 장치가 이해할 수 있는 전송 포맷으로 변환하는 포맷 컨버터를 사용하면 전송이 가능하다.

첫번째는 AES/EBU 디지털 오디오 포맷이다. AES/EBU 디지털 오디오 포맷은 AES/EBU(음향공학협회/유럽방송연합)의 표준화 조직에 의해 개발된 전송 포맷이다. 특정 메이커의 표준화 포맷이 아니라는 점에서 프로 오디오 세계에서 많이 사용되는 일반적인 포맷이 되었다. AES/EBU 포맷에서는 최장 100미터 정도의 XLR 밸런스 케이블 1개로 2채널의 오디오 데이터와 워드 클럭 정보를 전송할 수 있다. 또한 샘플링 레이트를 자유롭게 설정할 수 있어서 일반적으로 32 kHz, 44.1 kHz, 48 kHz가 사용되며 양자화 비트수는 최대 24 비트이다. 2채널 이상의 데이터를 전송할 때는 여러 개의 케이블을 사용하면 된다.

두번째는 S/PDIF 포맷이다. S/PDIF 포맷은 SONY와 PHILIPS가 공동으로 개발한 포맷으로 Sony/Philips Digital Interface Format의 약자이다. AES/EBU와 비슷한 포맷으로 커넥터에 RCA핀, 언밸런스 케이블을 사용하는 등 일반 소비자에게 매우 친숙한 포맷이다. 또한 커넥터에는 RCA 핀 뿐만 아니라 광학식의 Toslink를 사용하는 것도 가능하다. 참고로 카탈로그에 S/PDIF(코액셜)이라고 표시되어있는 경우는 RCA핀 접속이며 S/PDIF(옵티컬)라 표시되어있는 경우에는 Toslink 커넥터 접속이다. S/PDIF 케이블에 어댑터를 접속해서 AES/EBU 케이블로 사용하는 경우도 있다. 다만, S/PDIF와 AES/EBU의 데이터 프로토콜은 차이가 있어서 완전한 호환성을 갖고 있지 않다는 점을 주의해야 한다. S/PDIF는 1개의 케이블로 2채널의 오디오 데이터를 전송할 수 있으며, 사용할 수 있는 케이블의 길이는 최장 10미터 정도이다. 전송 규격은 AES/EBU와 거의 같지만 신호의 상태정보 등에는 차이가 있다. 예를 들면 S/PDIF에는 SCMS라는 카피 방지 시스템의 정보가 포함되어 있다. SCMS란, DAT 레코더 등의 디지털녹음장비 사이에서 디지털 카피를 할 때 하나의 오디오 데이터의 카피 횟수를 제한한다.

세번째는 SDIF-2 포맷이다. SDIF-2(Sony digital interface format)는 SONY가 개발한 포맷으로 주로 PCM-1610이나 PCM-1630 등 이 회사의 CD 마스터링 레코더에서 사용되고 있어 1610 포맷이라 불리기도 한다. 최근에는 PCM-1610이라는 모델을 보기 어렵지만 포맷명은 사용되고 있다. 데이터 전송에는 3개의 BNC 케이블을 사용한다. 이론적으로는 어떤 샘플링 속도도 적용 가능하지만, 실제적으로는 32 kHz, 44.1 kHz, 48 kHz 중 한 가지를 선택할 수 있다. 최대 양자화 비트수는 20 비트이다.

네번째는 ADI(ADAT)포맷이다. ADI란 Alesis Digital Interface의 약자이다. 일반적으로는 ADAT 옵티컬이라고 불린다. 그 이름대로 ALESIS 회사가 레코더 사이의 멀티채널 데이터 전송 포맷으로 개발한 것이다. 믹서, 오디오 인터페이스, 신디사이저 등 타사의 여러 가지 제품에도 채용되어 단순한 ADAT 레코더의 전송포맷의 틀을 넘어 일반에게도 급속히 보급되었다. 현재, 가장 많이 보급되어있는 멀티채널전송 포맷이다. 사실상 표준 전송 포맷이라 생각해도 무리가 없을 정도이다. ADI는 S/PDIF 옵티컬에서도 사용되는 광학식 Toslink 케이블 하나로 8채널의 오디오 정보를 전송한다. 샘플링 레이트는 ADAT 레코더와 똑같은 48 kHz이지만, 다른 속도로 변경하는 것이 가능하다. 일반적으로는 44.1 kHz라는 CD 규격에 맞춘 샘플링 레이트가 채용되는 경우가 많다. 최대 양자화 비트수는 24 비트로, 워드 클럭 정보는 오디오 데이터와 함께 송신된다.

다섯번째는 TDIF 포맷이다. TDIF(Tascam digital interface)는 ADI와 매우 비슷한 TASCAM 사의 전송 포맷이다. 이 회사의 디지털 MTR용의 포맷으로 개발되어 오디오 인터페이스나 믹서에 채용되었다. 배경도 ADAT 인터페이스와 비슷하다. 다만, TDIF는 1개의 케이블로 8트랙의 채널 정보를 쌍방향으로 전송한다. 즉, 1개의 케이블로 데이터의 송수신이 가능하다. 또한, TDIF의 커넥터와 케이블은 컴퓨터 분야에서 사용되는 D-Sub25라는 전기 케이블의 일종으로 ADI처럼 광학 케이블이 아니다.

여섯번째는 FireWire(IEEE1394) 포맷이다. IEEE는 ANSI(American National Standards Institute: 미국국립표준협회)에 의하여 미국 국가표준을 개발하도록 인증 받은 전문기구로서 인증 조직(accredited organization) 형태의 표준개발기구이다. 1963년 전기공학협회(IEE)와 무선공학협회(IRE)를 합병하여 1963년 미국에서 전기, 전자, 컴퓨터 공학의 이론과 실체를 구체화하여 능률을 향상하기 위해서 설립되었다. IEEE1394는 애플사와 텍사스 인스트루먼트사가 공동으로 제창한 Serial Bus Interface규격으로 FireWire라는 코드네임으로 개발되었다. 1986년부터 연구되어온 IEEE1394는 미국전기전자기술자협회(IEEE)에서 1995년 12월에 공식으로 협약되었고 그것을 표준화한 것이 바로 IEEE1394이다.

IEEE1394는 네트워크 PC와 휴대용 컴퓨터를 위한 표준 버스 인터페이스 규격이라고 할 수 있다. 현존하는 확장 버스나 인터페이스는 현재와 같은 고성능 멀티미디어 시대에는 다른 기술의 발전 속도에 부응하지 못해 한계상황에 처한 경우가 많다. 주변기기와 본체 간의 병목현상으로 인해 컴퓨터 시스템의 전반적인 속도를 향상시키는 데 있어 커다란 장애물이 되는 경우가 많다. 이러한 문제를 해결하기 위해 개발된 새로운 인터페이스가 바로 IEEE1394이다. 직렬 전송 포맷별 전송속도를 보면 RS-232의 속도가 1,200~39,200 bps, SCSI 5~320 Mbps, USB 12~40 Mbps, IEEE1394는 100~400 Mbps이다. IEEE1394 인터페이스의 가장 큰 특징은 빠른 전송 속도에 있다. 모드에 따라 100 Mbps, 200 Mbps, 400 Mbps 등 세 가지 속도를 낼 수 있다. 또한 800 Mbps와 1.6 Gbps의 속도라면 디지털 오디오나 동영상 정보를 전송하는데도 무리가 없기 때문에 스캐너, 디지털 카메라, 디지털 비디오 카메라 등과 같은 멀티미디어 주변기기를 그대로 연결해 실시간으로 사용할 수 있다. 이 세 가지 속도 모드에 있어서 높은 속도 모드는 그보다 낮은 속도 모드에 대해 호환성을 갖는다. 다른 큰 특징으로 쌍방향 통신 기능이 뛰어나다는 것이다. 즉, 모든 주변기기마다 IEEE1394 인터페이스를 제어할 수 있는 IC를 내장할 수 있기 때문에 PC를 통한 화상회의 등의 응용 분야에서 성능을 제대로 발휘할 수 있다. IEEE1394의 또 다른 특징은 PnP(plug-and-play)를 지원하며, 이와 함께 Hot-Plugging이 가능하다. IEEE1394의 프로토콜은 케이블로 연결된 여러 시스템 가운데 변화가 생기면 즉시 그에 대응하도록 만들어져 있다. 또한 사용 중인 주변기기라도 마음대로 장착하거나 분리할 수 있고 다른 장치에는 전혀 영향을 주지 않는다. 일일이 컴퓨터 전원을 내린 다음 주변기기를 설치하고, 다시 전원을 넣는 과정을 수행할 필요가 없다.

FireWire는 원래 APPLE이 개발한 포맷으로 현재 매킨토시에서는 FireWire보드를 기본으로 장착하고 있다. 케이블은 6개의 심선으로 구성되어, 4개가 데이터전송(2개 페어로 2쌍), 남은 2개가 주변장치에 전원을 공급한다. 권장 최대 케이블 길이는 4.5미터 이하이고 400Mbps의 전송 속도를 유지하지 않는다면 그 이상의 길이의 케이블을 사용해도 문제는 없다. FireWire의 최대 장점은 레코더, 컴퓨터, 하드 디스크, 비디오장치 등 갖가지 디지털 장치를 같은 케이블로 접속할 수 있다는 점이다. 이점에 주목한 YAMAHA에서는 이미 FireWire에 대응하는 전자음악악기의 사양으로 mLan을 출시하였다. CD음질 100채널분량의 오디오 데이터나 수백채널분량의 MIDI데이터를 전송할 수 있다.

일곱번째는 USB 포맷이다. USB(universal serial bus)는 INTEL이 기초부분을 개발하고, IBM, 마이크로소프트, NEC 등에 의해 표준화된 오픈 포맷이다. 개발 관련 메이커를 보면 알 수 있듯이 원래는 PC용의 규격이다. 현재는 매킨토시를 포함해 모든 컴퓨터 모델에 USB 보드가 탑재되어 있다고 해도 과언이 아닐 정도로 일반화되었다. 디지털 레코딩 관련기기에서는, MIDI 인터페이스나 오디오 인터페이스와 컴퓨터와의 접속을 이 포맷으로 하는 제품을 흔히 볼 수 있다. USB 표준의 이론상 최고 전송 속도는 Low speed는 초당 1.5 메가비트, Full speed는 초당 12 메가비트, High speed는 초당 480 메가비트, Super Speed는 초당 5 기가비트, Super Speed Plus는 초당 10 기가비트이다. USB 초기에 Low speed로 연결되는 키보드, 마우스 같은 제품들이 있었다. Full speed의 USB 1.0도 1.1 규격으로 업데이트된 다음에는 USB의 특성을 살려 데이터 전송 속도를 용도에 따라 몇 종류로 분류하였다. 키보드나 마우스의 접속에는 1.5 Mbps의 인터럽트 전송이 사용되었다. 오디오 인터페이스, CD-ROM/CD-RW, ZIP Drive, Scanner, Printer 등의 용량이 있고 타임성이 중요시되는 경우에는 12 Mbps를 사용한다. 하나의 버스에 최고 127개의 디바이스 연결 및 동시 사용이 가능하다. 전류는 최대 5V, 500 mA까지 공급할 수 있으며 마이크로소프트의 Plug & Play 기능이 지원된다. USB 2.0 제품의 이론상 최대 전송속도는 60MB/s (480Mb/s)이지만 실제 속도는 절반 정도인 30MB/s(240Mb/s)이다. USB 3.0 방식은 이론상으로는 초당 5,000Mbps이고, 최대 공급 전류는 5/12V, 900mA이다. USB 3.0 제품은 초당 읽기/쓰기 150Mbps 이상인 경우가 많다. 기기가 다수 연결되면 USB 속도에 제약이 있다. 주 콘트롤러(host controller)에 연결된 기기들이 대역폭을 나누어 쓰게 되어 장치가 늘어날수록 속도는 현저히 떨어진다.

2.7. 디지털 오디오의 장점과 단점

영상이나, 오디오 콘텐츠를 보관하여 재생하기 위해서는 아날로그나 디지털 방식으로 녹화 또는 녹음하는 과정을 거치게 된다. 아날로그 오디오 신호 녹음에서는 기록 매체와 신호가 독립된 형태로 연동하여 존재한다. 반면 디지털 오디오 신호 형태와 기록매체는 따로 독립하여 존재한다. 아날로그 오디오 신호를 LP(long play)나 테이프에 녹음하여 복사하는 경우 복사 단계나 횟수가 증가 할수록 노이즈도 함께 증가하여 원본 테이프 보다 음질이 열화되는 것을 피할 수 없다. 또한, 경년 변화에 의한 LP의 변형 마모, 테이프의 자기 손실 등에 의해 심각한 음질 손상이 발생하여 결국은 음원으로서의 기능을 상실하게 된다. 이것이 아날로그 오디오의 단점이다. 반면 디지털 오디오 신호에서는 복사 횟수나 기록 매체와 관계없이 포맷 변경과 복원 시 발생하는 음질 특성 변화 이외에는 항상 같은 장비로 같은 과정을 거쳐 오디오를 재생하는 경우 같은 음질을 얻을 수 있다. 하드디스크와 CD-R에 녹음된 디지털 신호를 재생할 경우 최종 단계의 DA 변환 과정만 같다면 음질 변화는 없다. 물론 물리적 경년 변화는 디지털 신호 보관 장비에서도 발생하지만 주기적으로 다시 녹음하여 보관하면 되므로 반영구적인 관리가 가능하다. 디지털 오디오 데이터도 다른 종류의 디지털 데이터와 마찬가지로 0과 1이 반복되는 구조로 수치만 복원할 수 있으면 음원의 손상은 없다. 아이러니하게도 "원본과 복사본의 차이가 없다"는 것은 디지털 오디오의 가장 큰 장점이기도 하지만 보급상 어려움을 가져오기도 한다. 즉 원본과 카피본의 음질이나 내용이 같아 카피 단계나 횟수에 관계없이 무한대로 반복 복사하여 사용할 수 있다.

■ 디지털 오디오의 장점

첫째, 뛰어난 가격대비 성능이다. 아날로그 오디오 스튜디오에서는 오디오 신호 포맷에 따라 각각의 전용 장치가 필요하고 경년 변화가 장비의 성능에 크게 영향을 미치게 된다. 아날로그 녹음 시스템의 경우 믹싱 콘솔을 중심으로 MTR의 각 채널별로 이펙터나 프로세서 등의 장비가 필요하며 기능이 많아질수록 장비도 커지고 개수도 늘어나게 된다. 반면 디지털 오디오 스튜디오에서는 최소한의 아날로그 디지털 변환 장비 이외에는 전용 프로그램으로 편집 라우팅 등의 기능을 수행하므로 물리적인 장비를 최소화 할 수 있다. 예를 들면 아날로그 이펙터 장비에서는 한 가지 장비로 한 기능을 수행할 수 있는 반면 디지털 장비에서는 멀티 이펙터의 내부 프로그램 기능을 선택하는 것만으로 다양한 기능을 수행할 수 있다. 이러한 디지털 오디오 기술의 발전은 기능의 고도화와 뛰어난 가격대비 성능을 이루어 컴퓨터 기반의 디지털 홈 스튜디오를 일반화하게 하였다.

둘째, 오디오 신호 편집의 유연성이다. 디지털 오디오 편집 기술은 멀티 트랙, 비선형 편집, 이펙트 기능 사용의 다양성과 유연성으로 오디오 편집의 차원을 크게 넓혀 아날로그에서는 상상도 할 수 없었던 창조적인 사운드를 섬세하고 정밀하게 편집할 수 있게 되었다. 예를 들면 타임스트레칭 기능으로 영상 프레임에 사운드를 정확한 시간에 맞출 수 있게 하거나 멀티트랙을 이용하여 멘트의 내용을 쉽게 변경할 수 있는 등 응용 범위는 실로 무한하다. 파일 기반으로 네트워크 상의 작업이 가능한 것도 큰 장점의 하나이다.

셋째, 컴퓨터 기반 시스템 구축이 가능하다. 디지털 오디오 시스템에서는 디지털 기반의 MTR, 하드 디스크 레코더, 이펙터, 믹싱 콘솔, 라우터 등의 장비와 함께 사운드 처리나 편집 기능을 제공하는 컴퓨터용 소프트웨어나 플러그인을 다양하게 사용할 수 있다. 음원을 포함한 레코딩 시스템 전체를 컴퓨터로 관리하고 데이터를 처리하는 것이 가능하다. 오디오 편집용 소프트웨어 중에서는 자르고, 복사하고, 붙여 넣는 일반적인 편집기능뿐만 아니라, 노이즈 제거나 다양한 이펙트 기능을 탑재하고 있으며 지속적인 기능 개선이 이루어지고 있다.

넷째, 유용한 비 실시간 처리가 가능하다. 아날로그에서는 오디오 신호를 모두 들으면서 실시간으로 편집 처리해야 했다. 디지털 시스템에서는 비 실시간 처리 기능으로 복잡한 사운드 해석, 고조파 스펙트럼의 가공 등 실시간 처리가 불가능한 고도의 처리를 가능하게 한다. 디지털에서는 데이터가 저장되어 있는 경우 필요한 부분만 찾아서 필요한 기능을 적용하면 되므로 실시간이 필요치 않고 장비에서의 처리 시간만 필요하게 된다. 예를 들면 이퀄라이저, 리버브 등 모든 신호처리 장치는 신호가 입력됨과 동시에 순간적인 신호처리를 할 수 있도록 동작한다. 물론 디지털 시스템에서도 데이터를 실시간으로 처리할 수도 있다.

다섯째, 랜덤 억세스 기능으로 비선형 편집이 가능하다. 하드디스크 등 디지털 레코더로 녹음된 오디오 데이터는 기록(녹음)된 순서로 처리할 필요가 없다. 다르게 표현하면 디지털 기록 매체의 데이터 처리 특성인 랜덤 처리가 가능하다. 이 기능이야 말로 선형식 데이터 처리를 하는 아날로그와 확연하게 다른 점이라고 할 수 있다. 디지털 레코딩은 랜덤 억세스 기능에 의하여 레코딩 순서와는 관계없이 간단히 오디오 신호를 반복 재생, 편집할 수 있다. 오디오 편집 시 데이터 그 자체가 아니라 플레이 리스트만을 변경하는 것으로 같은 레코딩 소재를 몇 번이고 반복해서 재생하거나 하나의 소재를 여러 곳에 복사할 수도 있다. 즉 반복되는 부분이나 코러스 부분 등, 곡의 반복 부분에 사용되는 소재를 "물리적으로" 몇 번씩 연주해 녹음할 필요가 없다. 플레이 리스트를 사용해 음원이 필요한 부분에 맵핑하기만 하면 된다. 또한 트랙 전체 또는 일부를 시간 축에 따라 이동시키는 일도 가능하다. 동시에 녹음한 복수의 트랙 중 일부의 트랙의 타이밍을 바꾸는 것도 가능하다. 디지털 오디오 시스템의 멀티트랙 레코딩의 장점은 각각의 트랙이 서로 독립되어 존재한다는 점 역시 아날로그 멀티트랙 녹음과는 다른 점이다. 아날로그 테이프에서는 트랙이 테이프라는 매체로 공간적 시간적으로 제한이 있었기 때문에 트랙의 독립성에 물리적으로 한계가 있었다. 하지만 디지털에서는 시간적 공간적 제한이 없어 모든 트랙을 독립적으로 편집할 수 있다. 이러한 랜덤 엑세스 기능은 영상과 음성의 동기가 요구되는 작업에서 특히 유용하며 음악 작업 시에는 곡의 시작점을 필요 시 언제든지 변경할 수 있다. 또한 무음 처리 시 필요 없는 데이터를 차지하지 않는 것도 큰 장점이다.

여섯째, 편리한 관리와 운용의 자동화가 가능하다. 디지털 오디오 시스템에서의 데이터는 보존 대상을 따지지 않고 다양한 디지털 기록 매체에 기록하거나 반복하여 재생 사용할 수 있다. 하드 디스크, JAZ, ZIP, MO디스크 등 이동이 가능한 디스크 계통을 비롯하여 CD-R 계통 등, 어디에든 보존할 수 있다. 원본 데이터와 완전히 똑같은 복사본 데이터를 필요에 따라 다양한 기록매체에 나누어 저장 백업하는 것도 가능하다. 또한, 디지털 오디오 시스템에서 사용된 처리 조작용 파라미터 데이터 역시 독립하여 보존할 수 있다. 파라미터를 새로 세팅하지 않고 다시 사용할 수 있어 반복 작업의 수고를 대폭 줄일 수 있다. 또한 이펙트 기능 같은 소프트웨어 안의 각 기능의 개별 파라미터를 전체 세팅과 함께 보관하여 조합해 불러낼 수도 있어 작업의 자동화에도 대응할 수 있다. 그렇기 때문에 하드 디스크 레코더의 믹서 기능이나 디지털 믹서의 대부분이 오토메이션 기능을 가지고 있다.

■ 디지털 오디오의 단점

첫째, 인간이 느끼는 감성적 음질 재현에는 한계가 있다는 평가가 있다. 디지털 오디오는 기능상 편리하고 원음 재현능력이 아날로그 방식에 비해서 탁월하다. 스팩상 우월한 성능을 갖고 있어 비교 평가의 대상이 되지 못한다. 단지 아날로그 방식으로 녹음한 오디오를 재생하여 청감 상으로 비교할 때 디지털 오디오가 다소 “건조하다”, “딱딱하다”라는 평가가 있다.

둘째, 모든 오디오 데이터가 한 번에 손실될 수 있다. 디지털 오디오 시스템이 하드웨어 타입이거나 소프트웨어 타입이거나 간에 하드 디스크 레코더 등 저장 매체의 오류에 의해 데이터 자료를 모두 일순간에 잃어버릴 수 있다. 녹음을 마친 RAM 상의 데이터 역시 시스템이 다운되면 모든 데이터가 손실 될 수 있다. 따라서 데이터를 항상 백업해야 하며 필요에 따라서는 2중 3중의 데이터 백업을 시행해야 한다. 작업 도중 수시로 저장해야 하며 전원의 다운을 막기 위해 UPS를 설치하는 것도 필수적으로 중요하다.

제3장

오디오 신호 증폭 소자에 따른 앰프 특성

3.1. 앰프 특성

오디오 증폭기는 소스 기기로부터 신호를 받아 사람의 귀로 소리를 들을 수 있도록 신호를 적당한 크기로 증폭시켜 스피커로 전달한다.

그림 3.1. 오디오 앰프 개념도

증폭 원리에 의한 방법으로 열전자를 이용하는 진공관 형과 고체 반도체를 이용하는 솔리드 형의 2 가지로 나눌 수 있다. 표 3.1에서 진공관 앰프와 솔리드 앰프의 특성과 차이점을 나열하고 있다. 가장 큰 구조적인 차이점은 증폭소자가 다르고 증폭 방식이 다른 점이다.

진공관과 솔리드 증폭 소자는 구조 뿐만 아니라 동작 원리에 있어서도 완전히 다르다. 진공관은 캐리어로 전자만을 이용하고 있다. 트랜지스터의 경우는 전자와 정공을 캐리어로 이용한다. 솔리드 방식을 대표하는 트랜지스터 방식에서 트랜지스터 집적회로로 만든 IC형 증폭기는 다채널 구성 및 대량 생산에 용이하다. 2000년대에 들어와서 PWM 기술을 적용하여 가격이 저렴하고, 효율이 높은 D클래스 앰프가 TV 음성 증폭, 스마트폰, PA 용 등 범용으로 주로 사용되고 있다.

표 3.1. 진공관 앰프와 솔리드 앰프의 특징

구분	특 성	음 질
진공관	• 싱글형, PP형, OTL형이 있음 • 트랜스포머 사용으로 무게가 무거움 • 회로가 간단, 사용 부품에 따라 음질과 가격 차이가 큼 • 열전자 이용으로 열 발생 • 경년 변화가 있음	• 윤기가 있고 포근한 느낌 • 풍부하고 음색의 미묘한 변화 표현 • 듣기 좋은 자연스러움 • 음장감이 뛰어남
솔리드 소 자	• 회로에 따라 SEPP, DEPP, D급 등으로 분류 회로와 소자 수가 많음 • 조정이 어려움, 보호회로 필요, 출력 및 방식에 따라 부피 증가 • 트랜지스터가 일반적이며 접근성 용이 • FET형은 입력 임피던스가 높고 음질은 진공관과 비슷 • IC형은 다채널 대량생산이 용이 • IGBT형은 트랜지스터와 FET의 장점을 살린 복합 소자를 사용함	• 음폭이 넓고 시원한 느낌 • 메마른 느낌을 주지만 단정하고 섬세한 느낌 • 험(hum) 등 잡음이 적음

3.2. 진공관 앰프 특성

미국의 드 포레스트가 1906년 3극 진공관을 발명하면서 최초로 전기적인 신호 증폭이 가능하게 되었다. 3극 진공관은 플레이트와 캐소드 사이에 그리드 전극을 두어 플레이트와 캐소드 간의 전자 흐름을 조절할 수 있도록 고안되었다. 진공관은 플레이트와 캐소드 사이에 전류가 흐르려는 것을 그리드로 억제시켜 흐르는 전류의 변화를 가져오는 원리에 의해 증폭 작용이 이루어진다. 진공관은 전자의 흐름을 억제하는 그리드 단자에 단순히 음 전압을 걸어주는 것으로 증폭 작용을 할 수 있기 때문에 제어를 위해 큰 에너지가 필요하지 않다. 그러나 출력 임피던스가 높은 진공관 소자 특성으로 인하여, 낮은 임피던스의 스피커와 연결하기 위하여 그림 3.2의 직육면체 형태와 같은 임피던스 매칭용 출력 트랜스포머를 사용하고 있다.

예외로 출력저항이 낮은 진공관으로 특별하게 설계한 OTL(output transformer less) 증폭 회로는 출력 트랜스포머를 사용하지 않고 스피커를 바로 구동할 수 있다. 진공관 앰프는 출력단 진공관 회로에 따라 싱글형, PP형, OTL형이 있다. 진공관 앰프는 회로 특성상 증폭용 진공관, 콘덴서, 저항, 트랜스포머 등 부품의 질에 따라 음질에 미치는 영향이 크다. 진공관 앰프는 음질이 좋아 지금도 오디오 애호가들의 호평을 받고 있다. 회로가 간단하여 만들기 쉽고 단순한 부품 교체로 큰 음질 변화를 얻을 수 있어 아직도 오디오 자작가들의 많은 사랑을 받고 있다.

그림 3.2. 진공관 앰프

3.3. 솔리드 앰프 특성

트랜지스터는 미국 벨연구소에서 1947년 윌리엄 쇼클리, 존 버든, 월터 브래튼 등의 연구원이 발명하였다. 트랜지스터는 신호의 크기에 따라 저항 값이 변하기 때문에 붙여진 이름이다. P와 N 사이에 장벽전위 (실리콘인 경우 0.7V, 게르마늄인 경우 0.3V) 이하이면 저항이 매우 커서 OFF 상태가 되고 0.7V 이상이면 저항이 작아져서 ON 상태가 되는 현상을 이용한 것이다. 트랜지스터에 증폭 동작을 할 수 있는 전원 전압을 공급하고 트랜지스터의 베이스에 입력 신호 전류를 흘려주면 컬렉터와 이미터 사이에 입력 신호 전류와 같은 모양의 증폭된 전류가 흘러 증폭 작용이 이루어진다. 솔리드 앰프에는 트랜지스터 회로가 일반적으로 사용되고 출력단의 형태에 따라 SEPP, DEPP 등으로 분류한다. FET형은 입력 임피던스가 높고 음질이 진공관과 비슷하다. 온도 특성이 좋고 보상회로가 필요 없어 회로가 간단한 장점이 있다. IGBT(insulated gate bipolar transistor)는 FET와 트랜지스터의 장점을 모두 갖춘 복합 소자이다. 솔리드 앰프는 출력단의 바이어스 형태에 따라 앰프 특성이나 음질에 많은 영향을 준다. 바이어스 형태에 따라 A, B, AB급 앰프로 분류한다. A급 솔리드 앰프는 음성신호 전 사이클 동안 바이어스 전류가 100% 이상 흐르는 형태로 효율은 아주 낮지만 음질은 최상위이다. 그러나 많은 바이어스 전류를 흘리기 위하여 전원부가 매우 커지고 대량의 열 발생으로 방열에 각별히 주의해야 한다. B급은 크로스오버(crossover) 왜곡을 없애기 위한 최소한의 바이어스 전류를 흘려 효율은 좋지만 음질은 좋지 않다. 보통의 앰프는 A급과 B급의 특성을 절충한 AB급 앰프로 효율과 음질이 비교적 좋아 가장 많이 사용된다. D급 형태의 앰프는 바이어스 전류와 상관없는 PWM 디지털 변조 형태의 앰프이다. 효율이 높고 경제적이어서 일반 가전제품이나 컴퓨터 제품의 앰프에서 널리 사용하고 있다.

그림 3.3과 같은 일반적인 솔리드 앰프는 트랜지스터나 FET, IGBT 등의 소자를 이용하여 구성한다. 교류 신호를 증폭하기 위하여 컴플리멘터리(상호보상) 소자를 이용하여 입력단, 드라이버단, 출력단을 상하 대칭 회로로 각각 구성한다. 차량용 DEPP PA 앰프 같이 저전압의 전지로 큰 출력 전력을 얻어야 하는 앰프의 경우에는 트랜스포머를 사용하는 경우도 있다. 이 경우를 제외하고, 일반적인 솔리드 증폭 앰프는 출력 트랜지스터 자체 내부 저항이 0.5~1 Ω 정도로 낮기 때문에 앰프에 스피커를 직결할 수 있다. 그래서 솔리드 앰프는 부피가 크고 음질에 영향을 많이 주는 매칭용 출력트랜스가 필요 없다는 장점이 있다. 매칭트랜스를 사용하지 않는 점과 상호보상 솔리드 소자를 이용한 컴플리멘터리 회로를 구성한다는 점이 진공관 식과 크게 다른 점이다. 트랜스포머를 사용하지 않음으로서 무게를 줄일 수 있고 부피를 줄일 수 있어 경제적으로도 매우 유리하다. 솔리드 방식의 장점은 안정된 컴플리멘터리 회로 구성으로 DC부터 증폭할 수 있는 회로 구성이 가능하고 경년 변화가 적으며 용도에 따라 다양한 회로 변화를 줄 수 있어 적용성이 뛰어나다는 점이다.

솔리드 앰프는 음질 면에서 깨끗하고 단아한 소리로 정평이 있다. 그러나 진공관식과 비교하여 정갈하지만 맛이 없어 밋밋하다는 평가도 있다. 저능률 고음질 스피커를 사용하여 오디오 시스템을 구성하는 경우, 큰 출력의 앰프로 스피커를 구동해야 하기 때문에 경제성있는 솔리드 앰프를 사용하는 경우가 많다. 앰프 회로 및 기술, 소자의 발전으로 실질적인 음성을 재생하는 음질 차이는 많지 않다고 볼 수 있다. 그러나 포근하고 자연스런 느낌과 박력이 있으면서 매혹적인 음질을 재현해 주는 진공관 방식과는 음악을 감상하는 청감 면에서 큰 차이를 느끼게 한다. 디지털 반도체 기술의 발달로 PWM 기술을 적용한 D급 앰프가 효율성과 경제적인 이유로 PA, TV, 스마트폰, 전자 음향기기에 많이 사용되고 있다. 음질 면에서 기존의 아날로그 방식의 앰프에는 미치지 못하지만 가전제품이나 컴퓨터 제품에서 소리를 효율적으로 재생하는 데는 지장이 없다.

그림 3.3. 솔리드 앰프

제4장

트랜지스터 오디오 증폭 회로

트랜지스터 증폭 회로의 해석은 크게 두 가지, 즉 직류(또는 바이어스)해석과 교류 해석으로 나눌 수 있다. 직류 해석은 활성 모드에서 동작하고 있는 트랜지스터 단자들에 흐르는 직류 전압이나 전류를 구하는 것이다. 교류 해석인 소 신호 해석은 트랜지스터가 활성 모드 즉 바이어스 된 상태에서 작은 신호 전압이 증폭기에 인가될 때 증폭기의 입력 저항 그리고 전압 이득 등을 구하는 것이다. 여기서 소 신호라는 것은, 트랜지스터 증폭 회로의 접지 방식에 따라 베이스 - 이미터 또는 컬렉터 - 베이스 사이에 소 신호가 입력되는데, 접지와 입력단 사이에 걸리는 신호 전압이 약 10 mV 보다 작은 경우를 의미한다.

4.1. 옴의 법칙

트랜지스터나 진공관 등 모든 증폭 회로를 이해하기 위해 가장 기초가 되는 것으로 도체의 두 지점 사이에 나타나는 전위차에 의해 흐르는 전류가 일정한 법칙에 따른다는 것을 '옴의 법칙'(Ohm's law)이라 한다. 그림 4.1 기본적인 저항 회로에서 두 지점 사이의 도체에 전위차가 존재할 때, 도체의 저항의 크기와 전류는 반비례 관계를 갖는다. 따라서 저항은 전류를 제한하는 요소로 작용하고, 이것을 수학적으로 식 (4.1)과 같이 나타낼 수 있다.

$$I = \frac{V}{R} \tag{4.1}$$

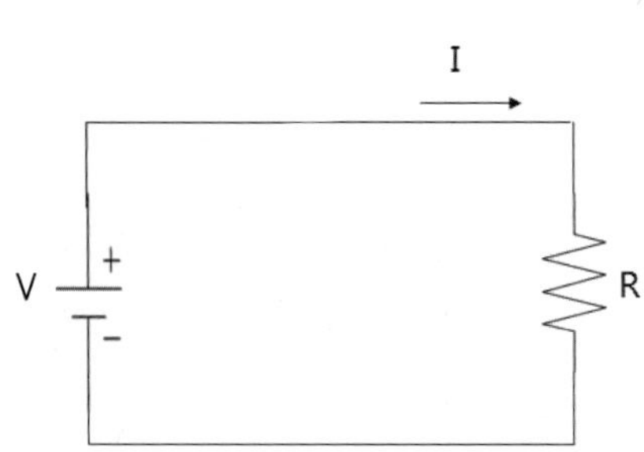

그림 4.1. 오옴의 법칙을 설명하기 위한 회로

여기서 I는 전류로 단위는 암페어(A, ampere), V는 도체 양단에 걸리는 전위차로 단위는 볼트(V, volt), 그리고 R은 도체의 전기저항(resistance)으로 단위는 옴(Ω, Ohm)이다. 특히, 옴의 법칙에서 저항 R은 상수이고, 전류와는 독립적이다. 회로망에서 저항은 두 노드(node) 사이에 존재한다. 옴의 법칙은 다른 회로 법칙과 함께 회로 해석에 중요한 요소이다. 저항은 물리적으로 특정 형태를 갖는 일정한 길이의 물체로 존재하므로, 전체 전위차가 저항체의 길이 전체에 나누어 분포한다. 그러나 회로망 해석에서는 두 노드 사이에 존재하는 한 점으로 모델링하여 전체 저항 값(상수 값)을 저항의 대표 값으로 취급하여 해석한다. 저항은 커패시터나 인덕터와는 달리 에너지를 소모하여 열로 변환하는 소자이다. 옴의 법칙은 전자기학의 법칙 중 하나이다. 이름은 독일의 과학자 게오르크 옴의 이름을 딴 것이다.

4.1.1. 저항의 직렬연결 회로

저항은 하나만 쓰는 소자가 아니다. 다수의 저항을 조합해서 여러 회로를 구성할 수 있다. 다수의 저항을 일렬로 연결한 것을 직렬연결이라 한다. 그림 4.2와 같이 저항이 3개의 저항이 직렬 연결된 회로를 생각하고 이 때 각 저항에 흐르는 전류를 $I_{2\Omega}$, $I_{3\Omega}$, $I_{4\Omega}$이라 하자. 그리고 양단에 9 V의 전압을 인가하였다고 가정하자.

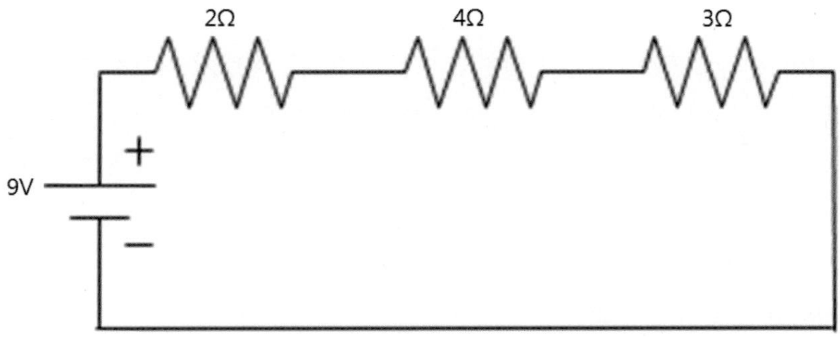

그림 4.2. 저항의 직렬연결 회로 예

그림 4.2에서 흐를 수 있는 전류의 통로는 하나이기 때문에 각 저항에 흐르는 전류는 $I_{2\Omega} = I_{3\Omega} = I_{4\Omega}$ 이어야 한다. 즉, N개의 저항을 연결했다고 가정했을 때, N개의 저항에 흐르는 전류는 모두 같다. 이 때 전류의 세기 $I = I_i$ $(i = 1, 2, \ldots. N)$이라 하면 회로에 인가되는 전압 V_s는 단자의 오른쪽에 있는 N개의 저항에서 강하되는 전압의 합과 같다. $I = I_1 = \ I_2 \cdots = I_{N-1} = I_N$ 식을 이용하면 식 (4.2)와 같다.

$$
\begin{aligned}
V_s &= R_1I_1 + R_2I_2 + \ldots. + R_{N-1}I_{N-1} + R_NI_N \\
&= (R_1 + R_2 + \ldots. + R_{N-1} + R_{N)}I \\
&= RI
\end{aligned}
\tag{4.2}
$$

여기서 R 은 $R = R_1 + R_2 + \ldots. + R_{N-1} + R_N$ 이며 직렬회로의 합성저항이라 부른다. 즉 합성저항 R 을 이용하여 등가회로를 그리면 그림 4.3과 같다.

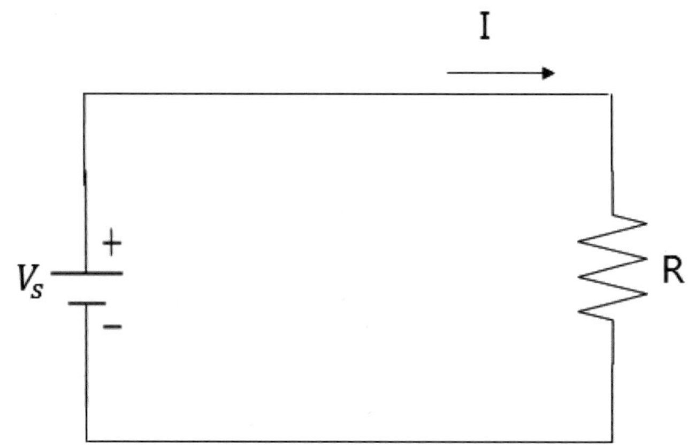

그림 4.3. N개의 저항이 직렬로 연결된 회로의 등가회로

그림 4.2의 경우에 저항 세 개가 일렬로 연결되어있다. 이렇게 저항이 직렬로 연결되어 있을 경우 저항 값의 합은 각 저항 값의 값을 더한 것과 같다. 즉 이 회로의 합성저항 값은 $2\Omega + 4\Omega + 3\Omega = 9\Omega$ 이 된다. 그리고 전압이 9 V이므로 식 (4.1)에 의해 전류(I)는 1 A가 된다.

4.1.2. 저항의 병렬연결 회로

저항을 직렬이 아닌 옆으로 연결한 것을 병렬연결이라 한다. 그림 4.4와 같이 병렬로 연결된 저항의 양단에 전압 V_s가 인가되고, N개의 저항이 병렬연결 된 경우를 생각해 보자.

이 때 저항 $R_1, R_2, \ldots\ldots R_{N-1}, R_N$ 에 흐르는 전류를 각각 $I_1, I_2, \ldots\ldots I_{N-1}, I_N$ 이라 하면 이들은 식 (4.1)로부터 식 (4.3)과 같이 구할 수 있다.

$$
I_1 = \frac{V_s}{R_1}, I_2 = \frac{V_s}{R_2}, \ldots\ldots, I_N = \frac{V_s}{R_N} \tag{4.3}
$$

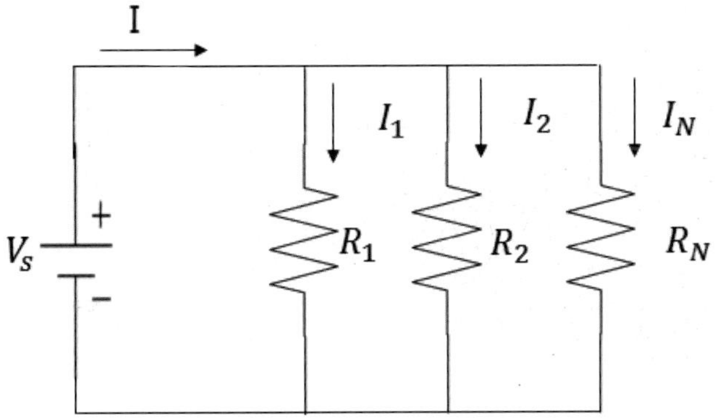

그림 4.4. N개의 저항이 병렬로 연결된 회로

그림 4.4에서 우측으로 흐르는 전류 I는 N개의 저항으로 분산되어 흐른다. 즉, 전류 I는 식 (4.4)와 같다.

$$I = I_1 + I_2 + \ldots.. + I_N \tag{4.4}$$

식 (4.3)과 식 (4.4)를 이용하면 전체 전류(I)는 식 (4.5)의 관계가 성립한다.

$$\begin{aligned} I &= I_1 + I_2 + \ldots. + I_{N-1} + I_N \\ &= \left(\frac{1}{R_1} + \frac{1}{R_2} + \ldots + \frac{1}{R_{N-1}} + \frac{1}{R_N}\right) V_s \\ &= \frac{V_s}{R}\left(\frac{1}{R} = \frac{1}{R_1} + \frac{1}{R_2} + \ldots.. + \frac{1}{R_{N-1}} + \frac{1}{R_N}\right) \end{aligned} \tag{4.5}$$

식 (4.5) 관계를 이용해 그림 4.4의 등가회로를 그리면 그림 4.5와 같다.

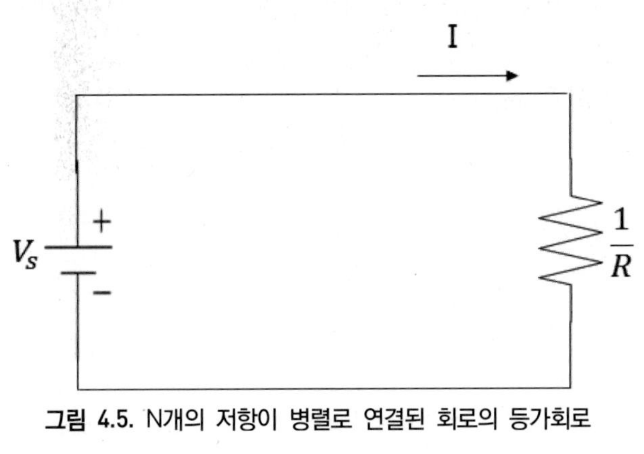

그림 4.5. N개의 저항이 병렬로 연결된 회로의 등가회로

즉, 병렬로 연결된 N개의 저항회로의 합성저항 R의 역수는 각 저항의 역수의 합과 같다.

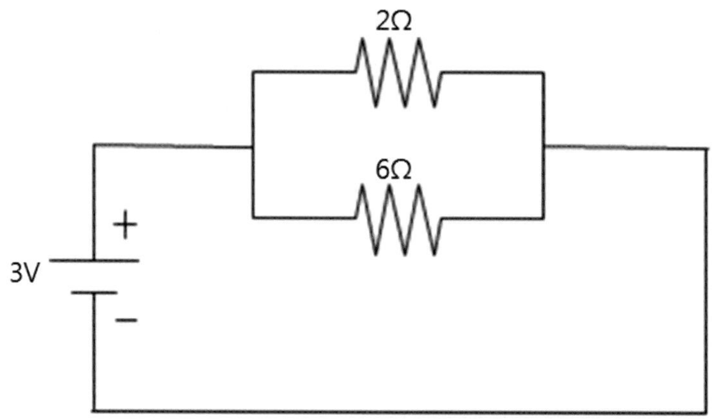

그림 4.6. 저항의 병렬연결 회로 예

그림 4.6을 보면 저항 두 개가 병렬로 연결되어 있다. 이렇게 저항이 병렬로 연결되어 있을 경우 합성저항 값은 각 저항 값의 역수를 합한 값의 역수이다. 즉 이 회로의 합성저항 값은 식 (4.5)를 이용하면 1/2 + 1/6 = 4/6의 역수 1.5Ω 이다. 현재회로의 합성저항 값은 1.5Ω 이며 회로에 흐르는 전류는 2 A가 된다.

4.1.3. 직류 전력

전력이란 전기에너지를 입력받아서 다른 형태의 에너지(열, 빛, 회전력 등)로 어느 정도 변환되었는가를 나타내는 지표로서 단위시간 당 전기에너지가 한 일을 의미한다. 예를 들어 큰 전동기는 작은 전동기에 비해 큰 회전력을 갖는다. 그 이유는 같은 시간에 더 많은 전기에너지를 기계적 에너지로 변환할 수 있기 때문이다. 변환된 에너지는 줄[J]로 측정이 되며 시간은 초[s]이다. 전력의 단위는 W(와트)이며, 식 (4.6)과 같이 정의할 수 있다.

$$P = VI = I^2 R = \frac{V^2}{R} = \frac{W}{t}[W] = [J/s] \tag{4.6}$$

다양한 예제의 경우 표 4.1과 같이 전력을 계산할 수 있다.

표 4.1. 전력을 구하는 다양한 예제

① 전류와 부하저항 값을 알고 있는 경우	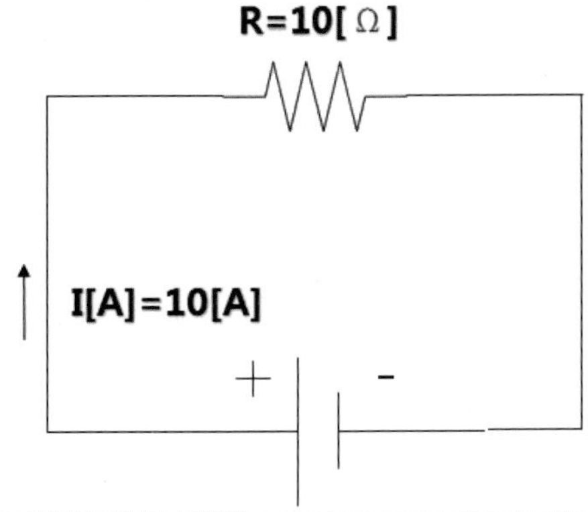	$P = I^2 \times R[W]$ $= 10^2 \times 10[W]$ $= 1000[W]$ $= 1[kW]$
② 전원전압과 부하 전류 값을 알고 있는 경우	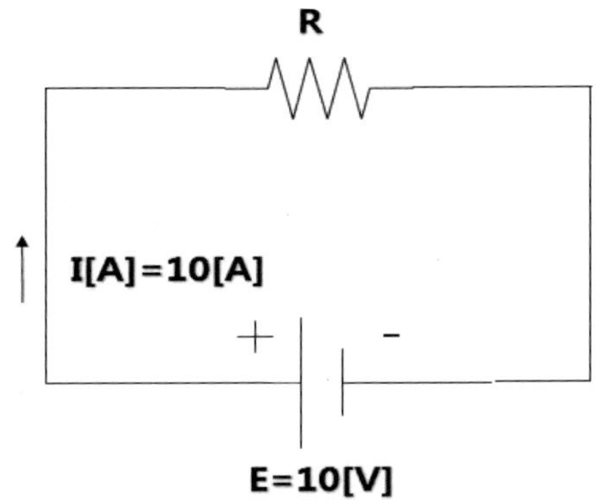	$P = V \times I[W]$ $= 10 \times 10[W]$ $= 100[W]$ $= 0.1[kW]$
③ 전원전압과 부하 저항 값을 알고 있을 때	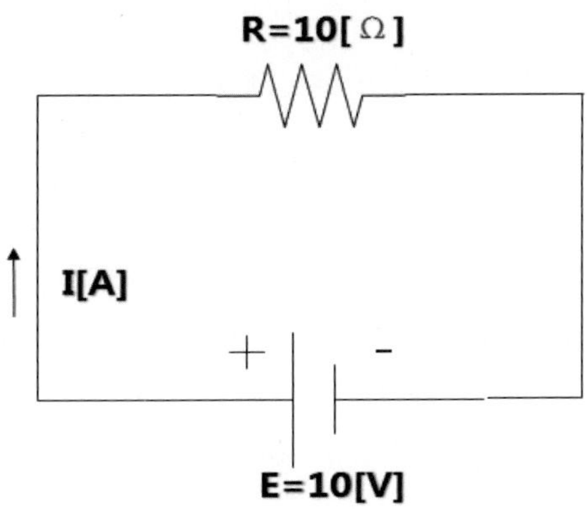	$P = \frac{V^2}{R}[W]$ $= \frac{10^2}{10}[W]$ $= 10[W]$ $= 0.01[kW]$

4.2. 이미터 접지

그림 4.7는 이미터를 입출력 단자에 공통(교류 접지)으로 한 BJT(bipolar junction transistor) 소 신호 증폭기로 입력은 베이스 단자에 연결하고 출력은 컬렉터 단자에서 얻

는다. 접지 전위에 있는 이미터가 입력과 출력 사이의 공통 단자이므로, 이 회로를 공통 이미터(common-emitter) 또는 이미터 접지 증폭기라고 한다. 교류 신호에 대해 이미터가 입출력 공통 단자 역할을 한다. 중간 정도의 입력 저항, 높은 전압 이득 및 전류 이득을 얻을 수 있어서 주로 전압 증폭기로 널리 쓰인다.

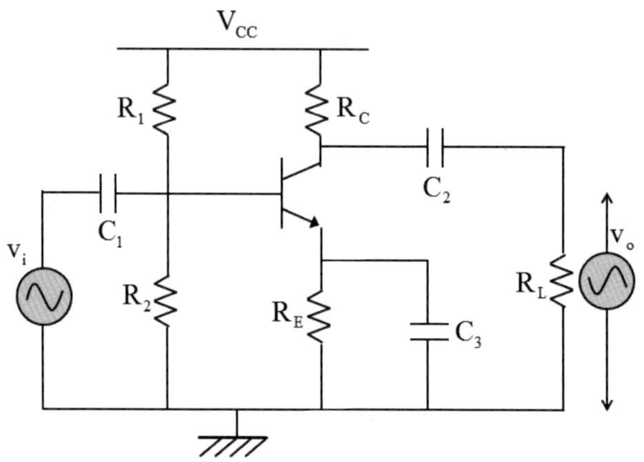

- C_1, C_2: 결합 커패시터 (직류 개방, 교류 단락)
- C_3: 바이패스 커패시터 (직류 개방, 교류 단락 접지)
- V_{cc}: 전원전압

그림 4.7. 이미터 접지 소 출력 증폭기

베이스에 연결된 C_1은 증폭기의 바이어스용 DC를 전단에 흐르지 못하도록 하기 위한 커플링용 콘덴서이다. 이 커플링 콘덴서를 통해서 신호가 입력된다. R_1과 R_2는 바이어스 공급을 위한 전압분배 저항이다. 공통 이미터 증폭기에 대한 소 신호(AC) 해석은 아래와 같다. 다단 증폭기에서 주로 중간 증폭 단에 사용되며, 고주파 특성은 밀러 효과로 인해 좋지 않다. 부하 저항 R_L이 증가하면 출력 파형의 진폭이 커진다.

전압 이득: $A_v = -V_o/V_i = -g_m R_C$ 또는 $-g_m R_L$,
AC 입력 임피던스 $Z_i = R_1 \parallel R_2 \parallel \beta(R_E + r_e)$ (4.7)
AC 출력 임피던스 $Z_o = R_C$
$g_m = -I_C/V_C$

바이어스 저항 R_2가 증가하면 트랜지스터의 동작점은 포화 영역 쪽으로 이동하고 감소하면 차단 영역 쪽으로 이동한다. 이러한 동작점의 변화로 증폭도의 증감과 출력 파형에 왜곡이 발생한다. 그림 4.8은 이미터 접지 소 출력 증폭기 동작 특성을 보여주는데, (a)는 동작점을 기준으로 V_{BE} 변화량에 대해 I_B가 변화하는 것을 보여주고, (b)는 동작점을 기준으로 I_B의 변화량에 대해 I_C, V_{CE}가 변화를 표시한다. 따라서 동작점을 잘 잡아야 왜곡이 발생하지 않는 영역 내에서 동작시킬 수 있다.

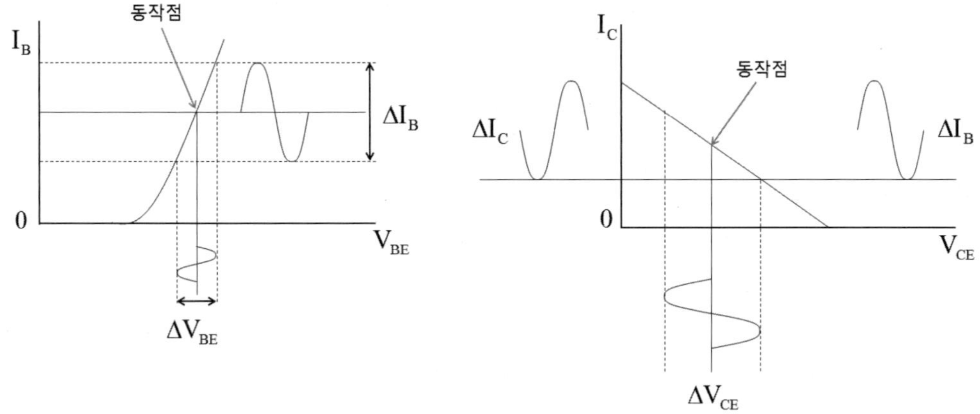

(a) 동작점 기준 V_{BE} 변화량에 대한 I_B의 변화　　(b) 동작점 기준 I_B 변화량에 대한 I_C와 V_{CE}의 변화

그림 4.8. 이미터 접지 소출력 증폭기 동작 특성

공통 이미터 증폭기의 출력신호는 트랜지스터 베이스로 입력되는 입력 전압의 플러스 반주기 동안 베이스에 흐르는 전류를 증가시킨다. 이에 따라 컬렉터에 흐르는 전류가 증가하여 부하에 걸리는 전압은 입력 신호와 위상이 반대가 된다. 즉, 트랜지스터 컬렉터에 연결된 부하 저항 양단에 큰 전압 강하가 생기게 되고, 그 결과 컬렉터 전압이 감소되어 출력 전압은 위상이 반전되어 출력된다. 공통 이미터 증폭기에서 이미터에 달린 커패시터의 용도는 안정도 향상용이다. 이미터 접지 증폭 회로에서 안정도는 이미터 저항 값에 의해 결정된다. R_E가 높을수록 안정도가 좋아지게 되지만, 증폭도(gain) ≒ R_C/R_E 이기 때문에 R_E가 작을수록 증폭률이 높아지게 된다. 안정도는 DC 바이어스에 해당하는 문제이고 증폭률은 교류신호와 관련이 있기 때문에 안정도를 높이면서 증폭률을 높이는 방법으로 R_E에 바이패스용 콘덴서를 병렬로 연결한다. 콘덴서는 직류에서는 단선과 같기 때문에 직류 바이어스는 R_E로 흐르게 되고 교류 신호에서는 콘덴서는 합선으로 동작하기 때문에 증폭률은 높아지게 된다. 이미터 접지 증폭 회로에서는 입력신호의 위상이 반전되므로 정 위상을 위해서는 2단 증폭이 필요하다.

4.3. 이미터 플로워

이미터가 신호접지가 되고 베이스에 부하가 접속된 단일 트랜지스터 증폭 회로이다. 베이스와 이미터 접지를 통하는 회로 신호 출력 전압이 100% 입력 측에 부귀환 된다. 이득은 거의 1에 가깝고 출력 신호의 극성은 입력과 동일하고 반전되지 않는다.

베이스 측에서 본 입력 임피던스는 증폭률만큼 배가되어 매우 높다. 귀환 저항이 이미터 저항과 같아 부귀환이 크다. FET의 경우에는 소스가 신호 접지가 되며 게이트에 부하를 접속하는 형태로 소스 플로워 회로가 된다. 이미터 플로워와 같은 원리를 적용할 수 있다. 이미터 플로워나 소스 플로워 회로는 출력 임피던스가 낮아 그림 4.13 SEPP 회로와 같은 앰프 출력단의 전력 증폭이나 버퍼 회로에 주로 사용된다.

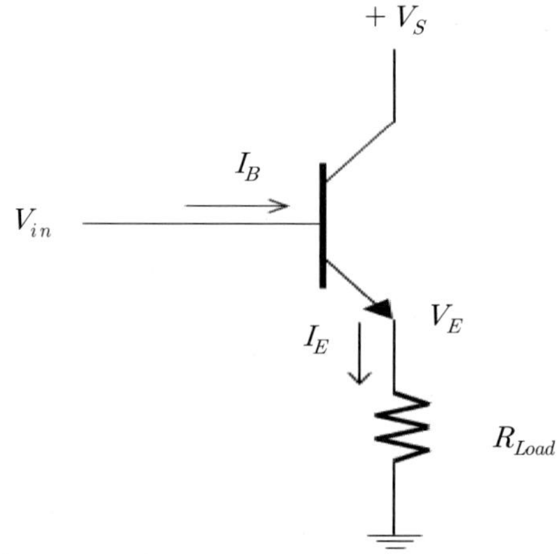

$$V_E = V_{in} - 0.7\,V$$

그림 4.9. 이미터 플로워 증폭 회로

$$V_{out} = R_e I_E$$
$$[R_e = R_E \parallel R_L (\text{만약 } R_L\text{이 없으면 } R_e = R_E)] \tag{4.8}$$
$$V_E = (r'_e + R_e) I_E$$

4.4. 차동 증폭 회로

차동 증폭기(differential amplifier)는 두 입력 신호의 전압차를 증폭하는 회로이다. DC 전력 증폭기나 연산 증폭기, 에미터 커플드 논리 게이트의 입력단에 주로 사용한다.

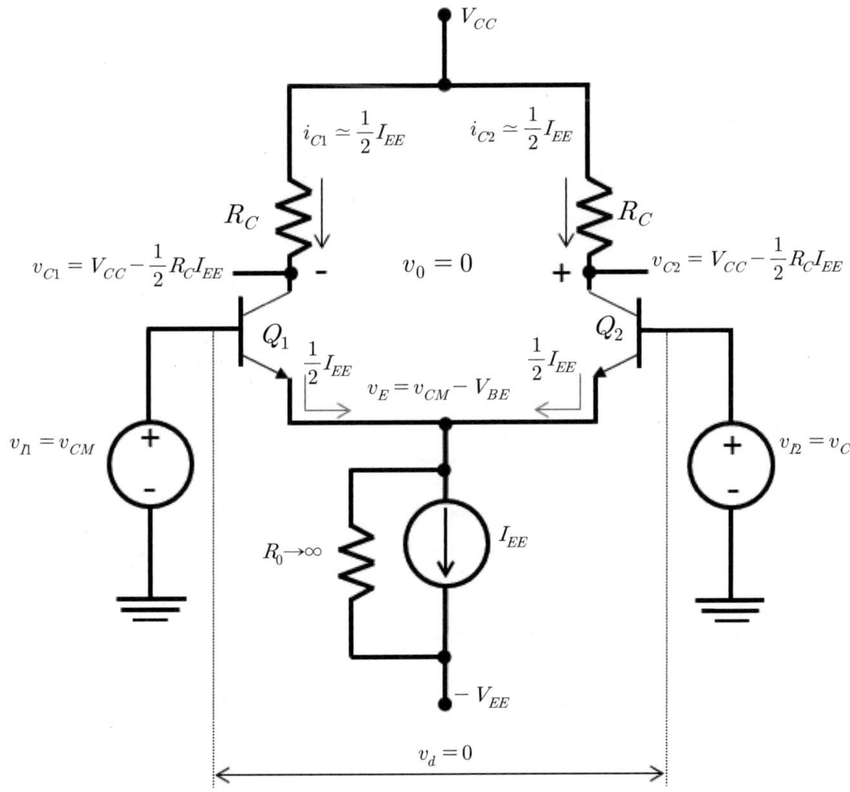

그림 4.10. 차동 증폭기

위 회로에서 공통모드전압 v_{cm}이 인가된 경우 i_{E1}과 v_E는 다음과 같다.

$$i_{E1} = i_{E2} = I_{EE}/2 \qquad (4.9)$$
$$v_E = v_{CE} - V_{BE}$$

여기서, 전압 $V_{BE} = 0.7\,V$, $\beta_{o1} = \beta_{o2} \gg 1$ 이라고 하면, $i_{E1} \approx i_{C1}, i_{E2} \approx i_{C2}$ 이므로,

$$i_{C1} \simeq \frac{1}{2}I_{EE} + \Delta I\,,\ v_{C1} = v_{C2} = V_{CC} - R_C I_{EE}/2. \qquad (4.10)$$

따라서, 두 컬렉터 전압의 차는 $V_{C2} - V_{C1} = 0$ 이다.

그림 4.11 회로와 같이 차동모드 전압 v_d이 인가된 경우 : $v_d = v_{I1} - v_{I2}$ 가 수 mV 정도로 작다고 가정하면, Q_1과 Q_2의 이미터가 공통이므로 $v_{BE1} > v_{BE2}$ 이고, 차동전압은 다음과 같다.

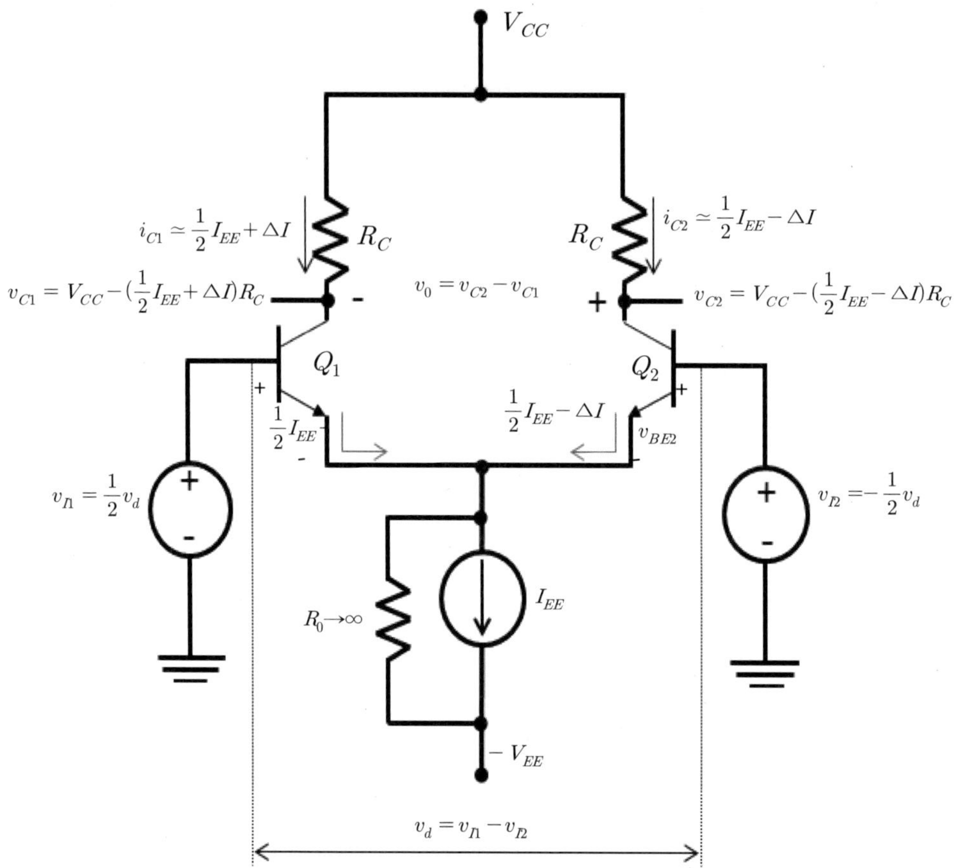

그림 4.11. 차동모드전압 v_d 인가된 회로

차동 전압

$i_{C1} \simeq I_{EE}/2 + \triangle I$ $\qquad$ $i_{C2} \simeq I_{EE}/2 - \triangle I$

$v_{C1} = V_{CC} - \left(\frac{I_{EE}}{2} + \triangle I\right)R_C$ $\qquad$ $v_{C2} = V_{CC} - \left(\frac{I_{EE}}{2} - \triangle I\right)R_C$

$$v_{C2} - v_{C1} = 2\triangle IR_C \tag{4.11}$$

그림 4.12. 차동 전압 관련 식

이상적인 차동 증폭기의 출력 $V_{out} = A_d(A_{in}^+ - A_{in}^-)$ 이고, 실제 차동 증폭기의 출력 $V_{out} = A_d(A_{in}^+ - A_{in}^-) + A_c(\frac{A_{in}^+ - A_{in}^-}{2})$ 이다. 차동 증폭기의 목적 상, 노이즈나 바이어스 전압이 없으면 좋고, 공통 모드 이득이 적으면 좋다.

$$\text{공통모드제거비} = CMRR = 10\log_{10}\left(\frac{A_d}{A_{cm}}\right)^2 = 20\log_{10}\left(\frac{A_d}{|A_{cm}|}\right) \quad (4.12)$$

4.5. SEPP (Single Ended Push-Pull)

한 쌍의 컴프리멘터리 트랜지스터를 부하에 대하여 병렬로, 전원에 대하여 직렬이 되도록 접속한 것이다. 부하 저항에 대하여 출력단의 한 쌍의 컴프리멘터리 트랜지스터는 직류적으로는 직렬 접속으로 교류적으로는 대칭 병렬으로 접속된다. 출력 임피던스가 1/4이 되어 출력 트랜스를 사용하지 않고 스피커에 직접 접속이 가능하다. 양전원에서는 OCL(output condenser less)를 구현할 수 있어서 출력단 콘덴서에 의해 발생하는 차단주파수 제거로 DC 영역까지 증폭이 가능하다. OCL 회로는 OP앰프의 출력단 회로로 흔히 사용된다. 단전원에서는 OTL 회로를 구성할 수 있는데 출력단에 출력트랜스포머 대신 DC 차단용 대형 콘덴서를 부가하는 관계로 저역차단 주파수가 발생하며 콘덴서의 용량 종류에 따라서 음질이 변화한다.

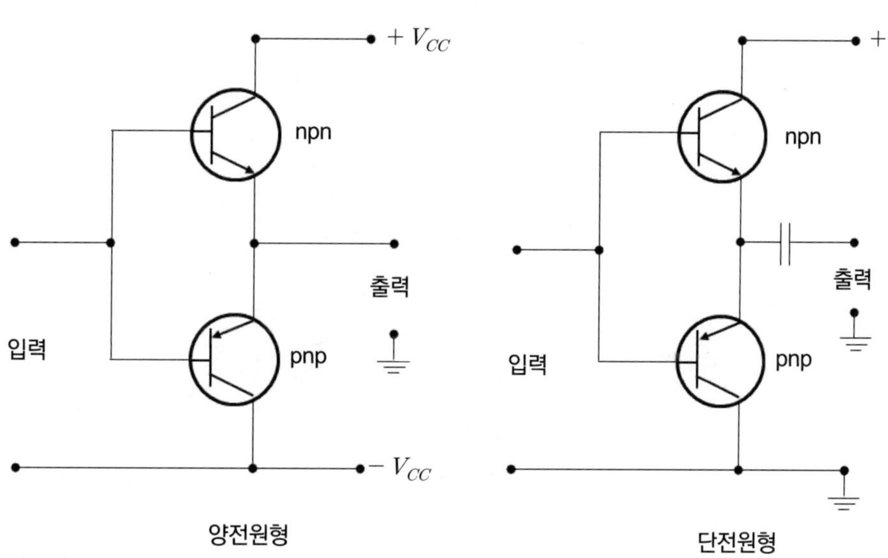

그림 4.13. SEPP 증폭 회로

4.6. DEPP (Double Ended Push-Pull)

부하 저항에 대하여 출력단에 두 개의 트랜지스터가 직류적으로는 직렬로 접속하고 교류적으로는 병렬로 접속된다. 출력 임피던스가 1/4이 되어 출력 트랜스를 사용하지 않고 스피커에 직접 접속이 가능하다. 양전원에서는 OCL 회로를 구성할 수 있어서 DC 영역까지 증폭이 가능하다. 단전원에서는 OTL 회로를 구성할 수 있는데 출력단에 출력트랜스포머 대신 DC 차단용 대형 콘덴서를 부가하는 관계로 저역 차단 주파수가 발생하며 콘덴서의 용량 종류에 따라서 음질이 영향을 받는다. 상하 완벽한 대칭이 되지 않는 관계로 현재는 많이 사용되지 않는 고전적 회로가 되었다.

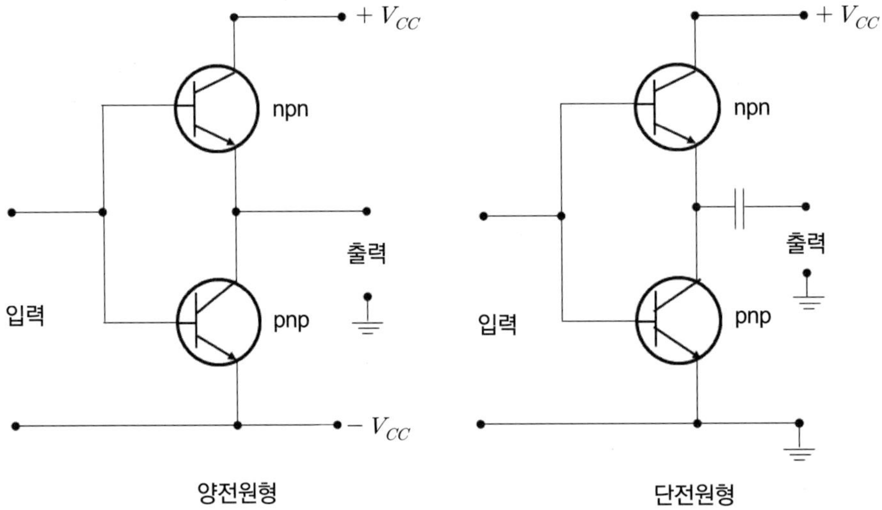

그림 4.14. DEPP 증폭 회로

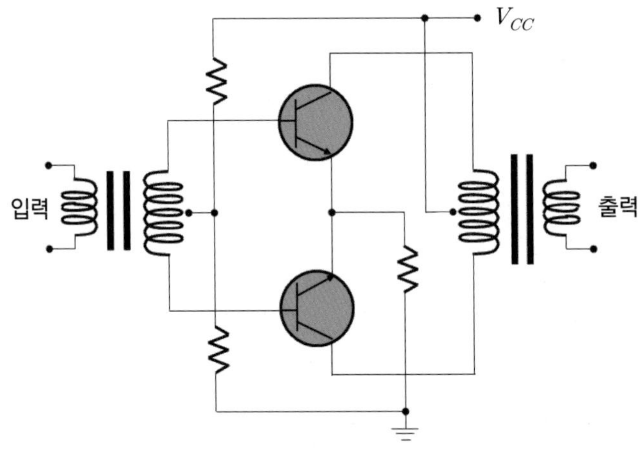

그림 4.15. 단전원 트랜스포머형 증폭기

단전원 트랜스포머형은 두 개의 트랜지스터가 전원과 신호에 대하여 위상 반전하여 병렬로 동작한다. 반전된 신호를 얻고 전압 효율을 높이기 위하여 트랜스포머를 사용하여야 한다. 현재에도 전원 전압이 한정되어 있는 전지를 이용한 차량용 대출력 증폭 회로에 사용되고 있다. 트랜스 사용으로 출력 임피던스 설계가 자유롭고 전지로 사용할 수 있다. 상용 전기를 사용할 수 없는 지역이나 정전 시 비상용으로 사용할 수 있도록 설계한 일명 새마을 앰프나 휴대형 PA앰프에 사용되고 있다. 단점은 트랜스포머 사용으로 무게가 많이 나가고 부피가 크다.

4.7. 오디오 증폭기 전원 회로

증폭 회로의 에너지 원천이 되는 전원 회로 형태는 표 4.2에서 트랜스포머, 정류기(다이오드, 정류관), 인덕터, 콘덴서로 구성된 수동형과 수동형에 능동소자를 부가하여 전압을 안정화시킨 능동형 그리고 스위칭 형이 있다. 스위칭 형은 AC 전원을 정류한 다음 능동 소자를 사용하여 발진을 일으켜 전원 주파수를 높인 다음 트랜스포머를 사용하여 원하는 전압을 얻는 방식으로 효율과 경제성이 높다. 흔히, 볼 수 있는 것이 PC용 전원이다.

표 4.2. 전원 회로 형태

구분	수동형	능동형	스위칭형
회로원리	• 트랜스포머 • 정류관(정류기), 콘덴서, 인덕터로 구성	• 진공관, 트랜지스터, FET, SSR, IC 등의 능동소자로 구성	• 트랜지스터, FET, SSR, IC 등의 능동 소자를 이용 발진회로를 구성, 효율을 높여 원하는 전압 생성
장점	• 회로가 간단	• 정밀도가 높음 • 안정된 동작	• 대용량 구현 시 부피가 작고 가격이 저렴
단점	• 용량 증가에 따라 크기와 가격 상승 • 성능 개선을 위해 부피가 커짐 • 정밀도가 낮음	• 용량 증가에 따라 크기와 가격 상승 • 성능 개선을 위해 부피가 커짐 • 경년 변화가 있음	• 고주파 잡음 발생가능 • 경년 변화가 큼 • 콘덴서 등 부품 고장에 따라 동작이 완전 정지

4.8. 오디오 증폭기 보호 회로

전체 앰프 회로에서 그림 4.16 뮤팅 회로는 앰프가 작은 소스 신호를 전력 증폭하여 스피커를 구동할 때 발생할 수 있는 앰프의 이상 동작을 감지하여 앰프와 부하인 스피커를 분리하여 과도한 전압이나 전류로부터 스피커를 보호한다.

교류전원이 투입될 때 과전압 유입이나 과전류에 따른 앰프의 파손을 막기 위해 파워 앰프 교류전원 입력단에 적절한 용량 여기에서는 2 A 전원 퓨즈를 설치한다. 보호회로의 역할은 볼륨이 올려져 있는 상태에서 전원을 켤 때, 전원 불안정으로 인한 과도한 이상 신호 유입으로 스피커가 파괴되지 않도록 하기 위하여 전원스위치를 ON한 후 타이머가 작동하여 10 여초 후에 스피커가 연결되도록 한다. 앰프 전원 OFF 시에는 앰프의 출력단에 나타나는 DC 전압의 드리프트를 감지하여 스피커 연결을 바로 차단하여 스피커에 전원 불안정으로 인한 이상 신호 유입을 차단한다. 또한, 회로 이상에 의한 불균형으로 출력단에 DC 드리프트 전압이 발생한 경우 Q9와 Q10이 감지하여 앰프 출력으로부터 스피커를 끊어 스피커를 보호한다. 일단 문제점이 제거되면 보호회로는 작동이 중지되고 원상 복귀한다.

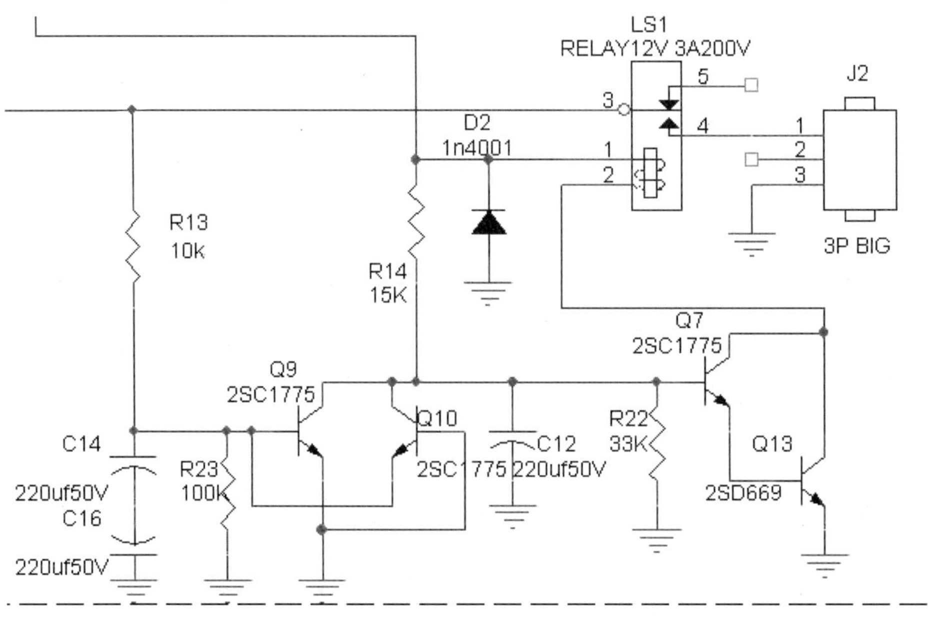

그림 4.16. 뮤팅 회로

제5장

오디오 앰프

5.1. 기능에 따른 오디오 앰프의 종류와 특성

표 5.1. 앰프 기능에 따른 분류표

앰프 종류	외 형	기 능
프리 앰프 (Pre Amplifier)		• 좌우 밸런스, 음량, 저음·고음 조절 • 다양한 소스의 신호를 정리하여 파워 앰프에 보내주는 역할
파워 앰프 (Power Amplifier)	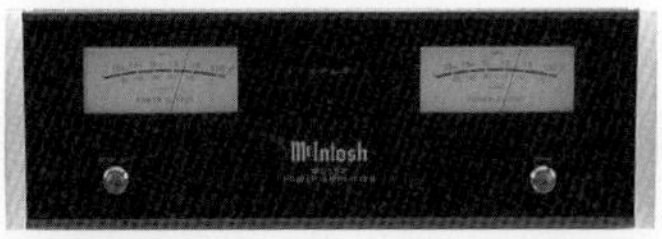	• 프리앰프로부터 받은 신호를 전력 증폭하여 스피커 구동 • 음량 및 스피커의 구동력 결정
인티 앰프 (Integrated Amplifier)		• 프리앰프 +파워 앰프 • 분리형 앰프보다 음질 및 구동력이 떨어지나 경제적임
리시버 (Receiver)		• 프리앰프 + 파워 앰프 + 튜너로 구성 • 돌비 디지털/DTS 디코더를 탑재 • AV 리시버는 DVD 플레이어로부터 신호를 받아 돌비 디지털, DTS 포맷으로 신호를 분리, 재생, 증폭
포노 앰프 (Phono Amplifier)		• 턴테이블 사용 LP 재생에 필요 • 일반 앰프 중 포노 단자와 포노 EQ가 내장된 앰프를 사용하거나, 별도의 포노 앰프가 필요 ※ 카트리지(턴테이블의 바늘의 움직임을 전기적인 신호로 바꾸어주는 장치)는 MM(바늘에 자석이 연결)과 MC(바늘에 코일이 연결) 방식이 있으며 구별해서 사용

표 5.1에 오디오 앰프의 종류에 따라 외형과 기능을 분석하여 정리하였다. 앰프는 크게 입력 소스의 작은 전압을 크게 증폭하는 프리 앰프와 스피커 구동을 위한 전력을 증폭해 주는 메인 앰프로 나눈다. 프리 앰프 기능에는 음원 선택 스위치, 튜너, 음색 조절기 등 각종 기능을 복합할 수 있다. 또한 프리 앰프와 메인 앰프 기능을 합쳐서 복합한 것이 인티 앰프이다. 또한, 특별한 기능을 하는 포노 앰프, EQ 앰프, 믹서에 전화기를 연결할 수 있도록 한 하이브리드 앰프, 신호를 분배해주는 신호 분배용 앰프, 헤드폰 신호를 증폭하기 위한 헤드폰 앰프, 신호 레벨 제한을 위한 리미팅 앰프 등이 있다.

5.1.1. 프리 앰프

기능별로 앰프를 살펴보면 프리앰프(pre amplifier)는 음원을 정리 정돈하는 역할을 한다. CDP, DVD, LP, 튜너, MIC 등에서 들어오는 신호를 선택하거나 조정할 수 있다. 전축 바늘 진동을 전압으로 변환하는 카트리지 출력은 녹음 시 바늘의 진폭을 고르게 하기 위하여 RIAA(recording industry association of America) 규격에 의해 고음은 높게 저음은 낮게 녹음되어 있다. 또한 카트리지 종류에 따라 출력이 달라서 이 상태로는 바로 소리를 재생할 수 없어 LP 카트리지 특성에 적합한 이퀄라이저(equalizer)회로가 필요하다. MIC 신호는 마이크에 따라 고음 영역에서는 찌그러지고 저음 영역에서는 음이 끊기는 것과 같은 신호가 되는 경우가 있어 특성에 적합한 보상 회로가 필요하다.

그림 5.1. 프리 앰프

이처럼 고르지 못한 신호를 그림 5.1의 프리앰프 이퀄라이저부에서 신호를 평탄하게 해주고 크기도 다른 신호와 같게 해 주는 것이다. 프리앰프는 주파수 특성이 일정하지 않은 신호(예를 들어 녹음기, 컴팩트 디스크)를 평탄하게 만들어주는 이퀄라이저부와 신호를 조절해 주는 콘트롤부로 구성되어 있다. 콘트롤부에서는 사용자들의 기호에 맞추어 신호의 주파수 특성을 조절해서 사용할 수 있도록 한다. 그래서 프리앰프를 콘트롤 앰프라고 부르기도 한다. 다양한 신호 입출력을 위해 앰프 뒤쪽에는 많은 단자들이 있다. 이처럼 외부로부터 입력되는 각종 음성신호를 받는 부분이 프리앰프이다. 사용하는 사람의 취향에 맞추어 조절하는 기능을 갖고 있어서 오디오 시스템 구성에서 스피커 다음으로 중요한 기기이다. 그러나 음질을 중요시하는 경우에는 음질 변형을 가져올 수 있는 콘트롤부를 없앤 프리앰프를 사용하기도 하다. 정리하면 각종 프로그램 입력 신호는 일단 프리앰프를 거쳐 파워 앰프로 보내지는데, 약하고 변형이 필요한 카트리지와 마이크 신호는 전용 이퀄라이저를 거치고, 비교적 큰 신호(튜너, 녹음기, CDP)는 콘트롤 회로로 바로 입력된다.

5.1.2. 메인 앰프

메인 앰프는 프리앰프에 들어온 전압 신호를 스피커를 동작시키기 위해 전력을 증폭한다. 따라서 파워 앰프라고 부르기도 한다. 파워 앰프 출력은 앰프의 세기를 대변하기도 한다. 파워 앰프를 선택할 때 출력의 크기만 중요시하는 경우가 있으나 음질을 맑고 선명하게 하기 위해서는 의율과 재생 주파수 대역이 어느 정도인지 충분히 고려해야 한다. 의율이란 입력된 신호를 증폭할 때 순수한 입력 신호가 왜곡되는 비율을 나타낸다. 즉 순수한 입력 신호가 몇 퍼센트 변화하였는가를 비율로 나타낸 것이다. 의율을 왜율이라고도 하며 THD(total harmonic distortion)로 표시하는데 이 수치는 0.09 % 이하가 좋다. 대출력용 파워 앰프를 사용하는 경우, 낮은 저역에서 험(hum) 이나 화이트 노이즈 열잡음 등이 발생하여 맑은 소리가 재생되지 않는 경우가 있다. 대출력 앰프는 구성하고 있는 소자가 많고 전원이 커서 고유 잡음 발생 요인이 많다. 이런 고유의 잡음을 제거하는 데는 한계가 있다. 따라서 사용 목적과 장소에 따라 적절한 출력의 앰프를 선택하는 것이 바람직하다. 스피커 이득에 부합해서 매칭되는 앰프를 선택함으로서 보다 현실적이고 경제적이면서 이상적인 음질을 즐길 수 있다.

5.1.3. 인티 앰프

프리메인 앰프는 파워 앰프의 전력 증폭 기능과 프리앰프의 전압 증폭 및 콘트롤 기능을 합친 앰프이다. 경제적이고 간편하게 사용할 수 있다. 프리메인 앰프는 다른 명칭으로 인티그레이티드 앰프(integrated amplifier)라고 한다.

가격이 저렴하고 설치가 편리한 반면 전원을 메인과 프리앰프에서 함께 사용하는 문제로 음질은 프리 메인 각각 독립형 앰프에 비해 좋지 못하다. 큰 출력이 필요 없는 작은 공간에서는 프리메인 분리형 보다 가격대 성능 비가 높으므로 최선의 선택이 될 수 있다.

그림 5.2. 인티그레이티드 앰프

5.1.4. 이큐 앰프

특정 주파수의 음량을 줄이거나 늘려서 PA 시스템 운용 시 스피커에서 발생한 음향이 마이크로 되돌아와 발생하는 하울링을 조절하거나 필요한 음색을 만들어 내는 앰프이다. 사용하기 쉽도록 주파수를 세분화하여 주파수에 따라 음량을 세밀하게 조정할 수 있으며 이퀄라이져 앰프를 줄여서 이큐 앰프라 한다.

주파수를 세분화하여 가로로 배치한 그래픽 이퀄라이져는 PA 앰프에서 하울링을 제거하는데 사용하는 필수 장비로 하울링이 나는 주파수 밴드의 이득을 줄여서 발진을 방지시키는 원리이다. 실제 상황을 고려한 사전 시험을 통해 음량의 진폭, 대화자나 진행자 이동 시에도 하울링이 나지 않도록 미리 조정한다. 음색의 변화를 주기 위해 사용되는 경우, 원음 자체가 없는 대역 밴드는 강조 시 잡음만 증가할 뿐 의미가 없으므로 운용에 유의한다.

그림 5.3. 이퀄라이져 앰프

5.1.5. 믹싱 앰프

그림 5.4. 믹싱 앰프

다수의 음성신호를 합하거나 음량을 조절하고 이펙트 처리하여 녹음을 하거나 파워 앰프에 보내는 역할을 하는 앰프이다. 음원의 수, 멀티트랙 레코딩, 스테레오 레코딩 등 업무의 종류나 인서트 기기 유무, 버스 라인의 수, 업무 장소 등을 고려하여 채널 수와 기능을 고려 장비를 선정 사용한다. 작동하는 스위치가 많으므로 사용 후 항상 원상 복귀하는 것을 잊지 않아야 한다. 디지털 장비는 셋팅을 자동으로 전환할 수 있는 장점이 있다.

5.2. 종단소자 바이어스 전류에 의한 앰프의 동작 특성 및 용도

5.2.1. A급 앰프

A급 앰프는 출력 소자에 전체 증폭 사이클 동안 전류가 계속 흐르도록 바이어스 전류를 공급한다. 입력신호에 따라 전류량이 끊김 없이 양만 변화하여 증폭 동작이 이루어진다. 그림 5.5가 단일 극성(single-ended)의 증폭 회로로 전원 중점을 중심으로 A급 증폭 회로의 동작 원리를 나타내고 있다. 원리상으로 크로스오버 일그러짐이 발생하지 않아 가장 선형적인 특성을 갖고 있다.

A급 메인앰프에서 대량의 바이어스 전력은 열로 전환되어 소모된다. 전원의 부피가 커지고 발생한 열을 처리하는 것이 큰 문제이다. 냉각용 팬을 부착하는 경우 조용한 음향이나 소량의 음향을 재현하는 경우 팬에서 발생하는 소음이 문제가 되기도 한다. 왜곡이 거의 발생하지 않아 최상의 음질을 재현할 수 있는 반면 효율이 25%로 낮아 음질이 최우

선인 최고급 메인앰프에서 적용한다. 상대적으로 적은 전류로 회로를 구동할 수 있는 프리앰프에서는 음질 향상을 위해 비교적 많이 사용된다.

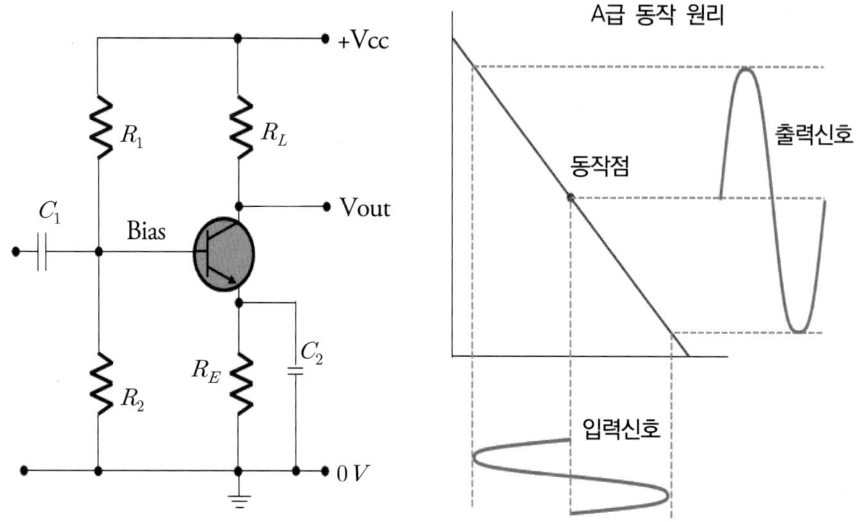

그림 5.5. 단일 극성(single-ended) 증폭 회로 A급 동작

5.2.2. AB급 앰프

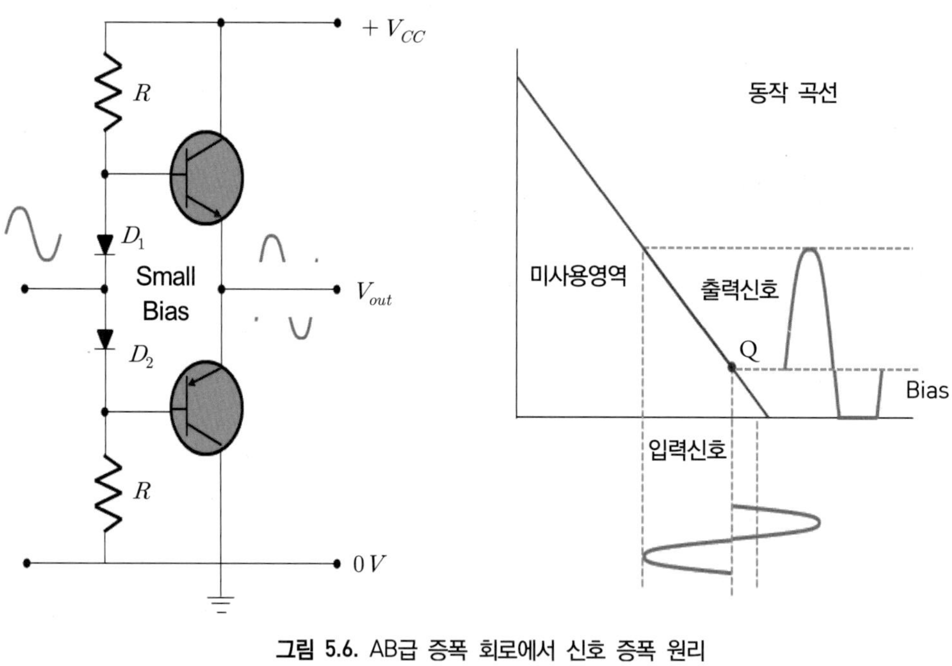

그림 5.6. AB급 증폭 회로에서 신호 증폭 원리

그림 5.6 AB급 앰프는 A급 저효율과 B급의 제로 크로싱 왜곡을 줄이기 위해 고안되었다. AB급 증폭 방식은 B급과 유사하게 NPN으로 (+)부분을, 그리고 PNP로 (-)부분을 증폭하는데, 바이어스 전압을 조금씩 걸어 줌으로써 NPN에는 (-)쪽의 신호를 바이어스 전압만큼 포함하고 PNP에는 (+)쪽의 신호를 바이어스 전압만큼 포함한다. 증폭 후 두 신호를 합치게 되면 바이어스 전압이 중첩되어 서로 상쇄되므로 비교적 매끄럽게 0점을 지나는 신호를 얻을 수 있다. 즉 AB급 앰프는 제로 크로싱 왜곡을 크게 낮추면서도 바이어스를 작게 하여 효율을 높인 방식이다. 대부분의 오디오 디자인에 AB급 앰프가 적용되어 있으며, 최고 효율은 78.5%이다.

5.2.3. B급 앰프

그림 5.7 B급 증폭 회로의 동작은 A급 앰프와 반대로 증폭 동작이 이루어지는 동안 사인파 싸이클의 절반 동안만 증폭 소자에 전류가 흐르는 방식이다. 입력 신호가 없는 동안은 출력 장치를 동작 대기시키기 위한 최소의 바이어스 전류만 흐른다. 장점은 효율이 A급 앰프보다 적어도 50% 개선된다는 것이다. 단점으로는 반쪽이 교대로 동작하는 관계로 크로스오버 부분에서 선형성 문제가 발생한다. 저 전력 설계에 응용할 수 있지만 D급 앰프의 등장으로 장점이 상실되었다.

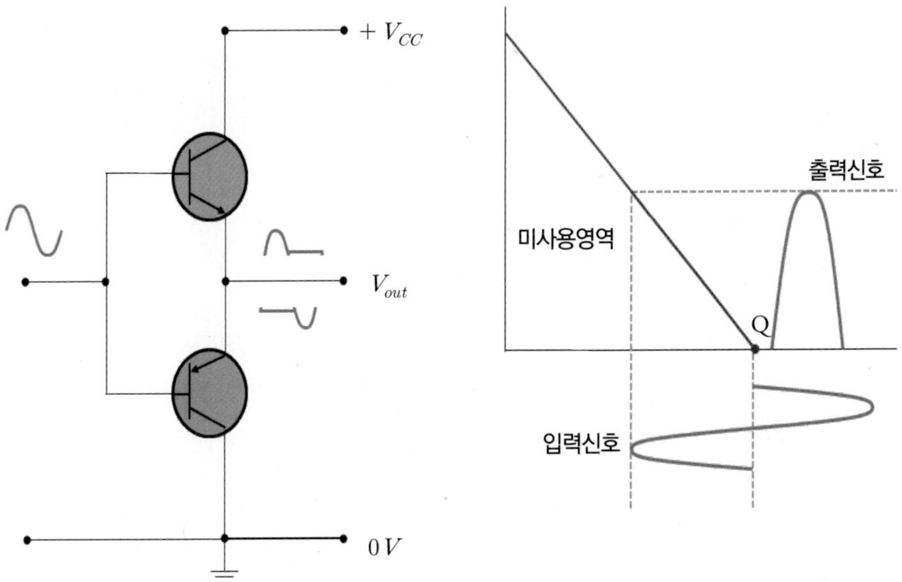

그림 5.7. B급 증폭 회로에서 신호 증폭 원리

5.2.4. D급 앰프

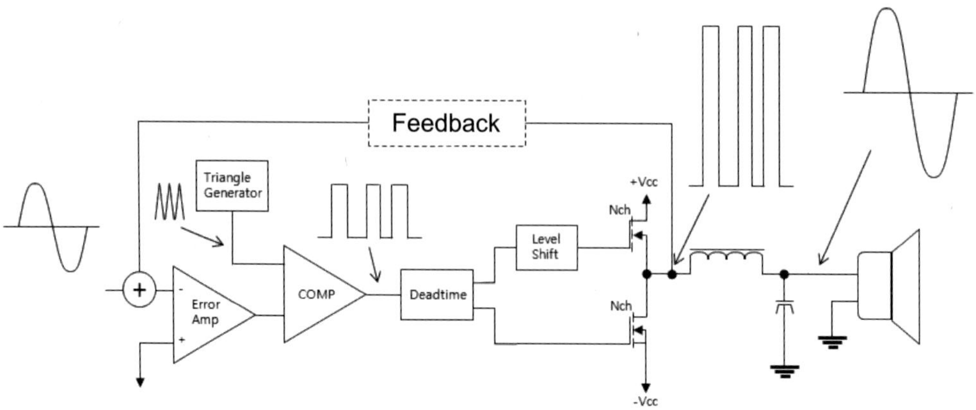

그림 5.8. D급 증폭 회로의 동작

그림 5.8의 D급 증폭 회로는 영상처리, 스위칭 전원장치, 고품질 A/D, D/A 변환기, 통신 분야, 제어 등 산업전자 분야의 기반 기술인 PWM 변조 원리를 이용한다. 음성신호를 변조하여 만든 PWM 신호를 높은 전압으로 스위칭한 다음, 저대역통과필터로 증폭된 음성 신호를 추출하여 사용한다. D급 앰프는 출력 소자를 스위칭하므로 효율이 90% 내외로 매우 높다.

전용 IC소자의 양산으로 가격대성능비가 뛰어나 전자기기, 음성재현 응용회로, PA 등에 많이 사용된다. 또한, PA 앰프는 가격이 저렴한 D급 증폭을 사용하는 스피커 앰프가 대세가 되었다. 음질은 A급이나 AB급에 미치지 못해서 음악 감상용으로 사용하기에는 한계가 있다.

5.3. 최대 전력 전송 이론

최대 전력 전송 이론(maximum power transfer theorem) 즉, 임피던스 매칭(impedance matching)은 고주파회로 설계에서 특히 중요하다. 하나의 출력단과 입력단을 연결할 때 서로 다른 두 연결단의 임피던스 차에 의해 발생되는 반사를 없애는 방법을 임피던스 매칭이라고 한다. 두 연결 단 사이에 별도의 매칭단(matching unit)을 삽입하여 두 연결 단 사이의 임피던스 차이를 보정해 준다. 즉, 신호를 주는 쪽과 받는 쪽 사이의 임피던스 차이를 없애는 것이다. 임피던스가 매칭되면 최대전력의 신호를 전달할 수 있다.

테브닌/노턴정리(Thevenin/Norton theorem)를 이용하여 임피던스 매칭 이론을 정리하면, 먼저 회로 해석이 요구되는 부분(그림 5.10의 회로B)을 제외한 나머지 부분을 전원과 저항으로 구성된 등가 회로로 변환하여 간단하게 회로해석을 할 수 있도록 한다.

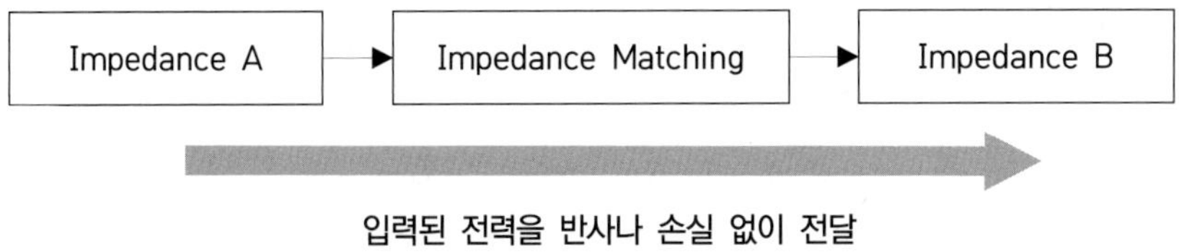

그림 5.9. 임피이던스 매칭 구조

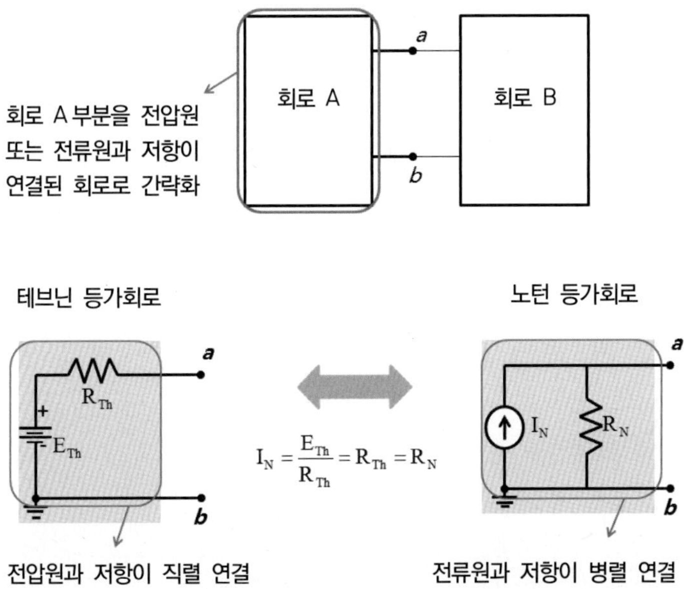

그림 5.10. 테브닌과 노턴 등가 회로

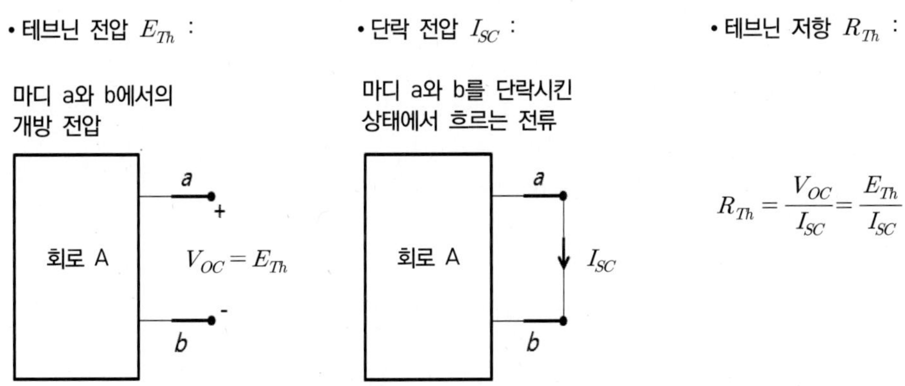

그림 5.11. 테브닌 전압과 테브닌 저항 구하는 법

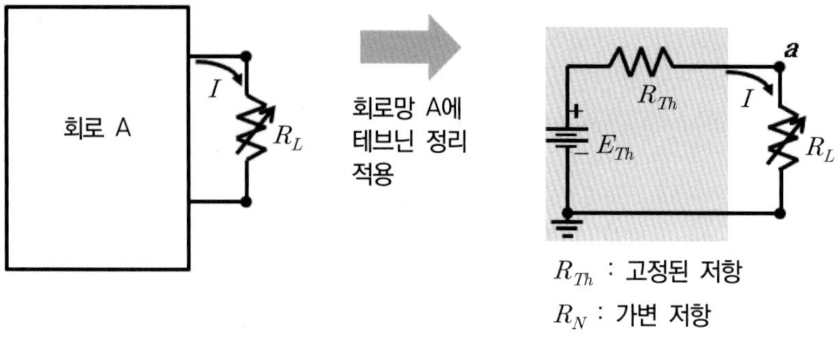

그림 5.12. 테브닌 등가 회로

최대 전력 전송 이론은 부하 저항 R_L이 전원으로부터 최대 전력을 공급받을 수 있는 조건이다. 부하 저항 R_L을 조절해서 최대 전력이 전달될 조건을 구해보자. 먼저 부하 저항 R_L에 흐르는 전류는

$$I = \frac{E_{Th}}{R_{Th} + R_L} \tag{5.1}$$

부하 저항 R_L에 전달되는 전력은

$$P_L = R_L I^2 = R_L \left(\frac{E_{Th}}{R_{Th} + R_L} \right)^2 \tag{5.2}$$

부하에 전달되는 전력 P_L은 저항 R_L의 함수이다. 부하에 전달되는 전력 P_L이 저항 R_L에 대해 최대가 되기 위한 조건은 $\frac{\partial P_L}{\partial R_L} = 0$ 이다.

$$0 = \frac{\partial P_L}{\partial R_L} = \left[\frac{(R_{Th} + R_L)^2 - 2R_L(R_{Th} + R_L)}{(R_{Th} + R_L)^4} \right] E_{Th}^2 = \left[\frac{R_{Th} + R_L - 2R_L}{(R_{Th} + R_L)^3} \right] E_{Th}^2 \tag{5.3}$$

위 식을 정리하면, $R_L = R_{Th}$ 이다. 정리하면 최대 전력 전달 조건은 $\frac{\partial P_L}{\partial R_L} = 0$ 이 성립해야 한다. 즉, 최대 전력이 부하 R_L에 전달되기 위해서는 $R_L = R_{Th}$를 만족해야 한다.

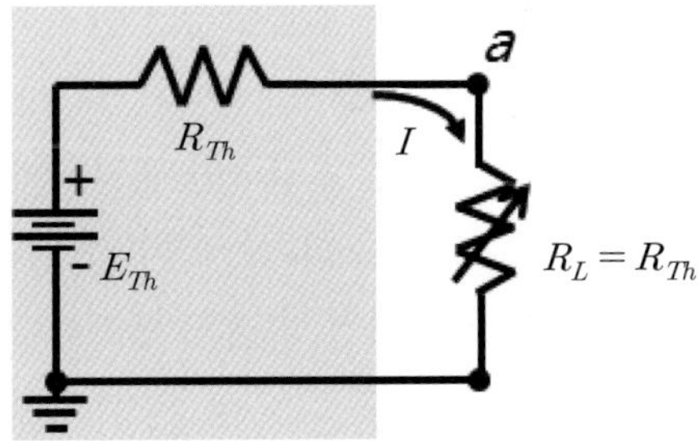

그림 5.13. 최대 전력을 전달하는 부하 저항

부하 R_L에 전달되는 최대전력은

$$I = \frac{E_{Th}}{R_{Th} + R_L} = \frac{E_{Th}}{2R_{Th}} \tag{5.4}$$
$$P_{L,\max} = R_L I^2 = \frac{E_{Th}^2}{4R_{Th}}$$

오디오 앰프에서 최대 전력 전달 조건을 만족하기 위해서는 오디오의 출력 임피던스와 스피커를 포함한 부하의 임피던스가 같도록 해야 한다. 스피커의 고유 임피던스가 있듯이 앰프도 전기 회로이므로 임피던스를 가지고 있다. 프리앰프(또는 사운드카드의 op-amp)는 전압 입력 전압 출력이고, 메인 앰프는 전압 입력 전류 출력이며, 스피커는 전류 입력 음향 출력이므로, 스피커는 입력 임피던스만을 가지고 있는데 반하여 앰프는 입출력 임피던스를 가지고 있다. 이상적인 앰프는 잡음 없는 무한대 입력 임피던스에 제로 출력 임피던스를 추구한다. 프리앰프와 메인 앰프 연결할 때, '임피던스 매칭'은 이론적으로 프리앰프의 출력 임피던스와 메인 앰프의 입력 임피던스가 같을 때이다. 민생용 프리앰프의 출력 임피던스는 1 kΩ 내외이며 파워 앰프의 입력 임피던스는 수십 kΩ에서 1 MΩ 정도이다. 입력 임피던스가 높으면 잡음이 유도될 확률이 높아진다. 최대 전력 전송 조건에 부합하지는 않지만, 프리앰프의 출력 임피던스가 낮고 메인앰프의 입력 임피던스가 높은 경우 직접 연결하여 사용하는데 큰 문제는 없다. 그래서 민생용 단거리 전송에서는 이 방법을 대부분 사용되고 있다. 그러나 방송이나 제작용 전문가 시스템에서는 규정된 임피던스로 매칭하여 사용한다.

메인 앰프의 출력 임피던스는 낮을수록 좋다. 스피커의 임피던스와 앰프의 출력 임피던스의 비를 댐핑 팩터라 하며 스피커 제동력을 판단하는 척도로 사용한다. 진공관 앰프는 임피던스 매칭을 위해 트랜스를 사용하므로 댐핑 팩터가 낮다. 솔리드 앰프에서는 댐핑 팩터 값으로 100 배 이상을 권장한다. 댐핑 팩터가 높을수록 제동력이 뛰어나 소리의 역동성이 커지고 그리고 앰프 이상 시 높은 전류로부터 안전하다. 예를 들면 0.1 Ω 정도의 출력 임피던스를 갖는 솔리드 앰프와 8 Ω 스피커를 연결하면 댐핑 팩터가 80이 되므로 무리없이 연결할 수 있다. 4 Ω 스피커와 연결하면 댐핑 팩터가 40이므로 음질과 앰프의 안전성에 문제를 일으킬 수 있고, 2 Ω 스피커는 연결하지 않는 것이 좋다. 낮은 임피던스의 스피커는 낮은 출력 임피던스를 가진 솔리드 앰프를 사용해야 안전성과 성능이 확보된다.

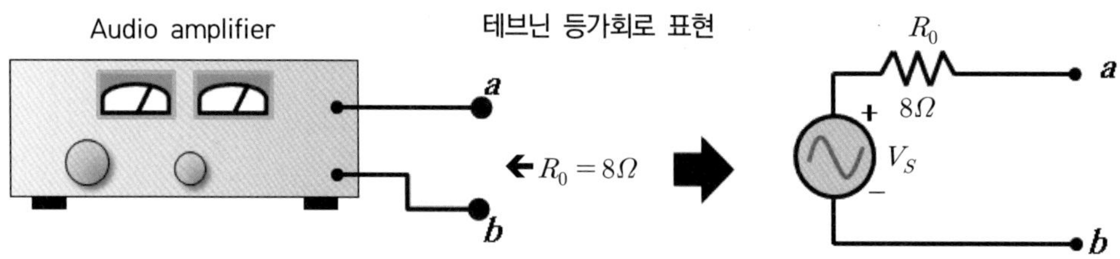

그림 5.14. 8 Ω 출력 임피던스 앰프 등가회로

진공관 앰프는 출력단 진공관 임피던스가 높은 관계로 매칭용 출력 트랜스포머를 사용한다. 출력 임피던스가 8 Ω인 진공관 오디오 앰프는 그림 5.14와 같은 등가회로로 나타낼 수 있고, 매칭이 되는 스피커는 그림 5.15와 같은 등가회로로 표현할 때 8 Ω의 저항값을 가지고 있는 스피커여야 한다.

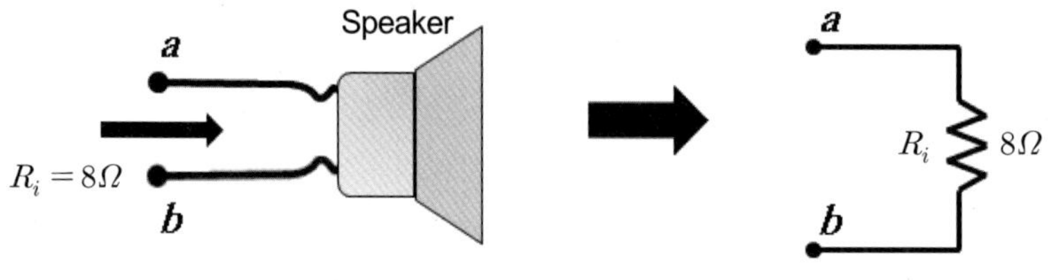

그림 5.15. 매칭된 8 Ω 스피커 등가 회로

5.4. 안정적인 회로 동작

앰프를 안정적으로 동작시키기 위해서 가장 중요한 환경적인 요인으로 온도, 습도, 먼지 등을 들 수 있다. 습도가 높은 장마철에는 기판이나 부품 사이로 습기와 먼지가 유입되어 합선을 일으키거나 절연을 약화시켜 화재가 발생하거나 동작에 문제를 일으킬 수 있다. 이것을 방지하기 위해 몰드 처리하거나 특수 페인트로 도장을 하기도 한다. 몰드나 페인팅 처리는 방열을 방해하므로 이 점을 고려해서 설계해야 한다. 트랜지스터 앰프는 온도 상승에 민감하다. 따라서 온도가 높은 야외나 밀폐된 공간에서의 앰프 사용에 대비하여 회로 동작 시 온도가 올라가면 바이어스가 줄어들어 앰프 내부의 온도 상승을 방지하는 보호회로 채용이 필수이다. 온도 상승으로 출력 저하나 동작 정지 상태를 방지하기 위해서, 온도에 따라 자동으로 동작하는 쿨링 팬을 설치하거나 방열판의 공기 흐름이 원활하게 흐르도록 설계하여 온도 상승을 막아야 한다.

야외에서 사용할 때, 먼지, 벌레, 빗물 등 이물질이 앰프 내로 유입되지 않도록 주의해야 한다. 내부 회로의 쇼트나 누전으로 인한 감전 사고를 미리 예방하여야 한다. 공연장 같은 곳에서는 조명 기기에 의한 유도성 잡음이 유입될 수 있다. AC 전원은 복권형 트랜스나 3상인 경우 시스템 별로 위상을 분리하여 사용하고 가급적 조명장비들과 거리를 멀리 유지해야 한다. 앰프 설계 시 AC 전원 입력단에 필터를 부가하는 것도 좋은 방법이다. 샤시 및 전원 접지도 중요한 부분으로 잊지 않도록 한다.

제6장

스피커와 스피커 네트워크

스피커는 오디오 시스템 구현에 있어서 음성 신호를 소리로 바꾸어 주는 기계 장치로 음질에 가장 크게 영향을 미치는 요소이다. 좋은 음질 구현을 위해 많은 연구와 노력이 필요하며 우선적으로 집중 투자해야 할 음향기기이다. 스피커는 전기적인 신호를 기계적인 떨림으로 바꾸어 공기를 진동시켜 소리를 들을 수 있도록 변환하는 기기이다. 효율이 매우 낮은 물리적인 기기로 고유의 특성을 인위적으로 변화시킬 수 없다. 따라서 용도에 맞는 스피커 유닛이나 스피커 시스템을 선택하고 원래의 성능을 최대한 발휘할 수 있도록 사용 방법을 강구해야 한다. 앰프와 스피커 간의 임피던스, 이득, 재성 특성 등이 서로 잘 맞아야 한다. 다이내믹 스피커는 자석, 보이스 코일, 진동판으로 이루어져 있다. 진동판에 붙어있는 보이스 코일을 자석이 감싸고 있는 구조이다. 앰프로부터 스피커 보이스 코일에 음성 신호 전류가 흐르면 '플레밍의 왼손법칙'에 따라 음성 신호가 스피커 진동으로 바뀌게 된다. 즉, 자기장 내에서 전류가 흐르는 보이스 코일은 전류의 방향과 직각이 되는 방향으로 힘이 발생한다. 이 힘이 보이스 코일에 부착된 스피커의 진동판을 전후로 움직이게 하여 공기를 진동시켜 소리를 발생한다.

6.1. 스피커의 동작 원리와 기능

전기 신호를 소리로 바꾸기 위해 다양한 방법이 고안되었다. 오늘날 사용되는 가장 일반적인 스피커 방식은 그림 6.1과 같이 쇠못에 코일을 감아 전지를 연결하면 전자석이 되는 원리를 이용한 다이내믹 스피커(dynamic speaker)이다. 다이내믹 스피커의 원리에 대하여 간단히 알아보면 못에 에나멜선을 감아 코일을 만들어 실로 매달아 영구 자석과 일정한 거리를 두고 배치한다. 만든 코일의 양쪽 끝을 건전지의 양쪽 극에 연결하면 코일과 못은 전자석을 형성하게 된다. 전자석의 왼쪽 끝이 N극이 되면 영구 자석의 S극에 달라붙을 것이고, S극이 되면 밀어내서 영구 자석과 거리가 멀어지게 된다. 즉, 에나멜선에 흐르는 전류의 방향과 크기에 따라 에나멜선을 감아 만든 전자석의 못이 영구 자석에서 멀어지거나 가까워지게 된다. 에나멜선에 교류 신호를 인가하면 교류 신호의 주파수에 맞게 전자석은 좌우로 왕복 운동하게 된다. 에나멜선을 감아 만든 코일의 원통(Bobin/보빈)에 진동판을 붙이면 공기 진동이 소리로 변화하게 되는데 이것이 다이내믹 스피커의 기본 동작 원리이다.

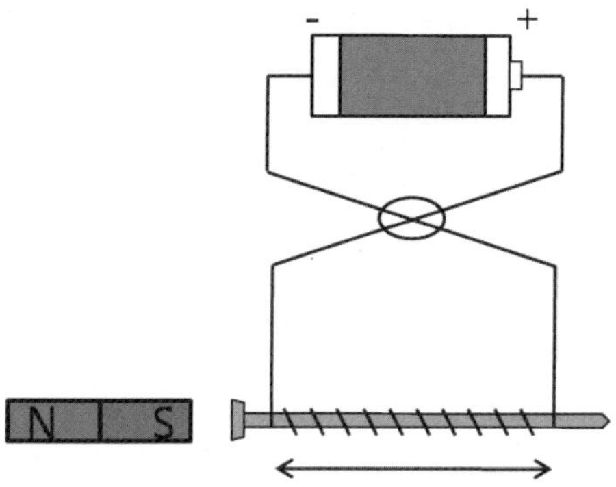

스피커 작동원리

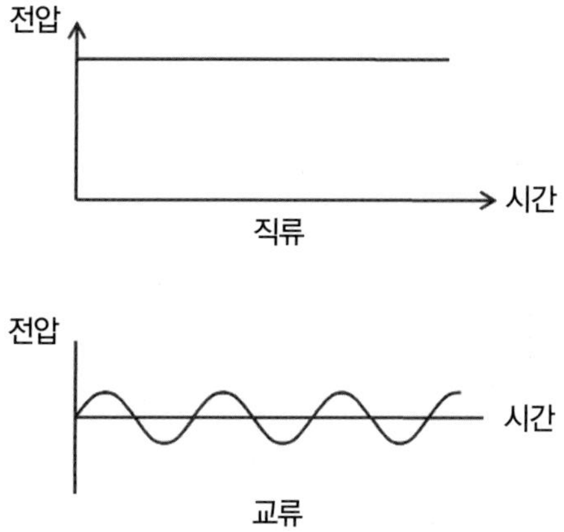

직류와 교류의 파형

그림 6.1. 스피커 동작 원리

전자석의 코일에 교류 신호인 음성 신호를 인가하고 못에 그림 6.2와 같은 역학적으로 안정된 소리를 모을 수 있는 종이나 합성수지 재질의 콘 형 진동판을 붙인다. 그리고 알루미늄이나 쇠붙이 프레임에 잘 고정하면 스피커를 제작할 수 있다. 진동판은 보통 콘 형태이다. 고음 재생용 스피커인 트위터는 진동판을 콘 형태로 만들면 직진성이 강한 레이저 빔과 같이 소리가 직선적으로 방사된다. 따라서 큰 지향성을 방지하고 자연스러운 방사 패턴이 되도록 볼록한 돔 형태로 만들거나 방사할 수 있는 혼을 부가하여 사용하기도 한다.

그림 6.2. 평형 진동판과 콘 형 진동판

스피커의 용량은 진동판의 구경과 스피커가 견딜 수 있는 최대전력을 와트[W]로 표시한다. 스피커 사이즈와 사용된 유닛의 크기 등 다양한 수치가 있지만 그 중에서도 중요한 것이 음압 레벨(SPL: sound pressure level)과 임피던스이다. 음압 레벨 SPL은 1,000 Hz, 1 W의 전기 에너지를 스피커에 인가하였을 때 스피커 앞 1 미터 거리에서 얼마나 큰 소리를 내는지를 데시벨(decibel: dB)로 나타낸 것이다. 음압 레벨은 스피커가 같은 전력으로 얼마나 효율적으로 소리를 내는가를 나타내는 수치이다. 예를 들면 SPL이 90 dB이라고 하면 1 W의 전력으로 스피커 앞 1 m의 거리에서 90 dB 크기의 소리를 낸다는 뜻이다. 그래서 스피커의 음압 레벨의 단위는 dB_{SPL}을 사용한다. 보통 스피커 음압 레벨 SPL은 85 dB에서 90 dB가 많다. 87 dB 이상이면 효율이 좋은 스피커이다. 소리의 크기는 일상적인 대화가 60 dB, 좀 시끄러운 도심 도로는 70 dB, 일상의 대화가 어려운 정도가 80 dB 정도의 음압이다. 따라서 90 dB 스피커는 1W로 상당히 큰 소리를 재생한다. 3 dB는 소리 크기 두 배에 해당하므로, 같은 출력에서 90 dB 스피커는 87 dB 스피커 보다 두 배 큰 소리를 낸다. 스피커 음압 레벨은 앰프 출력을 선택할 때 중요한 변수가 되며 스피커 음압 레벨의 차이를 앰프 출력으로 보상하면 필요한 음량을 얻을 수 있다. 스피커 음압과 앰프 출력의 밸런스가 맞아야 충분한 소리를 재현할 수 있으므로 하나의 기기가 정해지면 다른 기기의 사양은 종속적으로 보완 관계를 갖고 선택하여야 한다. 특히, 일반적인 진공관 앰프는 출력이 낮은 경우가 많으므로 스피커 음압 레벨이 87 dB 이상의 높은 것을 사용할 필요가 있다. 물론, 특별히 출력이 높은 진공관 앰프는 스피커 음압 레벨이 낮은 것을 사용해도 문제가 되지 않는다. 소형의 북 쉘프 스피커 중 좋은 음질 재현을 위해 음압 레벨이 극도로 낮은 모델도 있으므로 사용에 주의가 필요하다. 극도로 음압 레벨이 낮은 스피커는 구동 시 큰 출력의 앰프가 필요하고 전력소모도 크다.

스피커에서 중요한 또 하나의 요소가 스피커 임피던스이다. 임피던스는 교류 전압과 전류의 비율로 교류 전기 흐름을 얼마나 억제하는지를 Ω으로 표시한다. 스피커의 임피던스는 코일의 인덕턴스 L의 영향으로 주파수 f의 변화에 따라 $2\pi fL$의 비율로 변화한다. 몇 옴이라고 표시하는 것은 400 Hz 주파수에서의 임피던스 값이다. 대개 스피커의 임피던스는 2, 4, 8, 16, 32(Ω)을 사용한다. 스피커 임피던스를 높이면 전송 손실을 줄일 수 있다. 일부 건물 방송용 앰프에는 임피던스가 무한대로 표시되어 있는 경우도 있는데 수백 Ω으로 출력하고 각 스피커마다 임피던스 매칭용 트랜스포머를 사용하는 경우에 무한대로 표기하기도 한다.

스피커의 임피던스는 코일을 만들 때 감은 횟수에 의해서 결정된다. 코일의 임피던스가 커지면 들어오는 전류는 반비례하여 감소하고 스피커의 제동력은 증가하게 된다. 4 Ω 스피커는 8 Ω에 비해 앰프로부터 들어오는 전류가 두 배로 흐르기 때문에 같은 앰프에서도 큰 소리를 얻을 수 있다. 단 앰프가 전류를 두 배로 흘리는 것이 가능할 때 해당된다. 임피던스가 낮은 스피커는 스피커의 제동력(댐핑 펙터, 진동판을 밀고 당기는 힘)이 떨어져 동일 앰프를 사용할 때 박진감 있는 음을 내지 못한다. 임피던스가 낮은 스피커는 전류가 배가되어 케이블의 영향에 의한 손실을 많이 받는 단점이 있다. 따라서 비교적 음질을 중시하지 않는 컴퓨터용 스피커나 가정용 영화 음향 시스템이나 낮은 전압으로 고출력을 내야하는 차량용 앰프는 낮은 임피던스의 스피커를 사용된다. 보통 사용하는 스피커는 4 Ω, 8 Ω이나 16 Ω이다. 실제로 고급 스피커는 수십에서 수백 Ω 짜리도 있다. 이러한 스피커는 자석과 코일의 크기가 커서 제동력이 뛰어나 현장감 있는 음장감을 재현할 수 있다.

한 개의 스피커로 전 대역을 커버하는 풀 레인지 스피커를 제외하고 일반적으로 사용되는 멀티웨이 스피커 시스템에서는 주파수 대역을 나누어주는 LC 네트워크에 의해 임피던스가 결정된다. 스피커를 앰프에 연결할 때는 이론적으로 임피던스가 같도록 연결해야 한다. 예를 들어 앰프가 4 Ω, 8 Ω, 16 Ω을 지원하고 스피커가 8 Ω이라면 소스 기기의 임피던스가 같거나 낮아야 한다는 안전 원칙과 임피던스가 같아야 한다는 임피던스 매칭 원칙에 따라 8 Ω 단자를 사용하는 것이 효율적이다. 4 Ω 앰프 단자에 8 Ω 스피커를 연결하여 사용해도 문제는 없다. 임피던스가 매칭되어 있지 않은 관계로 4 Ω 스피커를 사용하는 것에 비하여 출력은 반감된다. 스피커 선택 시 사용할 장소 및 용도를 먼저 고려하고 앰프의 출력과 출력임피던스 매칭이 잘 되는 스피커를 선택해야 한다.

6.2. 용도에 의한 스피커 분류

스피커 선택에 있어서 우선 고려해야 할 사항은 리스닝 룸의 크기와 듣고자 하는 음향 소스의 장르이다. 저음과 중음 고음 등 전 대역을 망라한 대 편성 음악을 듣는 경우라면 전 대역을 커버할 수 있는 대형 스피커 시스템이 필요하다. 현실적인 문제로 리스닝 룸의 크기를 무시하고 작은 리스닝 룸에서 대형 스피커를 사용하는 경우 스피커에 작은 전력밖에 투입할 수 없어 원래 스피커가 낼 수 있는 음량과 음질을 재현할 수 없다. 반대의 경우 작은 소리 밖에 재현할 수 없어 역시 충분한 음량을 즐길 수 없다. 스피커 선택에 있어서 가장 중요한 것은 음악을 재현할 장소인 스피커를 설치할 장소의 크기이다. 아파트와 같은 공동 주택에서 대형 우퍼를 채용한 큰 스피커는 바닥이나 벽을 통해 위, 아래 집 전체를 진동하게 되어 층간 소음 문제를 일으킬 수 있다. 저음 구현을 위해 큰 우퍼나 더블 우퍼를 채용한 스피커를 선택할 때는 설치할 리스닝 룸과 매칭이 잘 되는지를 확인해야 한다. 좁은 방에 큰 스피커를 설치하면 저음이 방 전체를 울려 명료도가 떨어진다.

우퍼의 크기 이외에 저음의 양에 영향을 미치는 요소가 하나 더 있다. 스피커 인클로저에 구멍(덕트)이 나 있는 것이 있고, 북 쉘프형과 같이 구멍이 없는 밀폐형 구조의 스피커도 있다. 그림 6.3에서 구멍이 있는 스피커를 저음 반사형(bass reflex) 스피커라고 하고 구멍이 없이 밀폐된 스피커를 밀폐형(sealed box) 스피커라고 한다. 인클로저는 후면 개방형

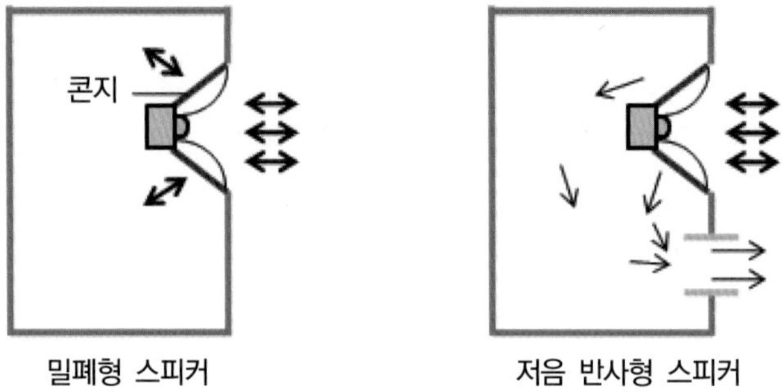

그림 6.3. 밀폐형 스피커와 저음 반사형 스피커

과 밀폐형, 백 로드형이 있다. 후면 개방형은 후면이 완전히 개방된 형태나 평판에 설치한 형태로 음파가 전면의 음파와 간섭을 일으켜 명료도를 저하시키는 문제점을 안고 있다. 따라서, 밀폐형이나 저음 반사형 스피커가 많이 사용된다. 밀폐형에서 뒤쪽에서 발생한 음은 인클로저 내부에서 반사를 거듭하거나 흡음재에 흡수되어 에너지가 작아져 결국 소멸하게 된다. 저음은 우퍼의 콘지가 신호에 따라 앞뒤로 움직이면서 만들어지게 된다. 우퍼의 콘지가 진동하면 공기압이 높아지면서 저음이 발생한다. 우퍼 콘지 뒤쪽에서는 위상이 반대인 저음이 발생하게 되는데 뒤에서 생긴 저음이 구멍을 통해 밖으로 나오게 한 것이 저음 반사형 스피커이다. 인클로저에 덕트가 있으면 압력이 없어 우퍼가 앞뒤로 쉽게 진동할 수 있다. 인클로저에 구멍이 없이 밀폐되어 있으면 내부의 압력 증가로 인해 우퍼 움직임이 원활치 않다. 이와 같은 이유로 밀폐형은 같은 조건이라면 저음 반사형에 비하여 효율이 낮고 구조상 저음이 부족하다. 따라서 비슷한 크기의 인클로저에 같은 우퍼를 장착한 스피커라 하더라고 덕트가 있으면 저음을 더 많이 얻을 수 있다.

6.3. 멀티웨이 스피커 시스템

음향 재생 시스템에서 가장 중요한 것이 스피커 시스템이다. 1개 또는 여러 개의 스피커를 이용하여 하나의 소리를 재생하는 전체 시스템을 스피커 시스템이라고 한다. 이 스피커 시스템은 보통 목제 인클로저에 장착되는데, 시스템 구성에 많이 사용되는 다이내믹 콘 스피커의 특성과 멀티웨이 시스템의 필요성과 방법 등에 대해서 알아보자.

스피커의 주축은 다이내믹 콘 스피커이다. 콘 스피커는 특성이 우수하여 하나의 스피커로 전 음역을 재생할 수 있어 널리 사용되고 있다. 옛날 라디오와 하이파이 재생 장치에서는 1개의 콘 스피커로 전 음역을 재생하기도 하였다. 그러나 기술 발전과 소비자의 요구에 따라 다양한 방법으로 스피커를 조합하여 재생하는 멀티 스피커 시스템이 탄생하게 되었다.

그림 6.4는 일반적인 콘 스피커의 단면도이다. 강력한 영구자석이 만드는 자계 속에 구리나 알루미늄 선을 감은 '보이스 코일'을 두고 이 보이스 코일에 콘지를 붙인다. 보이스 코일에 소리 신호 전류를 흘리면 코일은 전후로 움직이게 되고 동시에 콘지도 함께 움직여 공기를 진동하여 소리가 발생한다. 콘지를 지탱하는 금속 프레임은 후면을 개방하여 콘의 진동으로 발생하는 뒷면의 공기가 자유롭게 흐를 수 있도록 한다. 당연한 결과로 콘지가 재현하는 음파는 앞쪽 뿐만 아니라 뒤쪽에도 발생하게 된다. 앞쪽과 뒤쪽의 음은 위상이 반대여서 파장이 긴 낮은 음은 서로 상쇄되거나 약해지는 간섭을 일으킨다.

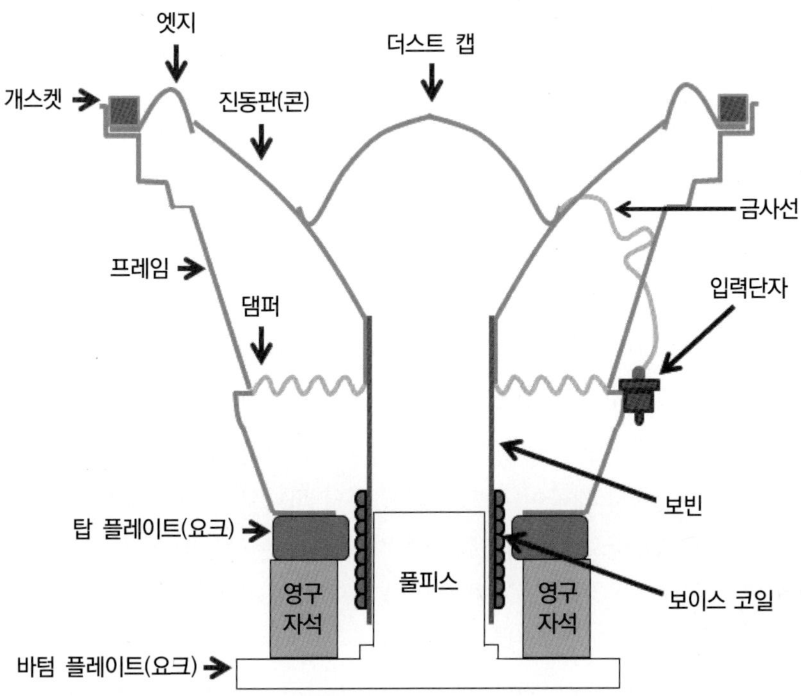

그림 6.4. 콘 스피커 단면도

스피커 시스템을 구성하는 스피커 유닛은 동작 원리, 재생 주파수, 외형에 따라서 여러 가지 종류로 나눌 수 있다. 가장 일반적인 스피커 유닛인 원추형 콘 스피커는 모든 음역에 두루 사용된다. 특히, 저음용(우퍼: woofer)으로 사용되는 필수적인 중요한 유닛이다. 중음(스코우커: squawker)용이나 고음(트위터: tweeter)용으로는 혼 스피커와 돔 스피커가 많이 사용된다. 돔이나 혼 형은 구조상 고유의 지향성 특성으로 저음용으로 사용하기에는 다소 제약이 따른다. 콘 형은 출력이 작은 가정용이나 모니터용, 혼 형은 대형 홀 야외 경기장에서 널리 쓰인다. 또, 질 좋은 고음 재생에는 리본형 스피커가 사용된다.

스피커 특성과 구조상 하나의 스피커로 20 Hz에서 20 kHz 오디오 전 영역을 모두 재현하는 데는 어려움이 있다. 따라서 스피커의 재생 특성에 맞는 음역을 할당하여 각각의 대역에 적합한 스피커 유닛을 사용하는 시스템을 '멀티웨이 스피커 시스템' 이라고 부른다. 물론 모든 오디오 영역을 재생할 수 있는 풀 레인지 스피커가 있다. 이 풀 레인지 스피커에서도 넓은 오디오 대역을 커버하기 위해 많은 기술들이 적용된다.

가장 간단한 멀티웨이 시스템은 음역을 2개로 나누어 재생하는 2웨이 시스템이다. 저음과 중음을 담당하는 스피커 그리고 고음용 스피커 또는 저음과 중고음을 담당하는 스피커로 2 분할하여 2 개의 스피커로 재생한다. 음역을 저, 중, 고음부로 3 분할하는 것을 '3웨이 방식' 이라 한다. 3 분할 방식에 초고역부나 초저역부를 부가하여 4 분할하는 것을 '4웨이 방식' 이라고 부른다.

각각의 유닛이 담당하는 주파수 분할이 중요한데 경계 주파수를 크로스오버 주파수라고 한다. 2웨이나 3웨이 등의 멀티웨이 스피커 시스템에서는 대역이 다른 여러 개의 유닛으로 소리를 재생한다. 예를 들면 멀티웨이 스피커의 가장 기본인 3웨이 시스템에서 우퍼에는 낮은 주파수 신호, 미드 레인지에는 중음, 트위터에는 높은 주파수의 신호만 보내야 한다. 이렇게 주파수 대역을 분리해서 저음을 내는 우퍼와 고음을 내는 트위터에 불필요한 신호가 가지 않도록 하는 회로가 스피커 네트워크이다. 그러나 스피커로 전달되는 오디오 신호 입장에서는 네트워크 내의 부품을 지나면서 왜곡이 생기게 된다. 2웨이나 3웨이로 대역을 나누어서 소리를 재생하면 낮은 저음부터 높은 고음까지 충분히 넓은 대역을 낼 수 있지만 네트워크에서 발생하는 왜곡은 피할 수 없다. 특히, 신호가 분리되는 크로스오버 주파수 부근에서 왜곡이 두드러진다. 유닛 하나로 소리를 내는 풀 레인지 스피커는 네트워크가 필요없다. 2웨이나 3웨이에 비해서 낮은 저음과 높은 고음을 내는데 부족함이 있지만 대신에 네트워크를 거치지 않아 음악 신호의 대부분을 차지하는 중음에서 자연스럽고 매끄러운 음을 재현한다.

그림 6.5는 프로젝트에서 사용하는 8 인치(20 cm)구경의 전 음역(full range)스피커로 S사의 ME-08B40의 특성을 보여주고 있다. 이 콘 스피커의 특성을 보면 20 Hz에서부터 재생 음압이 서서히 상승하여 약 200 Hz까지 상승한다. 400 Hz에서 골이 발생하고 다시 주파수가 높아지면 음압이 상승하여 1.7 kHz에서 첨두치가 발생하고, 2.3 kHz에서 작은 골이 발생한다. 다시 3.7 kHz에서 첨두치가 발생하고 5.7 kHz에서 골이 발생한다. 더 높은 주파수에서는 골과 첨두치가 한 번 더 발생한 후 11 kHz에서 첨두치가 다시 발생하고 급격히 감쇠가 시작되어 15 kHz에서 첨두치 발생 후 감쇄하여 재생 한계를 맞게 된다. 이 스피커는 보급형으로 고급형 콘 형 우퍼 그림 6.6의 S사 NME-157과 비교해 볼 때 순탄한 특성을 갖고 있지는 않지만 시험용으로 사용하기에는 무난하고 가격 대비 성능비가 높다.

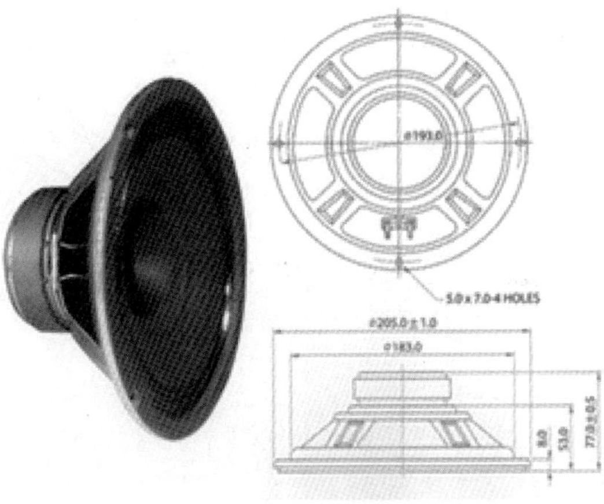

❖ME-08B40 특성		
지름	200(8)	mm(in)
SPL	91.0	dB/W/M
Frequency Range	64.1-15,000	Hz
D.C. 저항	6.2	Ohm
Fs	64.1	Hz
외경	205.0(8.07)	mm(in)
볼트 원 지름	193.0(7.60)	mm(in)
배플 가공 지름	183.0(7.20)	mm(in)
깊이	77.0(3.03)	mm(in)
전체 무게	1.04(2.29)	Kg(lb)

그림 6.5. (a) ME-08B40 스피커의 특성

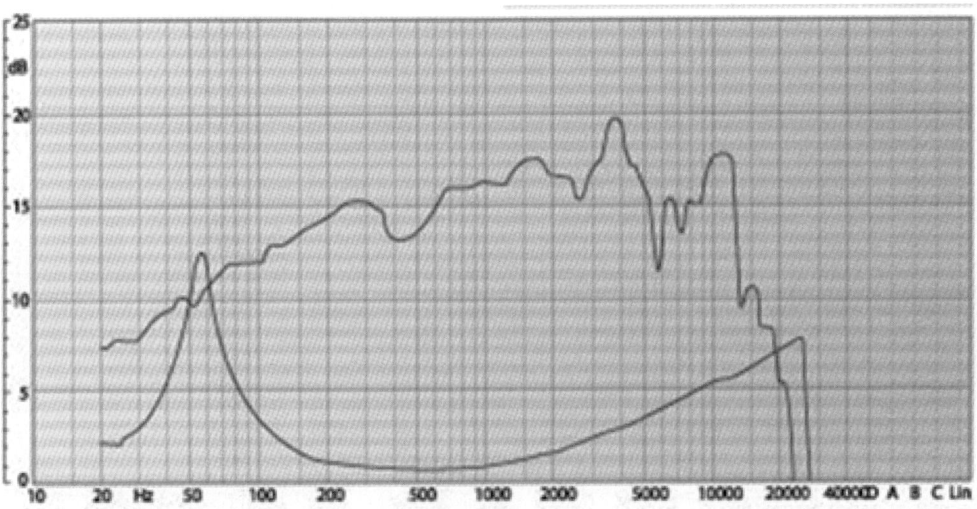

그림 6.5. (b) ME-08B40 스피커의 주파수 특성

우퍼는 특성과 성능에 따라 정도의 차이는 있지만 보통 2,000 Hz 부근에서 중음 골이 발생한다. 이 중음 골 이하의 주파수 대역을 정 출력 대역이라 하는데 중음 골을 경계로 우퍼의 특성과 음질이 크게 변화한다. 콘지는 보이스 코일과 연동 동작으로 주파수 특성이 안정되며 일그러짐이 적은 충실한 음을 재현한다. ME-08B40의 특성에서도 보듯이 주파수가 높아지면 보이스 코일의 움직임이 작아져서 콘지 끝까지 충분한 에너지가 전달되지 못하여 전달에 시간차가 생긴다.

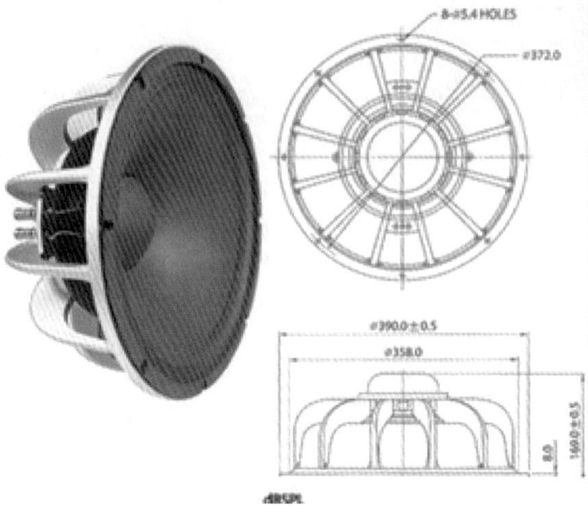

❖NME-157 특성		
지름	380(15)	mm(in)
SPL	99.0	dB/W/M
Frequency Range	34.4-4,500	Hz
D.C. 저항	5.5	Ohm
Fs	34.4	Hz
외경	390(15.35)	mm(in)
볼트 원 지름	372.0(14.65)	mm(in)
배플 가공 지름	358.0(14.09)	mm(in)
깊이	169.0(6.65)	mm(in)
전체 무게	4.5(9.92)	Kg(lb)

그림 6.6. (a) NME-157 스피커 특성

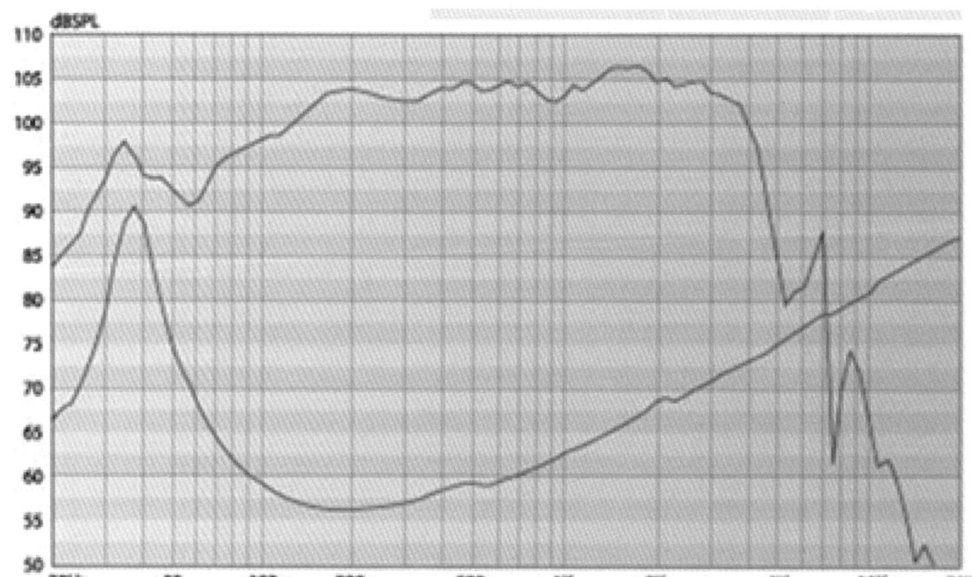

그림 6.6. (b) NME-157 스피커 주파수 특성

콘지 위치에 따라서 움직임이 달라지기 때문에 각각의 위치에서 나온 음이 위상 간섭을 일으켜 어떤 주파수에서는 첨두치 모양의 산 특성이 만들어지고 어떤 주파수에서는 반대로 에너지가 서로 중첩 상쇄 약화되어 골이 형성된다. 이와 같은 대역을 분할 진동 대역이라 한다. 골과 첨두치 반복 현상은 스피커 특성과 개성으로서 음질을 크게 좌우한다. 충실도가 높은 재생음을 얻기 위해서는 분할 진동 대역을 피하여 사용해야 한다.

그림 6.5의 ME-08B40 스피커는 저음과 고음이 불충분하다. 보다 낮은 주파수까지 저음

을 재생하려면 구경이 큰 스피커를 사용해야 한다. 그림 6.6의 NME-157은 15인치 구경의 우퍼인데 저역 재생 주파수 한계가 34.4 Hz이다. 그림 6.5의 8인치 스피커는 저음 재생 한계가 64.1 Hz로 스피커 구경에 따라 저역 재생 주파수 한계가 있음을 알 수 있다. 그러나 구경이 커지면 저역 재생 주파수는 낮아지지만 고음은 반대로 감쇠가 심해진다. 콘형 스피커는 구경이 클수록 보다 낮은 주파수까지 재생할 수 있고 저음의 일그러짐도 적어진다. 다만 그만큼 인클로저도 커지게 되고 비용이 많이 든다. 그러나 반대로 고역 재생 주파수 대역 및 특성의 열화가 커지고 일그러짐도 증가한다. 중음 골도 구경에 비례하여 저하하고 낮은 일그러짐으로 사용할 수 있는 상한 주파수는 구경이 클수록 낮아진다. 대구경 스피커는 일반적으로 큰 에너지를 입력할 수 있어 큰 음압을 재현할 수 있다. 반대로 스피드가 빠른 고음 재생 능력을 개선하기 위해서는 구경을 작게 하지 않으면 안된다. 이와 같이 저음과 고음의 재생은 콘 스피커에 대한 요구가 상반되기 때문에 각각의 대역에 적합한 스피커가 필요하다. 여기에서 멀티웨이 스피커의 필요성이 제기되는 것이다. 보다 우수한 음질을 재생하기 위해 주파수 재생특성에 적합한 스피커를 복수로 사용하는 것이 멀티웨이 스피커 시스템이다. 오디오 전 대역을 분담하는 각 유닛의 재생 특성에 맞도록 특성이 좋은 부분만의 주파수 영역을 분할하여 재생 영역을 분담시켜 사용하는 것이 멀티웨이 스피커의 가장 큰 특징이다.

6.3.1. 광대역화의 방법

재생 주파수 대역을 넓히는 방법에는 여러 가지가 있으며 가장 간단한 것이 콘지의 재질 및 구조를 2단으로 하고 보이스 코일에 가까운 소구경 콘 부분에서 고음을 내도록 하고 바깥쪽에 중음과 저음을 재생하도록 한다. 그림 6.5의 ME-08B40 스피커가 이렇게 만든 더블 콘 형 풀 레인지이다. 이 유닛은 보이스 코일의 근원지 부근에 독립한 소구경 콘지를 붙인 것으로 고역 부족을 보충한 것이다. 경제적으로 간단하게 광대역화를 실현하였으나 콘지끼리의 간섭은 피할 수 없어 기복이 심하고 일그러짐도 적지 않다. 이와 같은 결점을 없애기 위해 탄생한 것이 유닛을 분리시킨 2웨이 스피커이다.

그림 6.7은 오래전에 개발 사용된 동축 형(코엑시얼, coaxial) 2웨이 스피커의 단면도이다. 영구 자석을 공유하고 중심에 두 가지 보이스 코일을 사용해서 스피커를 구성한다. 동축 형은 원리적으로는 완전한 2웨이 구조로 스테레오 재생 시 위상 정확도가 탁월하다. 동축 형 2웨이의 또 하나의 형태는 그림 6.8과 같이 독립한 고음용 스피커를 우퍼용 유닛 앞에 고정 쇠붙이로 고정하여 사용하는 형태이다. 트위터의 고정위치가 우퍼 축 상에서 벗어난 것도 있다. 이 경우는 동축 형이 아니므로 복합형 2웨이라고 부른다. 코엑시얼 또는 복합 2웨이는 트위터가 소형인 경우에 한한다. 그 때문에 크로스오버 주파수는 비교적

높아 2,000 Hz 이상이 된다. 그림 6.8(b)와 같은 2웨이라도 대구경 우퍼를 사용한 대형 시스템에서는 고음용에 대형 혼 스코우커를 사용한다.

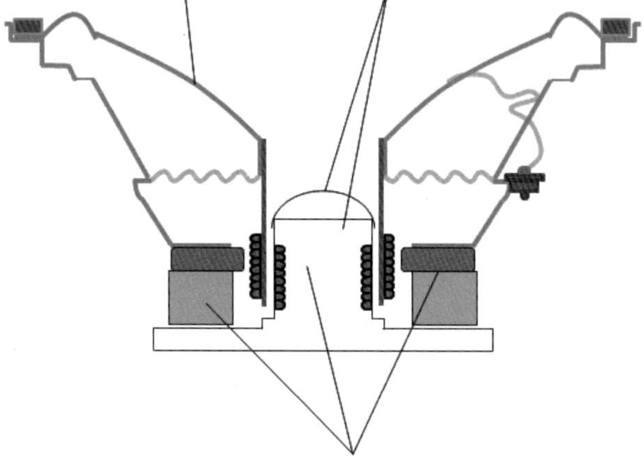

그림 6.7. 동축형 2웨이 스피커 단면도

이 경우는 스코우커 또는 트위터를 그림 6.8(b)에서와 같이 분리해서 사용하지 않으면 안 된다. 물론 크로스오버 주파수도 낮아져서 500~1,000 Hz 정도가 된다. 2웨이에서 고음영역을 중시하는 경우 크로스오버 주파수를 높게 잡고, 최고 음역의 연장을 어느 정도 희생하여 중·저음영역을 중요시하는 경우 크로스오버 주파수를 낮게 잡아야 한다.

(a) 동축형 2웨이

(b) 동축형 2웨이 대형 혼 스코우커 장착형

그림 6.8. 동축형 2웨이 스피커

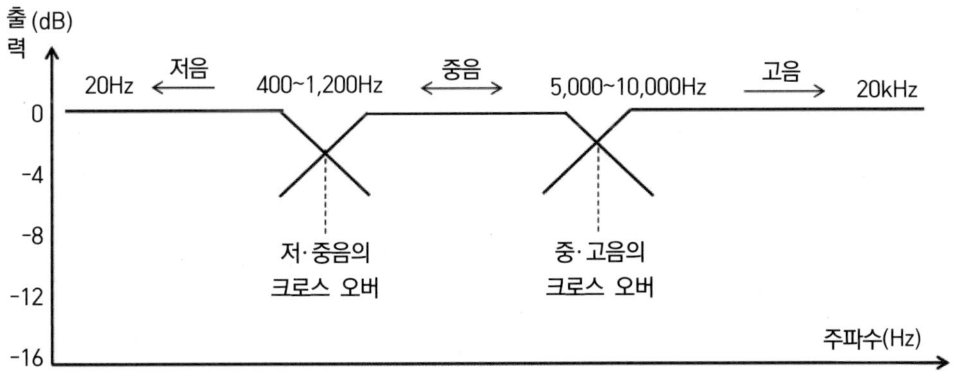

그림 6.9. 3웨이 스피커 시스템 주파수 배정

크로스오버 주파수를 높게 잡는 경우 우퍼의 분할 진동 대역을 사용하게 되어 재생음 자체의 특성에 문제가 생기게 되므로 음질을 중시하는 경우에는 적합하지 않다. 따라서 각 영역의 유닛 특성을 고려하여 최선의 선택이 되도록 크로스오버 주파수를 선택하는 것이 필요하다. 2웨이 방식에서 크로스오버 주파수를 낮게 잡았을 경우, 당연하게 스코우커는 혼 형이나 콘 형을 막론하고 대형화를 피할 수 없다. 대형 스코우커는 결과적으로 20 kHz에 가까운 높은 주파수 음역이 감쇠되게 하여 스피커의 고음 특성이 좋지 않게 된다. 이것을 보완하기 위해서 성능 좋은 트위터를 추가하게 되는데 이것이 3웨이 방식의 탄생 배경이다. 스피커 유닛을 조합하여 스피커 시스템을 구현하는 경우 가격대 성능비가 뛰어나고 제작 성공률이 높은 것이 3웨이 시스템이다. 현재 스피커 시스템 중에서 가장 일반적이고 합리적인 시스템이다. 3웨이의 크로스오버 주파수를 배정하는 방법은 그림 6.9와 같으며 저음은 400~1,200 Hz 이하, 중음은 400~1,200 Hz 정도에서 5,000~10,000 Hz 까지이고 고음은 5,000~10,000 Hz 이상이다. 이 그림 6.9를 참고하여 주파수에 따른 스피커 특성표를 참고하여 평탄한 특성이 되도록 크로스오버 주파수 대역을 설정하면 된다.

3웨이에도 저역 부족이나 고역 부족 등의 단점이 나타나게 되는데 보완을 위하여 하나의 유닛을 추가하면 4웨이가 된다. 4웨이 방식에는 저음 지향형과 중·고음 지향형 두 가지가 있다. 저음 지향형은 3웨이에 초대형 우퍼를 추가하여 더욱 충실한 저음을 재생할 수 있도록 하는 방법으로 크로스오버 주파수 배정은 그림 6.10(a)와 같다. 중고음과 중저역을 개선하는 방법으로는 크로스오버 주파수를 그림 6.10(b)와 같이 중역 유닛에 할당되는 주파수를 더욱 세분화한다. 구현하는 스피커 시스템의 대역은 유닛 선정 시에 참고 지표로 활용한다. 구현된 스피커 시스템의 성능은 사용하는 스피커 유닛의 특성에 따라 좌우되므로 스피커 유닛 선정과 밸런스 유지에 노력하면 좋은 음질의 시스템 구현을 기대할 수 있다. 스피커 유닛을 계속 추가하면 5웨이 그리고 6웨이로 발전시킬 수 있다. 유닛의 완성도가 높으면 4웨이에서 최고의 성능을 기대할 수 있다. 그리고 5웨이 이상은 유닛의 단점을 보완하기 위한 수단으로 보는 것이 좋다.

웨이 수가 많아질수록 음원의 면이 넓어지고 유닛 간의 위상차가 발생하며 크로스오버 포인트도 많아져서 5웨이 정도가 되면 4웨이 보다 조정 난이도가 높아지고 성공 확률도 떨어진다. 웨이 수를 늘릴수록 음질 향상이 기대되지만 네트워크 제작 기술이나 숙달된 튜닝 기술이 없으면 실현 가능성은 낮다. 따라서 기본적인 3웨이 시스템에 충실하고 스피커 유닛을 보완하여 4웨이를 구현하는 것이 좋다.

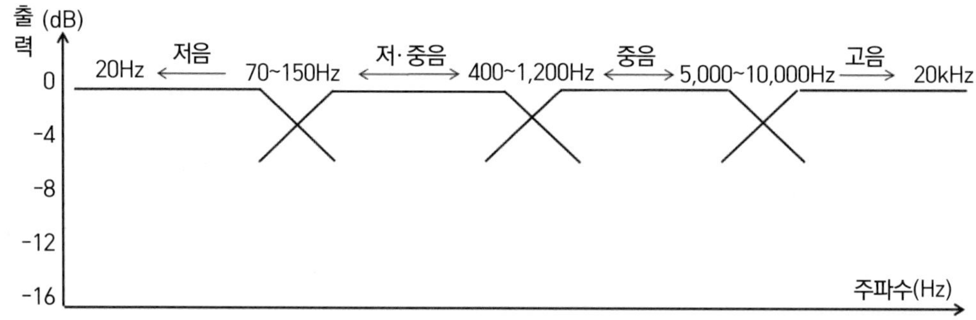

그림 6.10. (a) 크로스오버 주파수 배정

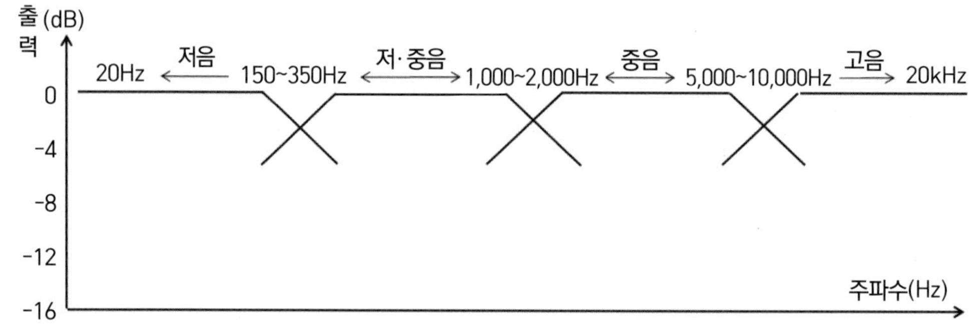

그림 6.10. (b) 4웨이 스피커 시스템 주파수 배정

6.3.2. 음역 분할

멀티웨이 스피커 시스템 각 유닛에는 정해진 범위의 주파수 이외의 성분을 제거한 신호가 필요하다. 이와 같이 특정 주파수로 분할하는 것을 스피커 디바이딩 네트워크 또는 스피커 네트워크라고 부른다. 주파수를 분할하는 방법에는 두 가지가 있다. 그림 6.11(a)와 같이 파워 앰프와 스피커 사이에서 콘덴서와 인덕터로 주파수를 분할하는 방법을 'LC 네트워크 방식' 이라고 한다. 파워 앰프에서 증폭한 오디오 신호를 LC 네트워크로 분할하여 각각의 스피커 유닛에 공급한다. 또 다른 방법으로는 그림 6.11(b)와 같이 프리 앰프와

파워 앰프 사이에서 '채널 디바이더'(electronic frequency dividing network)로 필요한 주파수 대역을 분할한다. 이 방식을 멀티 앰프 방식 또는 멀티 채널 방식이라 한다.

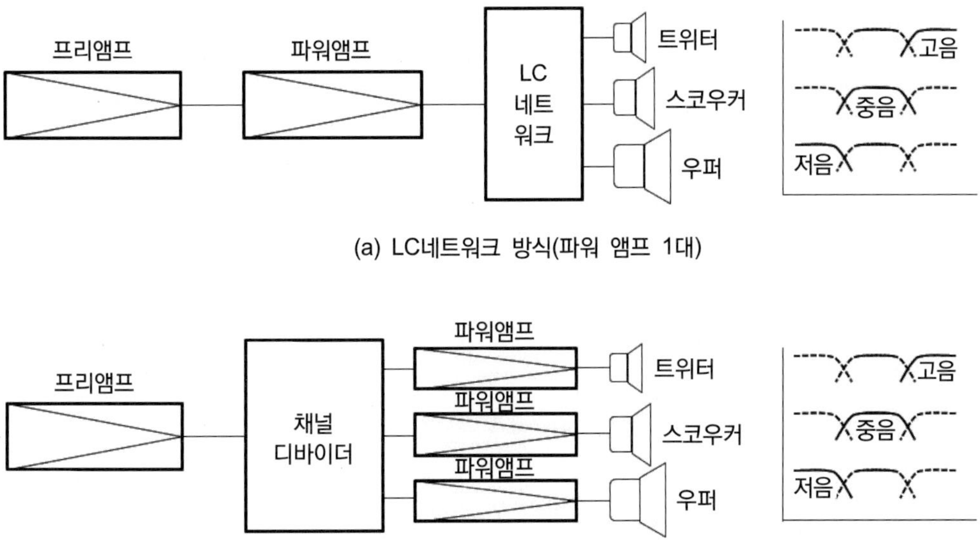

(a) LC네트워크 방식(파워 앰프 1대)

(b) 멀티앰프 방식(파워 앰프 3대)

그림 6.11. 스피커 네트워크 구조

LC 네트워크 방식은 스테레오 파워 앰프 1 조를 사용하면 된다. 멀티 앰프 방식은 LC 네트워크 대신 OP 앰프나, 진공관, 트랜지스터 등의 능동소자를 사용한 액티브 필터 회로인 채널 디바이더를 사용한다. 주파수를 분배하여 증폭함으로 원칙적으로 웨이 수와 동일한 대수의 파워 앰프가 필요하다. LC 네트워크 방식은 비교적 간단하고 경제적이어서 가장 널리 쓰이고 있다.

LC 네트워크는 코일 L과 콘덴서 C가 주파수에 따라 인덕터는 $2\pi fL$, 콘덴서는 $1/(2\pi fC)$로 임피던스가 변화하는 성질을 이용한 것이다. 그림 6.12가 가장 간단한 2웨이 -6 dB/oct의 스피커 네트워크 회로이다. 저음 영역의 우퍼는 인덕터와 직렬로 연결되어 있어서 차단 주파수 이상에서는 임피던스가 커진다. 따라서 우퍼에 흐르는 신호 전류는 주파수가 높아짐에 따라 점점 작아져서 결국은 흐르지 않게 되고 음압 레벨이 저하한다. 트위터에 연결되어 있는 콘덴서는 반대로 차단 주파수 이하의 저음에서 임피던스가 상승하므로 주파수 하강에 따라 재생 음압이 작아지고 고음에서는 콘덴서가 전류를 잘 통하게 하여 큰 음압 레벨이 재생된다. 따라서 우퍼와 트위터 재생 주파수 이득과 특성을 고려하여 L, C의 값을 계산하여 네트워크를 구성하여 재생 대역을 나눈다.

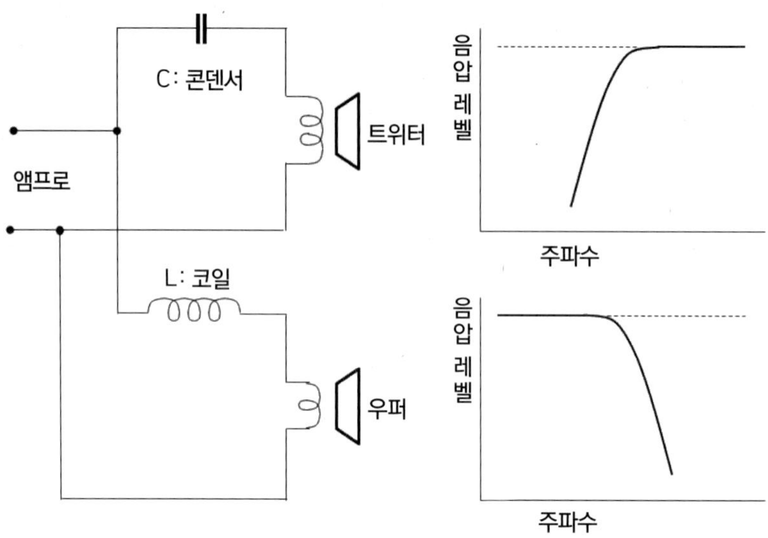

그림 6.12. 2웨이 스피커 네트워크

차단 주파수 특성을 급격하게 구현하기 위해서 그림 6.13과 같이 L과 C 소자를 한 조 더 부가하여 설계할 수 있다. 밸런스 조정을 위해 트위터는 우퍼에 비해 이득이 큰 것을 사용하고 고역에 레벨 조정용 어테뉴에이터를 사용하면, 저음을 기준으로 고음의 레벨을 조정하여 저음과 고음의 밸런스를 맞출 수 있다.

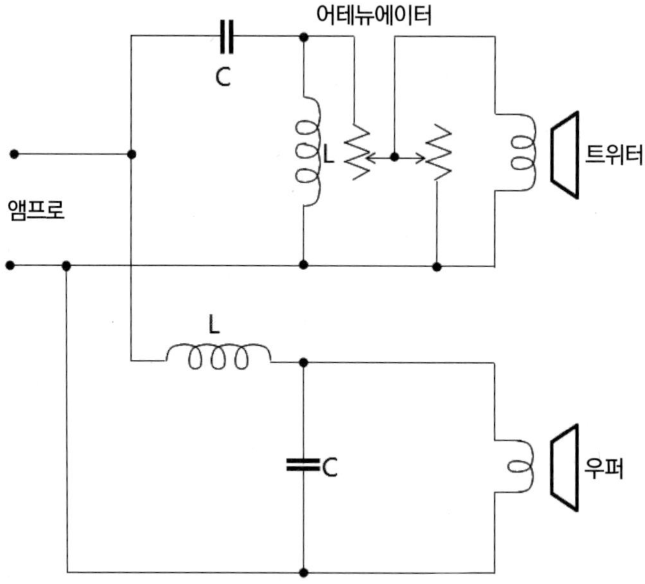

그림 6.13. 레벨 조정식 스피커 네트워크

L, C 1조의 소자로는 그림 6.14(a)와 같이 완만한 경사의 커브가 만들어진다. 2조 소자로 구성해서 얻은 그림 6.14(b)는 보다 급격한 커브를 얻을 수 있다. 1조 소자 회로는 주파수가 배 또는 1/2이 되면 6 dB씩 감쇠한다고 해서 '-6 dB/oct'의 특성이라 하고 2조 소자의 경우를 '-12 dB/oct' 특성이라고 한다.

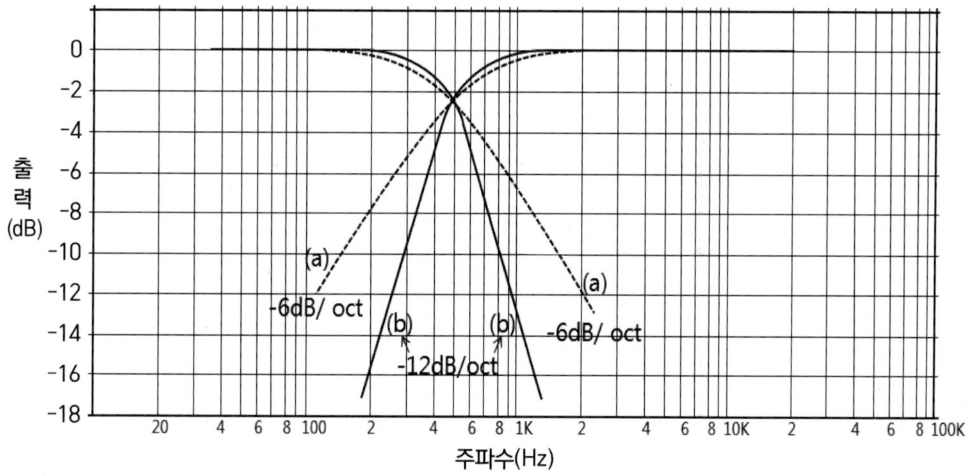

그림 6.14. 2웨이 스피커 네트워크 주파수 특성

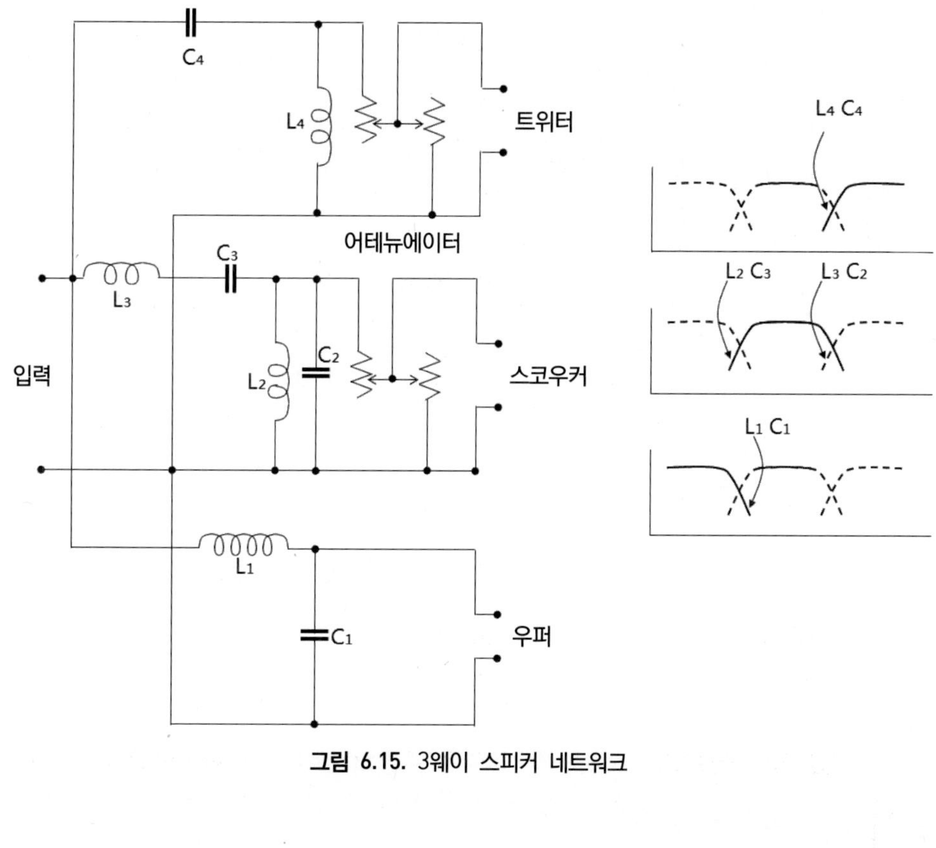

그림 6.15. 3웨이 스피커 네트워크

그림 6.15는 표준적인 3웨이 -12 dB/oct 스피커 LC 네트워크이다. 중음용은 저역, 고역을 자르고 필요한 주파수 대역 만을 통과시키는 밴드패스 필터 회로이다. 여기서 스피커 임피던스가 같은 값일 경우, $C_1 = C_3$, $C_2 = C_4$, $L_1 = L_2$, $L_3 = L_4$ 가 된다.

이에 반하여 멀티 앰프 방식의 채널 디바이더는 전자회로 특성을 이용하여 OP 앰프나 진공관 트랜지스터 등의 능동소자로 구현한다. 여기에서는 C와 R로 능동 필터를 구성하여 필요한 대역을 만들어낸다. 그리고 멀티 앰프 시스템에서는 앰프 대수를 줄여 경제성을 실현하기 위해 LC 네트워크를 병용하기도 한다.

6.3.3. LC 스피커 네트워크와 멀티 앰프 방식

멀티 앰프 방식은 웨이 수와 같은 대수의 파워 앰프가 필요하다. 비용은 많이 들지만 스피커 유닛의 특성을 잘 살릴 수 있다. 최고의 성능을 얻을 수 있는 시스템 구현이 가능하다. LC 네트워크는 비교적 싼 값에 구현이 가능하다. 다만 회로 특성상의 문제들로 인하여 스피커 유닛의 성능을 최대로 끌어내기 어렵다. 그림 6.15의 LC 스피커 네트워크가 이론에 부합하는 주파수를 분할하고 음질에 영향을 주지 않는다면 가장 이상적이다. 멀티 앰프 방식이 존재하는 이유는 현실적으로 LC 네트워크가 이상적으로 동작하지 않기 때문이다. 멀티 앰프 방식의 장점은 LC 네트워크로 발생되는 단점을 없앨 수 있다는 것이다.

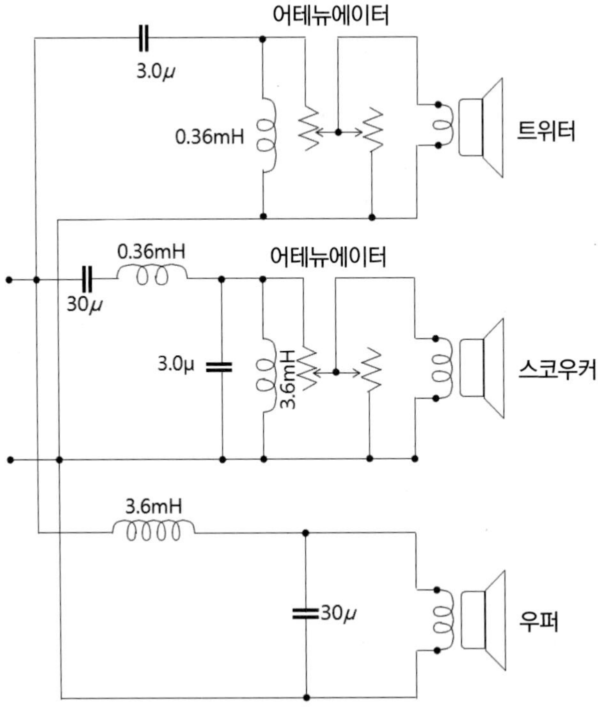

그림 6.16. 크로스오버 주파수 500 Hz와 5,000 Hz일 때의 LC 스피커 네트워크

그림 6.16은 스피커의 임피던스가 8 Ω, 크로스오버 주파수가 500 Hz, 5,000 Hz일 때의 L, C의 값이다. 이와 같은 LC 네트워크는 스피커가 순 저항 8 Ω이라고 가정하고 설계한 것으로, 주파수에 따라서 인덕턴스와 커패시턴스의 임피던스가 변화한다는 것을 무시하고 계산한 것이다.

따라서 스피커 임피던스 변화를 무시하고 순수한 저항 부하를 전제로 하여 설계된 네트워크가 주파수에 따라 임피던스가 변화하여 이론대로의 주파수 분할 결과가 얻어지지 않는다는 것은 당연한 일이다. 순저항일 때는 크로스오버 주파수에서 -3 dB 감쇠 특성을 나타내지만 임피던스가 변화하는 스피커 부하일 때는 8 Ω의 스피커 자체 인덕턴스 성분으로 특정 주파수에서 임피던스가 상승하여 평탄한 특성이 얻어지지 않는다. 공진 주파수에서는 레벨이 상승하여 임피던스가 수 백 Ω까지 상승하기도 한다. 부가되는 코일의 직류 저항에 의해서 댐핑 펙터가 저하하는 것도 하나의 원인이다. 우퍼 유닛의 보이스 코일 인덕턴스 성분을 상쇄시켜 임피던스 커브를 평탄하게 하기 위하여 병렬 커패시터를 추가하는 경우도 있다.

이 방법으로 원하는 특성에 근접시킬 수 있지만 크로스오버 부근의 슬로프 특성을 이상적인 커브를 구현하기는 매우 어렵다. 저역공진에서 임피던스가 상승하는 또 다른 문제가 발생한다. 콘 형이나 돔 형을 사용하는 중음 영역의 스코우커는 일반적으로 임피던스 특성이 비교적 일정하여 큰 문제는 없다. 단, 임피던스 특성이 크게 변화하는 혼형 스피커에서는 문제가 되므로 연구가 필요하다. 앰프로 스피커를 동작시킬 때, 앰프와 스피커가 직결될 때가 가장 이상적이며 충실하게 동작한다. 그러나 네트워크나 저항과 같은 것이 부가되면 스피커 동작이 앰프의 출력 파형과 정확히 일치하지 않고 변화하게 된다. 스피커 측에서 앰프 쪽을 볼 때, 앰프의 출력 저항이 매우 작거나 스피커의 임피던스와 같아야 제 성능을 발휘할 수 있다.

스피커용 어테뉴에이터는 2개의 반고정 저항을 조합하여 구성한다. 이것은 입력 쪽에서 본 임피던스가 어테뉴에이터의 위치가 어디에 있건 일정한 값이 되어 임피던스 매칭이 되도록 하기 위한 것이다. 따라서 8 Ω 용의 네트워크에서는 어테뉴에이터의 입력에서 본 임피던스가 8 Ω의 것을 사용한다. LC 네트워크를 제거하고 앰프와 스피커 사이에 어테뉴에이터 만을 넣고 스피커 단자 전압을 측정하면 오디오 대역 주파수에서 골과 첨두치가 발생하게 된다. 즉, 스피커와 앰프 사이에 삽입된 저항 성분으로 인하여 임피던스 매칭이 되지 않아 음질에 영향을 주는 것이다. 저항 성분을 제거한다는 것은 현실적으로 불가능하다. 다만 저항 성분을 줄이는 방법은 있다. 우퍼의 직렬로 연결되는 코일의 직류 저항을 줄이기 위해 되도록 굵은 선재를 사용한다. 크로스오버 주파수에 반비례하여 코일의 인덕턴스가 커지므로, 크로스오버 주파수가 200~300 Hz로 낮으면 권선수가 늘어나 코일 사이즈가 매우 커져 직류 저항을 줄이는데 한계가 있다. 해결책으로 자성(철심,

코어)체에 코일을 감는 방법이 있다. 이렇게 하면 자성체 효과로 인하여 같은 권선수로 감은 공심 코일에 비해 수십 배 이상의 큰 인덕턴스를 얻을 수 있다. 코일에 필요한 동선의 길이가 짧아 직류 저항은 대폭 감소한다. 이것으로 직류 저항에 기인하는 제동 문제는 해결할 수 있지만, 철심에 사용하는 재료(규소강판이나 페라이트 코어)를 충분히 분석하여 설계하지 않으면 일그러짐이 발생한다. 중음과 고음의 크로스오버 주파수가 높아서 코일의 인덕턴스 값이 작아도 되므로 공심 코일을 사용해도 낮은 직류 저항 값을 만들 수 있다. 주파수가 낮아서 큰 인덕턴스 값을 사용해야 하는 초저역이 문제이다. 어테뉴에이터에서 고려해야 할 것은 결국 앰프 출력 측에서 봤을 때 임피던스가 낮은 어테뉴에이터를 사용해야 한다는 것이다. 한 가지 해결 방법으로 단권 트랜스에 의한 스텝식 어테뉴에이터가 대안이 될 수 있다. 트랜스는 철심을 써서 동선을 감은 구조가 되므로 철심이 든 코일과 마찬가지로 직류 저항이 작아진다. 따라서 스피커를 충분히 제동할 수 있게 된다. 그러나 이 경우도 철심에 의해서 발생하는 음색이 문제가 된다.

콘덴서 역시 일그러짐을 발생시켜 음질에 영향을 준다. 일반적으로 폴리에스텔, 폴리에틸렌 등의 절연체를 사용한 콘덴서가 품질이 좋으나 크로스오버 주파수가 낮아지면 대용량의 콘덴서가 필요하다. 그래서 전해 콘덴서나 오일콘덴서를 사용하게 되는데 폴리에스테르나 폴리에틸렌에 비하여 투명성이나 디테일 재현성이 뒤떨어진다. 최고급을 추구하지 않는 경우라면 스피커 전용의 무극성 콘덴서가 대체로 무난하다.

가격이 문제되지 않는 경우 멀티 앰프 시스템의 음질에 육박하는 고급 LC 네트워크를 만들 수도 있다. 그러기 위해서는 고도의 기술력과 스피커 시스템에 대한 풍부한 경험이 필요하다. 유닛을 바꿀 경우 크로스오버 주파수나 유닛의 임피던스가 달라진다. 이런 경우 LC 네트워크에서는 그 시정수를 조정하지 않으면 안 된다. 유닛의 능률에 관해서도 LC 네트워크는 우퍼의 능률은 가장 낮고 스코우커 트위터 순서로 점차 능률이 높아지는 것이 요구된다. 우퍼 음압 레벨을 바꾸는 것은 어테뉴에이터로 가능하지만 파워의 손실이 발생하고 음질을 열화시키는 요인이 된다. 이상과 같이 LC 네트워크는 여러 가지 문제를 안고 있다. 반면 LC 네트워크는 시스템 전체의 코스트가 낮고, 조작이나 조정이 단순하여 비교적 간단하다는 장점이 있다.

멀티 앰프 방식은 크로스오버 주파수 변경이 간단하고 스피커 임피던스가 달라져도 문제가 전혀 없다. 이것은 부분적으로 스피커 유닛을 바꾸어서 실험할 때 효과적이다. 멀티 앰프 방식의 장점은 LC 네트워크의 단점이 없어져서 음질의 열화를 방지할 수 있다. 다만 멀티 앰프 방식은 LC 네트워크 방식에는 없었던 채널 디바이더가 음질에 영향을 주게 된다. 따라서 LC 네트워크 방식의 결점이 없어진다는 전제는 품질이 좋은 채널 디바이더를 사용해야 한다는 것이다. 멀티 방식의 제2의 장점은 성능 좋은 파워 앰프를 제작할 수 있다는 점이다. 멀티 앰프 방식은 각각의 음역 스피커에 전용의 앰프가 신호를 공급하게 되어 있으므로 LC 네트워크에 비해서 각 앰프를 통과하는 신호의 주파수 범위가 좁아진다. 연주 음악 재생 시에 저음 영역에서는 저음 악기, 중음 영역에서는 중음 악기, 고음 영역에서는 고음 악기의 소리가 각각 증폭되어 표현된다는 것이다. 이것은 이미 파워 앰프에 입력되는 신호 자체가 분리되어 있기 때문이다. 증폭된 에너지를 분배하는 LC 네트워크 방식에 비해서 서로의 성분 간섭이 적다는 것을 알 수 있다. 즉 혼변조 일그러짐이 적다. 신호가 하나인 경우에 발생하는 일그러짐을 고조파 일그러짐이라고 하며 고조파 일그러짐에 대해서 혼변조 일그러짐은 신호의 주파수 성분이 복수일 때 발생하는 것으로 증폭 시 비선형에 의해서 발생된다. 멀티 앰프로서 파워 앰프의 또 하나의 장점은 출력에 충분한 여유를 가질 수 있다. 결과적으로 대음량 시 일그러짐이 개선된다. 이 점은 디지털 장비로 큰 다이내믹 레인지를 갖는 프로그램 소스를 재생하는데 유리하다.

멀티 앰프 방식의 단점은 명확하다. LC 네트워크 방식에서는 1조의 스테레오 파워 앰프면 되지만 멀티 방식에서는 웨이 수와 같은 대수의 파워 앰프가 필요하다. 그리고 채널 디바이더도 필요하여 비용이 많이 든다. 또한, 기술적으로 크로스오버 주파수나 슬로프 특성, 각 유닛의 음압 레벨 등의 최고점을 찾아내기가 어렵다. 측정기로 정량적으로 측정할 수 없어 실제로 음악을 재생하면서 음을 듣고 조정하여야 한다. 특히, 새로 만든 시스템의 경우 기준이 되는 시스템이 없어 청감에만 의존하여 조정해야 한다.

멀티 앰프 방식은 스피커 시스템의 웨이 수와 같은 대수의 파워 앰프가 필요하며 각 음역에 1대씩 쓰이게 된다. 그림 6.17은 가장 간단한 2웨이의 경우이다. 채널 디바이더도 하나의 주파수를 분할하는 단순한 구성이다.

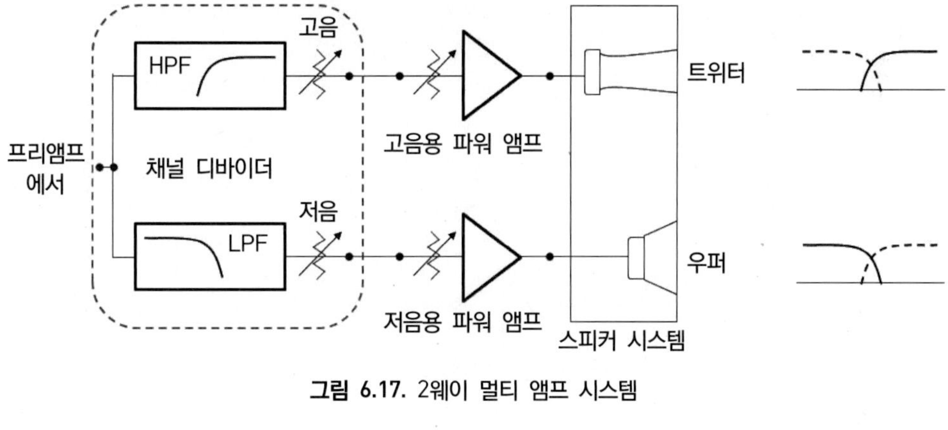

그림 6.17. 2웨이 멀티 앰프 시스템

2웨이 방식은 파워 앰프를 2대 사용하기 때문에 고음의 레벨 조정은 채널 다바이더의 출력회로에도 붙어 있다. 주파수 영역간의 게인은 1이 되도록 미세 조정 시에만 사용하고 파워 앰프에서 입력 레벨을 조정하는 것이 좋다. 마찬가지로 3웨이 스피커 시스템에는 3대의 파워 앰프를 사용하게 되므로 그림 6.18의 블록 다이어그램과 같이 된다.

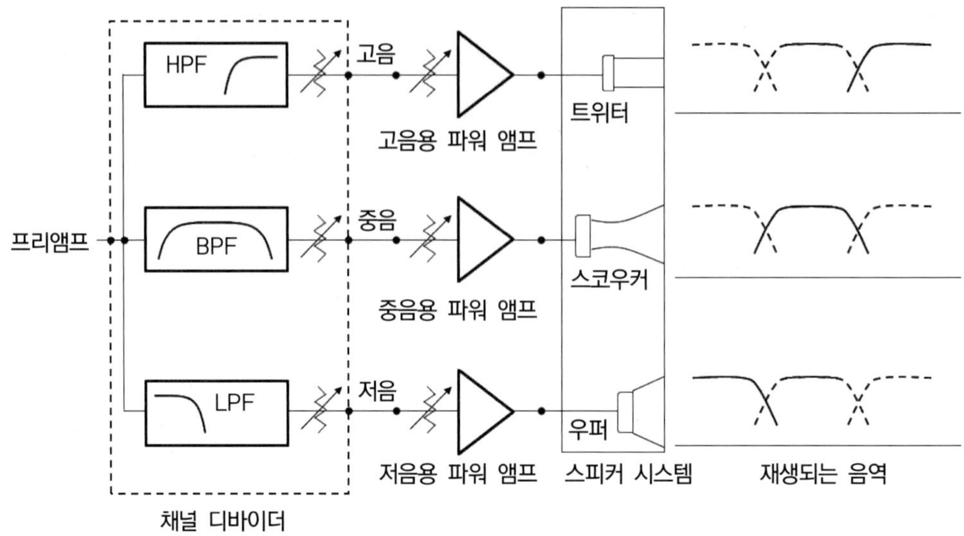

그림 6.18. 3웨이 멀티 앰프 시스템

스코우커에 입력되는 신호는 그림 6.18의 중간 그림과 같이 저음과 고음을 자른 밴드패스 필터 모양이다. 채널 디바이더는 2웨이에 비해서 상당히 복잡해진다. 그림 6.19은 웨이 수를 늘려서 4웨이로 한 경우이다. 채널 디바이더도 더욱 복잡해져서 밴드패스 부분이 두 개인 4개 부분으로 구성된다.

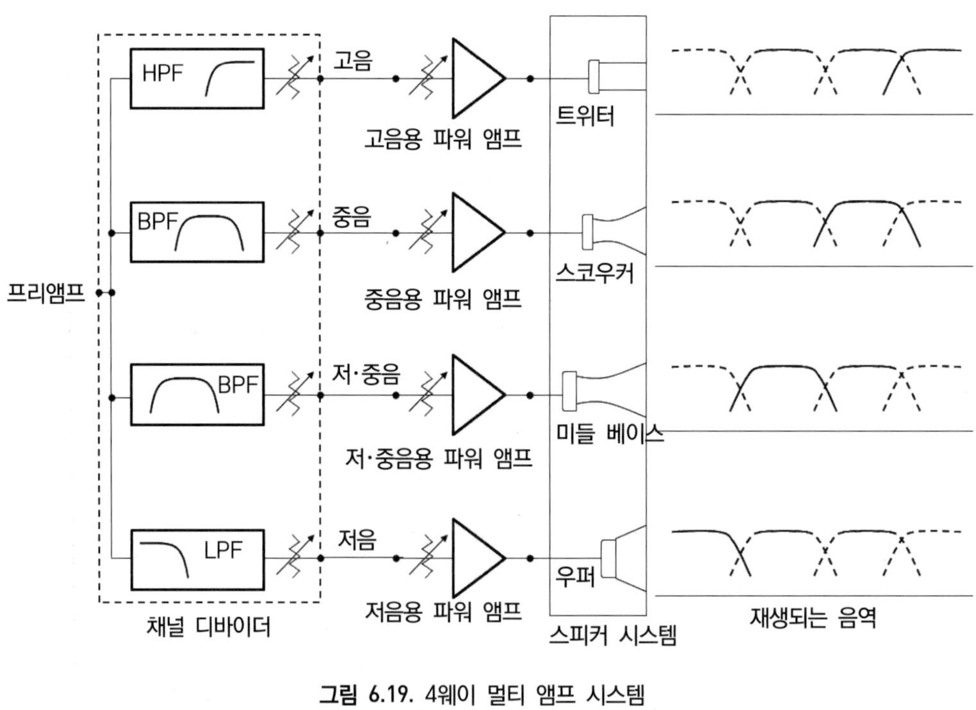

그림 6.19. 4웨이 멀티 앰프 시스템

이제까지 각각의 음역에 스피커 유닛을 1개씩 사용한 경우을 설명하였는데, 큰 홀용의 대형 재생 시스템은 각 음역에 여러 개의 스피커 유닛을 사용한다. 넓은 여러 개의 스피커 유닛을 사용하는 것은 공간에 고르게 음을 방사하게 하고 1개의 스피커 유닛에 문제가 발생하는 경우에도 음의 밸런스를 어느 정도 유지할 수 있도록 하기 위한 대책이다. 멀티 앰프 방식에서 LC 네트워크와 병용하는 것은 전 음역에 각각의 앰프를 사용하는 대신에 LC 스피커 네트워크를 병용해서 경제적으로 구성하는 방식이다. 예를 들면 3웨이 3 스피커 시스템에서 세대의 앰프를 각 영역에 사용하는 대신, 두 대의 앰프를 사용하여 2채널로 분리하여 사용하고 한 대의 앰프 출력을 스피커 네트워크로 분할하여 두 개의 스피커를 구동하는 방식이다.

우퍼와 중고음을 분리하여 각각의 앰프로 구동하고 중음과 고음은 LC 네트워크를 사용하여 스피커를 구동하는 것을 그림 6.20 형태의 '3웨이 2 방식' 이라고 부른다. LC 네트워크 병용방식은 간단하고 경제적으로 매우 효율적인 방식이다. 메이커에서 제작한 스튜디오 모니터에서 LC 네트워크 병용 스피커 시스템을 많이 볼 수 있다. LC 네트워크 병용 방식의 좋은 점은 3채널 이상의 다채널 멀티 앰프를 효율적으로 구성할 수 있다는 것이다. 저음과 중음의 크로스오버 주파수가 낮은 경우 LC 네트워크 코일의 인덕턴스가 커진다. 인덕턴스가 높은 코일을 제작하는 경우 권선수를 늘려야 하는데 우퍼에 직렬로 들어가는 코일의 직류저항이 커져 댐핑 특성 악화로 음질이 저하하게 된다. 콘덴서 역시 대용량이 필요하게 되는데 경제적, 성능 면에서 선택의 폭이 넓지 않다. 이러한 문제점은 결국 우퍼, 스코우커의 동작에 영향을 미치게 된다. 따라서 LC 네트워크로 구현할 수 있는 저역 한계 크로스오버 주파수는 500 Hz 정도이다. 그러나, LC 네트워크 병용방식은 3웨이 시스템에서 200~300 Hz에서 중음과 저음을 분리하여 4웨이 시스템을 효과적으로 구성할 수 있다.

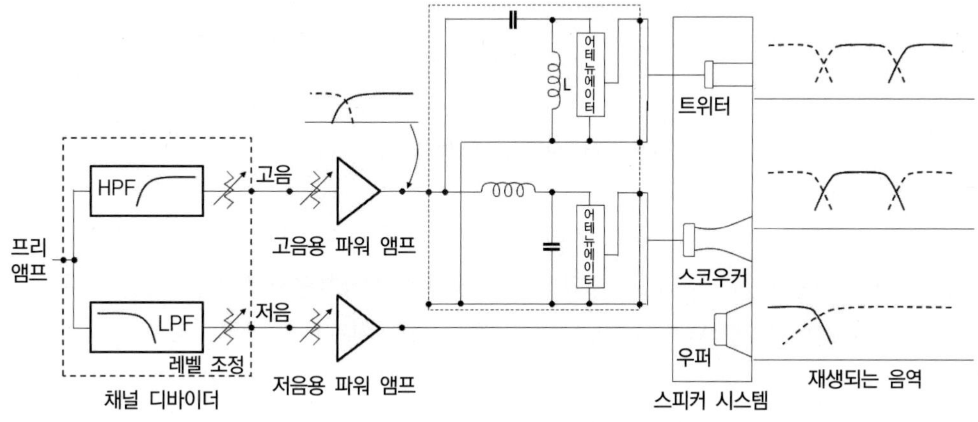

그림 6.20. 3웨이 2방식 시스템

단순하고 효과적인 방법으로 멀티 앰프시스템에서 스코우커의 고역 차단 주파수 이상을 트위터로 간단히 보상하는 방법이 있다. 이 때 트위터의 저역 대역을 제한하는 콘덴서 1개를 트위터에 직렬로 연결하여 사용한다. 스코우커와 트위터 스피커의 음압 레벨은 적절히 맞추어 사용한다. 트위터에 직렬로 연결하는 콘덴서의 용량은 스코우커의 고역차단 주파수 특성을 고려하여 계산하며 필름 계통의 콘덴서를 사용하는 것이 음질이 좋다. 단, 스코우커의 자연적인 고역 차단 주파수 영역의 특성이 좋지 않으면 음질에 영향을 주고 트위터의 능률이 낮으면 고역 에너지가 부족하게 된다는 것에 주의해야 한다.

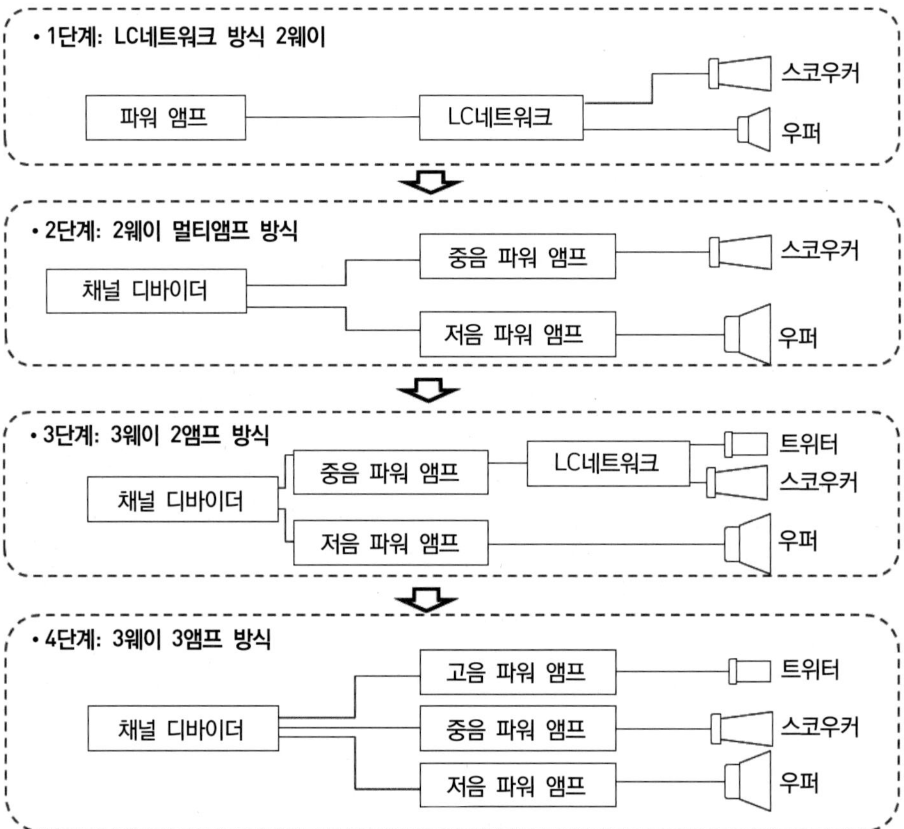

그림 6.21. 오디오 시스템의 개선 방식

오디오 시스템의 개선은 그림 6.21과 같이 4 단계에 걸쳐서 LC 네트워크 방식으로 시작해서 멀티 앰프 방식으로 점차 개선하면서 경험을 쌓아가면서 음질을 개선해 나갈 수 있다. 그림 6.21에서 제 1단계는 2웨이 시스템으로 LC 네트워크 방식으로 우퍼와 스코우커를 구동한다. 제 2단계는 앰프 1대와 채널 디바이더를 추가하여 LC 네트워크 방식의 스피커 시스템을 2웨이 2 앰프 방식으로 변화한다. 저음과 중음의 레벨 조정과 전체적인 주파수, 음량, 밸런스 조절이 가능하여 LC 네트워크에서 발생하는 문제점을 해결하여 부드러운 음질을 구현한다. 제 3단계는 스피커 시스템 개선이며 트위터를 추가한다. 중음과 고음 사이는 LC 네트워크 방식을 적용하여 3웨이 2방식을 구현한다. 4단계는 파워 앰프를 추가하고 채널 디바이더도 3웨이를 사용하여 3웨이 방식의 멀티 앰프 시스템을 완성한다.

주파수 분할을 목적으로 사용하는 채널 디바이더 성능에서 가장 중요한 것은 정확한 필터 특성 즉 크로스오버 주파수의 슬로프 특성이 정확하게 구현되어야 한다. 크로스오버 주파수를 정하는 CR 소자의 정확도가 중요하다. 크로스오버 포인트가 정확하게 -3 dB 되어야 한다. 1 V 출력에서 S/N비는 100 dB, 좌우 세퍼레이션은 60 dB 이상이 필요하다.

음향 재생 시스템의 음질이나 음색은 스피커 시스템으로 정해진다. 멀티 앰프 방식은 스피커 유닛의 개성을 살리기 위한 가장 적절한 방법의 하나이다. 스피커 시스템의 안정적인 음질은 저음으로 정해진다. 저음이 혼탁하고 불명확하면 불쾌한 느낌이 들게 된다. 명확하고 풍부하게 울리는 질 좋은 저음은 중·고음의 성능 이상으로 아름답게 느껴진다. LC 네트워크 방식에 비하여 멀티 앰프 방식에서는 스피커를 앰프로 바로 구동함으로 저음 개선 여지가 많다. 우퍼 유닛의 음질이 중요하지만 그것을 수납하는 인클로우져도 매우 중요하다. 밀폐형의 경우에는 공진에 의한 진동을 방지하는 것이 중요하다. 혼 등 유닛을 보강하여 공진점을 피하도록 해야 한다. 저음은 양보다 질이 중요하다. 일단 질 좋은 저음이 재생되고 음량이 적을 경우 톤 콘트롤을 이용해서 기계적으로 보강한다.

멀티 앰프 방식의 파워 앰프는 입력되는 주파수 대역 만큼만 증폭하므로 혼변조 일그러짐 면에서 유리하다. 앰프와 스피커가 직결되는 관계로 잡음 및 신호가 여과 없이 그대로 출력되어 새로운 문제가 발생한다. 대역을 분할하여 대역별로 전용 앰프를 사용하는 멀티 앰프 방식에서는 파워앰프 1대 당 출력은 LC 네트워크 방식에 비해서 작은 것으로도 충분하다. 잔류 잡음은 파워 앰프의 볼륨을 최소로 줄여도 나오는 잡음을 말하는데 S/N은 이 잡음과 정격 출력 시의 전압비를 dB로 나타낸 것이다. 따라서 잔류 잡음이 같은 앰프라도 정격 출력이 다르면 S/N 값도 달라진다. 예를 들면 100 W에서 100 dB였던 S/N는 200 W에서는 103 dB가 된다. 반대로 50 W 앰프에서는 97 dB가 된다. 또 잔류잡음 성분에 따라서 들리는 감이 다르다. 멀티 앰프 방식의 중·고음용에서 잡음을 무시할 수 있는 S/N은 110 dB이다. 중·고음보다도 능률이 낮은 우퍼용 앰프는 100 dB 정도면 괜찮다. 멀티 앰프 방식에서는 신호 레벨이 작아진 만큼 비직선 일그러짐이나 크로스오버 일그러짐 등이 있으면 음질에 영향을 크게 미친다. LC 네트워크가 제거되면 앰프의 특색은 여과 없이 스피커에 바로 전달되어 출력된다. 앰프는 가급적 착색이 없는 것으로 동일 기종을 사용하는 것이 좋다. 스피커 유닛은 개성을 잘 파악하고 특성을 살리는 것이 좋다.

멀티 앰프 방식으로 전환하는 경우 동일 유닛이나 앰프로 통일하는 것이 무난하다. 파워 앰프의 이득 즉 증폭도가 달라도 상관은 없지만 각 음역이 모두 같은 편이 레벨을 설정하는데 편리하다. 각 레인지별로 사용할 메인 앰프의 이득이 몇 dB인지 미리 알아 두어야 한다. 일반적으로 앰프의 이득은 출력에 비례한다. 따라서 큰 출력이 요구되는 저음용 앰프의 이득이 가장 크다. 반대로 저음용 앰프의 이득이 작은 경우는 프리앰프를 포함한 종합 이득을 분석하여 부족하지 않도록 설계한다. 특히, 진공관식 프리앰프는 이득이 낮으므로 이득을 확인해야 하고 자작 프리앰프의 경우는 이득은 미리 측정해 두도록 한다. 프리앰프는 25 dB 이상이 필요하다. 20 dB 이하에서는 다이내믹 레인지 확보에 문제가 발생할 수 있다. 일반적으로 앰프의 정격에 이득을 표시하지 않고 정격출력에 필요한 입력전압을 표시하는 경우가 있는데 별도로 계산하여야 한다.

마지막으로 입출력 위상을 점검하여야 한다. 현재 시판되는 트랜지스터나 FET 등 파워 앰프는 입력과 출력이 동상이다. 진공관식 앰프도 대부부분 동상이며 가끔 잘못 설계하여 만든 자작 앰프나 특별히 설계된 앰프에서 위상이 180도 뒤집어진 경우가 있다. 위상 전환 회로가 부가되어 있는 경우도 있으므로 위상을 점검해야 한다. 많이 일어나는 실수로 스피커 단자의 +, −단자를 바꾸어 결선하는 경우가 가장 흔하다. 내부 배선 시 케이블을 잘못 연결하여 발생하기도 한다. 그림 6.22를 참고하여 정위상이 되도록 한다. 간단하게 측정하는 방법으로 귀에 익숙한 보컬 가수의 노래나 오케스트라 연주 음악을 정면에서 들을 때 가수가 정면 중앙에서 노래를 부르거나 연주 음악의 악기가 정위치에서 연주하는 느낌이 든다면 위상이 맞는 것이다. 평소 역위상과 정위상의 음악을 비교하여 들어보고 스스로 기준을 정하는 훈련이 필요하다.

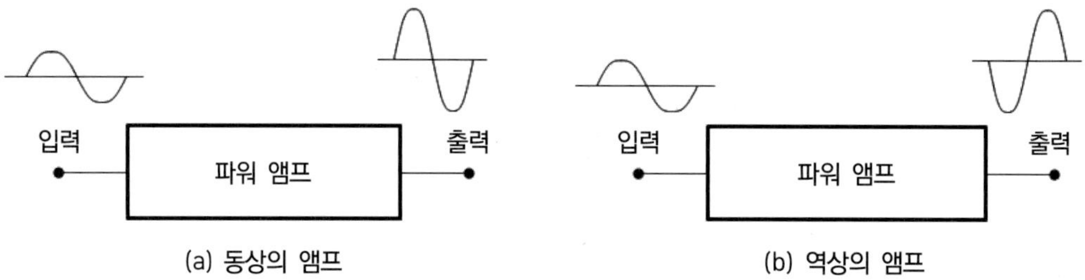

그림 6.22. 동상과 역상의 앰프

제7장

오디오 신호 측정

7.1. 측정 단위

데시벨(decibel, dB)은 전기공학이나 진동·음향공학 등에서 사용되는 무차원의 단위이다. dB를 사용하는 이유는 인간의 귀로 느끼는 소리의 크기가 실제음의 에너지에 대하여 대수 함수적으로 느껴지기 때문이다. 따라서 통신, 전력, 각종 레벨을 나타내는데 대수(logarithm)를 써서 표현하는 데시벨을 쓰는 것이 편리하기 때문에 많이 사용한다. '데시벨'은 소리의 어떤 기준 전력에 대한 전력비의 상용로그 값을 벨(bel)로 표현한 후 다시 10분의 1배(=데시[d])로 변환한다. 벨(bel)의 10분의 일이란 의미에서 데시벨[dB]이며, 벨이 상용에서는 너무 큰 값이기 때문에 통상적으로 데시벨을 사용한다. 소리의 강함(음압레벨, SPL) 전력 등의 비교나 감쇠량 등을 에너지 비로 나타낼 때에도 사용된다. 어떤 기준치 A에 대하여 B의 데시벨 값 L_B 는 다음과 같다.

$$L_B = 10\log_{10}\frac{B}{A}\,[dB] \tag{7.1}$$

연산 증폭기 등의 증폭기의 입력 및 출력 전압 비(G, 이득, gain)을 나타내는 단위로도 사용하며, 다음 환산 식에 적용하여 구한다.

$$G = 20\log_{10}\frac{y}{x}\,[dB] \tag{7.2}$$

여기서, x 는 입력, y 는 출력, G는 데시벨로 환산한 입력/출력 비이다.

전압비의 제곱이 전력비이므로, 식 (7.1)과 같은 전력비의 정의식을 전압비로 다시 쓰면 로그의 계수가 2배의 20이 된다.

- 전력 이득 dB = 10log(출력 전력/입력 전력)
- 전압 이득 dB = 20log(출력 전압/입력 전압)
- 전류 이득 dB = 20log(출력 전류/입력 전류)

표 7.1. 데시벨과 배수의 관계표

데시벨	배율	데시벨	배율
0 dB	**1**	**0 dB**	**1**
0.1 dB	1.012	-0.1 dB	0.989
0.2 dB	1.023	-0.2 dB	0.978
0.3 dB	1.035	-0.3 dB	0.966
0.4 dB	1.047	-0.4 dB	0.955
0.5 dB	1.059	-0.5 dB	0.944
0.6 dB	1.072	-0.6 dB	0.933
0.7 dB	1.084	-0.7 dB	0.923
0.8 dB	1.097	-0.8 dB	0.912
0.9 dB	1.109	-0.9 dB	0.902
1 dB	1.12	-1 dB	0.892
2 dB	1.26	-2 dB	0.795
3 dB	**1.41**	**-3 dB**	**0.708**
4 dB	1.59	-4 dB	0.631
5 dB	1.78	-5 dB	0.563
6 dB	**2**	**-6 dB**	**0.5 (0.501)**
7 dB	2.24	-7 dB	0.447
8 dB	2.5 (2.51)	-8 dB	0.398
9 dB	2.82	-9 dB	0.355
10 dB	3.16	-10 dB	0.316
11 dB	3.55	-11 dB	0.282
12 dB	**4 (3.98)**	**-12 dB**	**0.25 (0.251)**
13 dB	4.47	-13 dB	0.224
14 dB	**5 (5.01)**	**-14 dB**	**0.2**
15 dB	5.63	-15 dB	0.178
16 dB	6.31	-16 dB	1.59
17 dB	7.08	-17 dB	1.41
18 dB	8 (7.95)	-18 dB	0.126
19 dB	8.92	-19 dB	0.112
20 dB	**10**	**-20 dB**	**0.1**
40 dB	**100**	**-40 dB**	**0.01**
60 dB	**1000**	**-60 dB**	**0.001**
80 dB	**10000**	**-80 dB**	**0.0001**
100 dB	**100000**	**-100 dB**	**0.00001**

입력과 출력의 차이는 0에 가까운 수치에서부터 100만 단위의 큰 수치까지 폭넓은 범위를 가질 수 있어서 dB를 쓴다. 전력은 전압(혹은 전류)의 제곱에 비례하므로, 10배의 전압(전류)비는 100배의 전력비가 되고, 데시벨로 나타내면 20 dB가 된다.

음압 레벨에 대해서는 음압 레벨, 진동 가속도 레벨은 각각 음압(Pa) 및 진동의 가속도 (m/s^2)의 기본값에 기초로 하여 표현한 양(절대 데시벨)이 사용된다.

전자파의 감쇠량은 상대 비를 데시벨로 표현한 것(상대 데시벨)이다. 절대 값으로서의 데시벨은 공학에서는 관습적으로 절대 기준 값을 정한 다음에 그 절대 기준값의 상대 비율을 dB로 계산하여 절대 데시벨로 사용하는 경우가 많다.

신호 전압에서 데시벨이라는 단위는, 이득(증폭률, 감쇠률)뿐만 아니라, 신호 전압 레벨을 나타낼 때에도 사용한다. 신호 전압 레벨을 데시벨로 나타내는 경우는, 우선, 0 dB = 몇 V라고 하는 기준을 설정해 주어야 한다. 예를 들면, 0 dB = 1 V라고 결정한 경우, 2 V는 6 dB, 10 V는 20 dB, 10 mV는 -40 dB라고 나타내는 것이 가능하다. 오디오 앰프에서는, 0 dB = 1 V로 하는 것이 일반적이지만, 600 Ω 전송 체계에서는 0 dB = 0.775 V로 하는 경우도 있다. 600 Ω 부하로 1 mW의 전력이 되게 하는 전압이 약 0.775 V이기 때문이다. 이 1 mW 전력을 0 dBm으로 표기한다. 그리고 50 Ω의 전송 체계에서는 0.224 V가 1 mW가 되기 때문에, 0 dBm = 0.224 V가 된다. 신호 전압 레벨을 데시벨로 나타낼 경우에는 반드시 「0 dB = 몇 V」라고 하는 기준점을, dBm과 같이 표기하는 경우는 「몇 Ω의 전송 체계」인지를 명기하는 것이 필요하다. 데시벨(dB)은 앰프의 설계나 측정, 성능 평가의 지표 등 다양한 용도로 사용되고 있으며 y(dB) = $20\log_{10}\times$(배)로 계산되며, 0 dB = 1 배, 6 dB = 2 배, 12 dB = 4 배, 18 dB = 8 배, -6 dB = 1/2 배, -12 dB = 1/4 배, -18 dB = 1/8 배이다.

예를 들어 증폭기 특성 측정에서 데시벨 사용 방법은 다음과 같다. 전압 이득은 초단의 증폭률이 100 배(40 dB)로써, 도중에 1/5 (-14 dB)로 감쇠하는 어테뉴에이터가 있고, 종단의 증폭률이 10 배 (20 dB)인 경우의 전체의 이득은, 40 + (-14) + 20 = 46 (dB) 즉, 200 배로 계산된다. S/N 비에서 S/N 비의 「S」는 「Signal」, 「N」은 「Noise」의 약어로 신호 대 잡음의 비율을 나타낸다. 기준이 되는 출력 전압이 1 V 인 프리앰프에 있어서, 잡음 성분이 1 mV가 있는 경우 (즉 1000:1의 비율), 앞의 표에 따라 계산하면 -60 dB가 된다.

0 dB = 1 배라고 하는 것은 「증폭율이 1 배이다」 또는 「이득이 0 dB」의 의미이다. 이득이 6 dB인 앰프에서는, 증폭율은 2 배라고 하는 것이 되고, 신호가 2 분의 1이 되는 것 같은 어테뉴에이터의 이득은 -6 dB로 사용한다. 증폭율이 2 배인 증폭 회로와 4 배인 증폭 회로가 있고, 이것으로 2단 구성으로 했다고 하면, 전체 증폭율은 2 × 4 = 8 배가 된다. 증폭율의 경우는 이와 같이 곱셈이 된다. 이득이 6 dB인 증폭 회로와 12 dB인 증폭 회로를 2단으로 한 경우의 이득은, 6 + 12 = 18 dB가 된다. 18 dB이라고 하는 것은 표 7.1에서

보듯이 8 배이다. 이와 같이, 데시벨을 사용하면 증폭율(즉, 이득)의 계산이, 곱셈(나눗셈)이 아니고 덧셈(뺄셈)만으로 가능하게 된다. 이를 데시벨 산출이라고 한다. 데시벨 산출에서는, 20 dB는 10 배에 해당하고, 40 dB는 100 배에 해당하고, 60 dB는 1000 배가 된다.

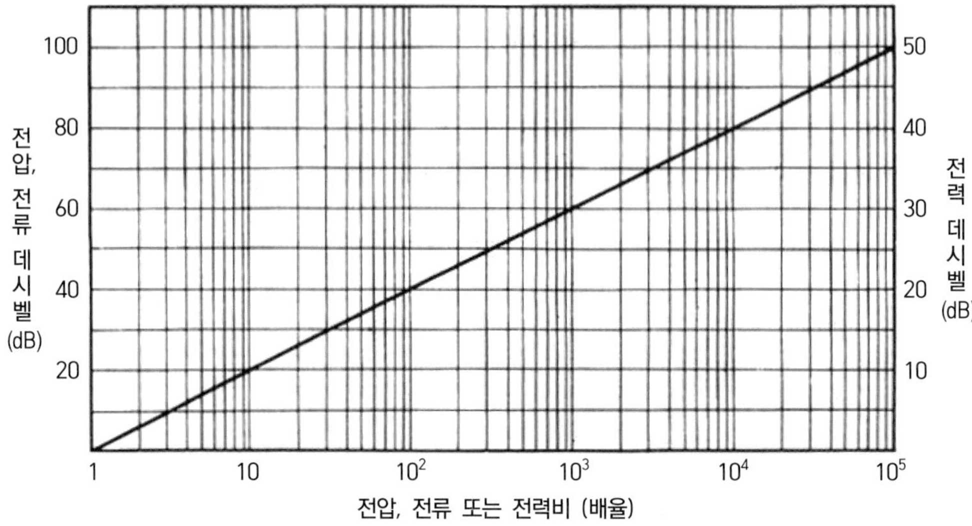

그림 7.1. 전압, 전류, 전력 데시벨 그래프

- dBSPL(sound pressure level, 음압): 음압(소리의 매질인 공기 압력의 실효출력)의 단위는 파스칼(Pa)이지만, 2×10^{-5}Pa를 기준값(0 dBSPL)으로 한다. 마찬가지로 음의 강한 수준(단위 단면적을 단위 시간에 통과하는 음향의 에너지)의 단위는 $W\cdot m^{-2}$이지만, 10^{-12} $W\cdot m^{-2}$를 기준값(0 dB)으로 한 값을 dB로 표현
- dBm(decibel milliwatt: 데시벨 밀리와트, 디비엠)은 1 mW를 기준전력(0 dBm)으로 하여 전력을 dB로 표현하는 전력의 단위기호로 신호 증폭기의 출력, 무선기기를 다루는 무선 주파수 발진기 등에서 주로 사용되고 있다. 반도체의 규격표 상에서도 메이커에 따라 고주파 전력을 표시할 때 mW를 사용하지 않고 dBm을 사용하기도 한다. 예를 들면 600 Ω의 회로에 1 mW의 전력을 공급하는데 필요한 교류 전압은 약 0.775 V_{rms}임
- dB: 1 V_{rms}를 0 dBV로 정한 전압(저항과 관련 없음) 과의 비를 나타내며 주로 가정용 오디오 기기에서 사용되는 음성 신호 레벨의 기준이다. 통상 마이크의 출력이 -40 dB (10 mV_{rms})에서 -50 dB (3 mV_{rms}) 정도임
- dBu(decibel unload: 데시벨 유) : 0.775 V를 0 dB로 정한 것으로, 전압의 강함을 dB로 나타낸 것이다. 부하의 임피던스는 관계없다. 주로 업무용 오디오 기기에서 사용되는 음성 신호 레벨의 기준임
- dBV, dBv(decibel V : 데시벨 브이): dBV는 0.775 V를 0 dBV로 하며, 부하 600 Ω의 회로를 기준으로 한다. dBV는 회로의 임피던스에 관계없이 교류신호의 전압레벨을 나타내기 위해서 사용하는 단위로 1 V를 영점 기준으로 함 (0 dBV = 1 V_{rms})

- dBi : 등방성 안테나(전 방향에 균등한 전파를 쏘는 가상의 안테나)를 기준으로한 안테나의 이득. 쌍극 안테나를 기준으로 하는 경우에는 dBd나 dB라고 쓴다. dBi 단위는 dBd보다 2.14 큼
- dBμ : 1 μV_{rms}(0.000001 V_{rms})를 0 dB로 한 것으로 주로 무선 통신에서 사용됨
- dBμEMF, dBμ(emf) : 무선 통신에서 SG(signal generator, 고주파 신호발생기)의 출력 전압을 표현하는 경우, SG의 출력을 신호원 임피던스로 종단했을 때의 전압(종단전압)으로 표현하는 경우와, SG의 출력을 개방했을 때의 전압(개방 전압)으로 표현하는 경우가 있다. 양자는 6 dB의 차이가 있기 때문에, 개방 전압으로 표현하는 경우에는 dBμ에 이어 EMF(electro motive force의 약자)를 쓰거나 따로 설명해 주어야 한다. 예를 들면 50 Ω의 경우 113 dBμEMF와 107 dBμ은 같은 표현으로 약 0 dBm이다. 미국이나 아마추어 무선에서는 dBμ를 자주 사용한다. 규격이나 사양에서는 EMF가 생략되는 경우도 많기 때문에 주의를 요한다. 예를 들면 -6 dBμ의 수신 감도의 업무 무선기와 -12 dBμ의 수신 감도의 아마추어 무선기는 같은 수신 감도를 갖지만, 아마추어 무선기 쪽이 더 좋은 수신 감도를 가진다고 오인할 우려가 있다. dBm으로 표기하면 틀릴 우려는 없음

7.2. 오디오 신호 측정 방법

7.2.1. 오디오 스펙트럼

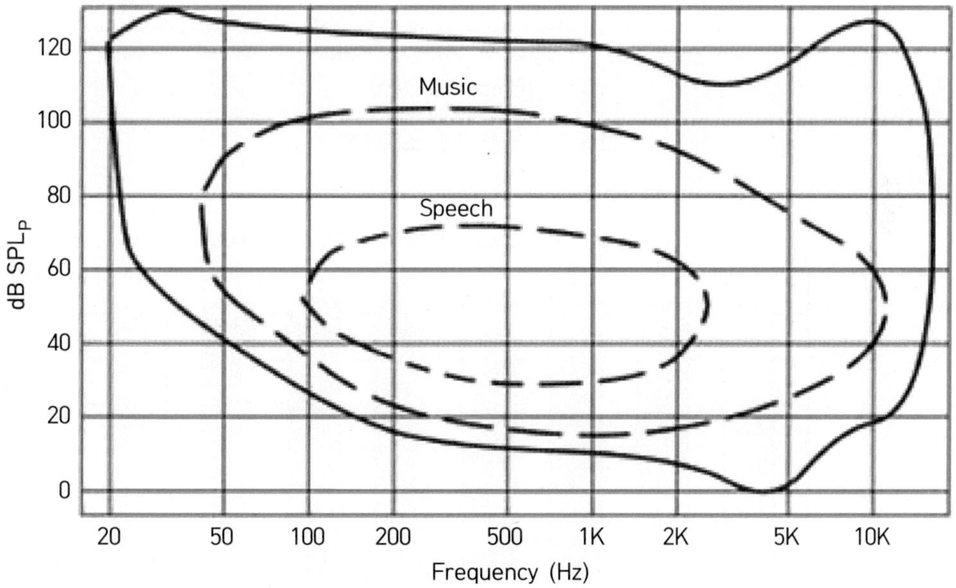

그림 7.2. 음악 대화의 음압

그림 7.2는 뮤직홀 오디오 음악 신호와 일상의 대화에서 수음한 음성 신호의 대역폭 및 다이내믹 레인지의 근사 값이다. 외곽의 굵은 선은 청력이 좋은 사람이 들었을 때의 음압 값을 나타내고 있다. 음악은 고음영역에서 사람의 음성보다 더 넓은 범위를 차지하고 있다. 보통사람의 음성을 단위 대역 분석기를 사용하여 분석하면 그림 7.3과 같다. 스펙트럼은 250 Hz 대역에서 가장 높고 양쪽으로 감소하는 모양이다. 1 kHz 이상의 대역에서는 단위 당 대략 6 dB 떨어지는 특성이다. 그림 7.4의 클래식 음악과 락 음악의 스펙트럼은 중저음 대역과 고음 대역에서 음성 신호와 비슷한 모양이 된다.

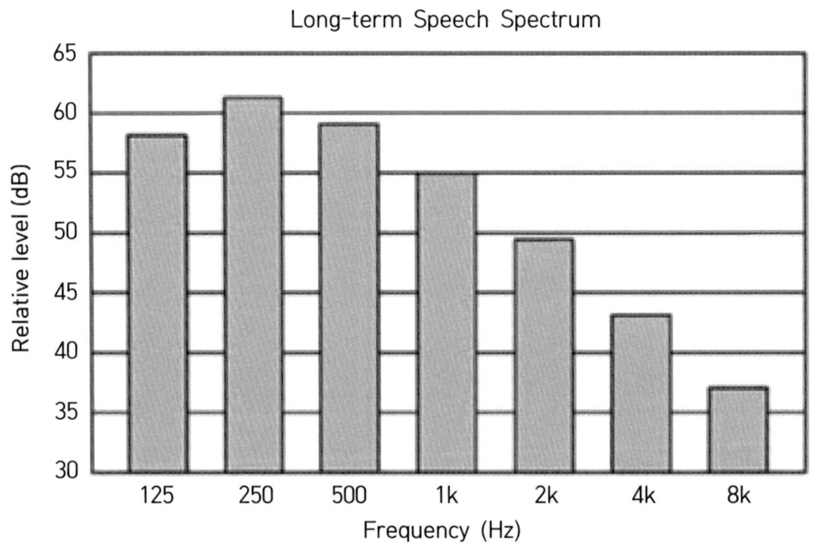

그림 7.3. 남성 대화 스펙트럼

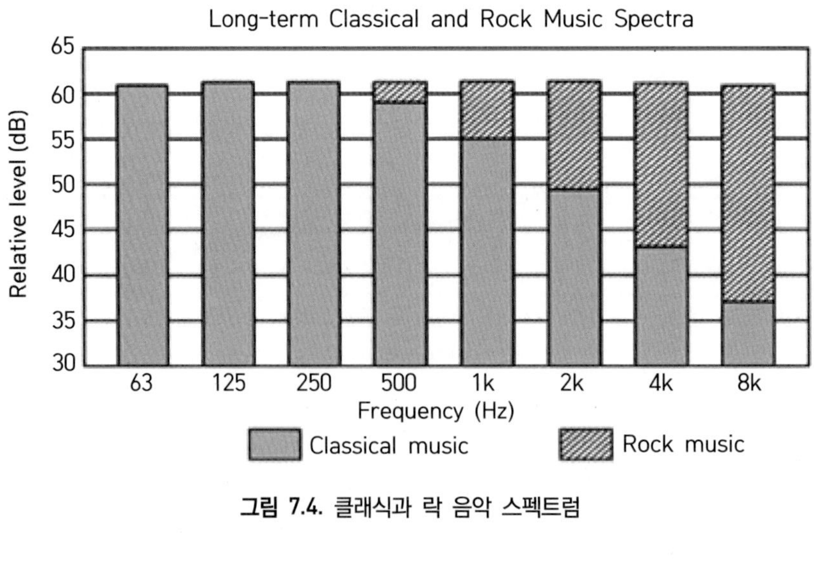

그림 7.4. 클래식과 락 음악 스펙트럼

7.2.2. 명료도와 잡음 레벨

이상적으로 녹음된 음성 신호의 평균 레벨은 환경 잡음 레벨 보다 25 dB 정도 높은 것이 바람직하다. 만약 음성 레벨보다 잡음 레벨이 15 dB 정도 낮다면 청취자는 음성을 이해하는 데는 문제가 없지만 잡음이 있다는 것을 인지하고 불편함을 느낀다. 만약 음성 신호 대 잡음 레벨의 비율이 15 dB 보다 작아지면 모든 청취자들의 음성을 인식하기 힘들어진다. 음압은 일대일 대화에서는 보통 60~65 dBSPL의 범위이지만 대부분 증폭된 음성 신호는 70~75 dBSPL의 범위이다. 만약 증폭된 음성 신호가 85~90 dBSPL 범위로 높아지면 전체적인 명료도는 조금 올라가지만 대부분의 청취자들은 소리가 너무 크다고 불평하게 된다. 그림 7.5에 보듯이 레벨이 높아질수록 명료도의 증가 추세는 둔감해진다. 아주 조용한 환경에서는 65~75 dBSPL로 증폭된 음성 신호가 최적화된 범위이다. 하지만 잡음이 있는 환경에서는 적어도 15 dB 이상 높게 하는 것이 가장 명료도가 좋다. 스포츠 현장에서는 종종 관중의 소리가 85~90 dBSPL을 넘는 경우가 있는데 이것은 사실상 오디오 작업하기에는 불가능한 환경이다. 이럴 때는 멘트를 하기 전에 관중이 조용해지기를 기다리는 수밖에 없다.

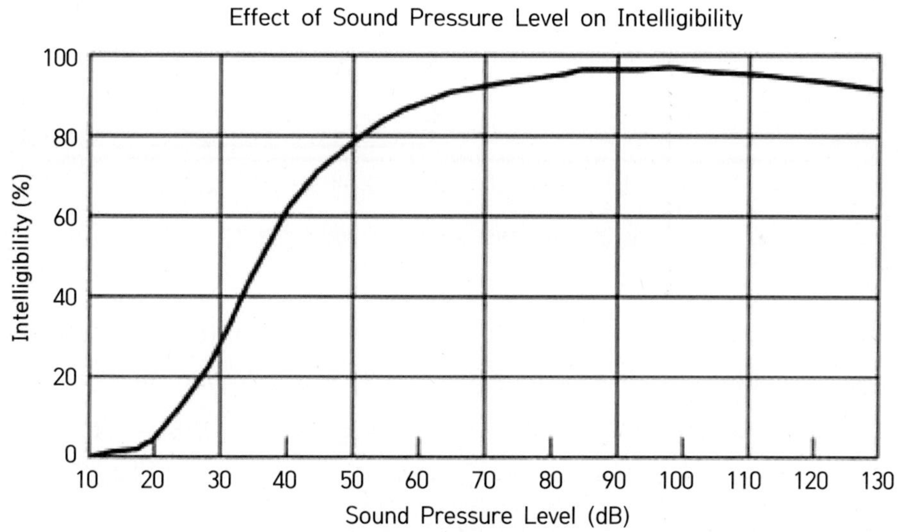

그림 7.5. 명료도와 음압 관계

7.2.3. 음성 신호 출력을 조절하는 방법

가장 효율적인 수음을 하기 위해서는 증폭된 음성 신호가 15~20 dB 정도 변화하는 것이 바람직하다. 8 Ω 저항에 100 와트 저항 부하에 사인파 또는 구형파를 인가한 경우를 살펴보자. 전압 값이 최대치를 가리킬 때 사인파는 100 와트인 반면에 구형파는 200 와트의 출력값을 가진다. 모든 증폭기의 출력은 고정 저항 값에 인가되는 사인파의 출력 값에 의해 정의된다. 그림 7.6에서 보듯이 사인파는 평균전력이 피크전력보다 3 dB 감소 값을 가지는 반면에, 구형파는 평균전력 값이 피크전력 값과 같다.

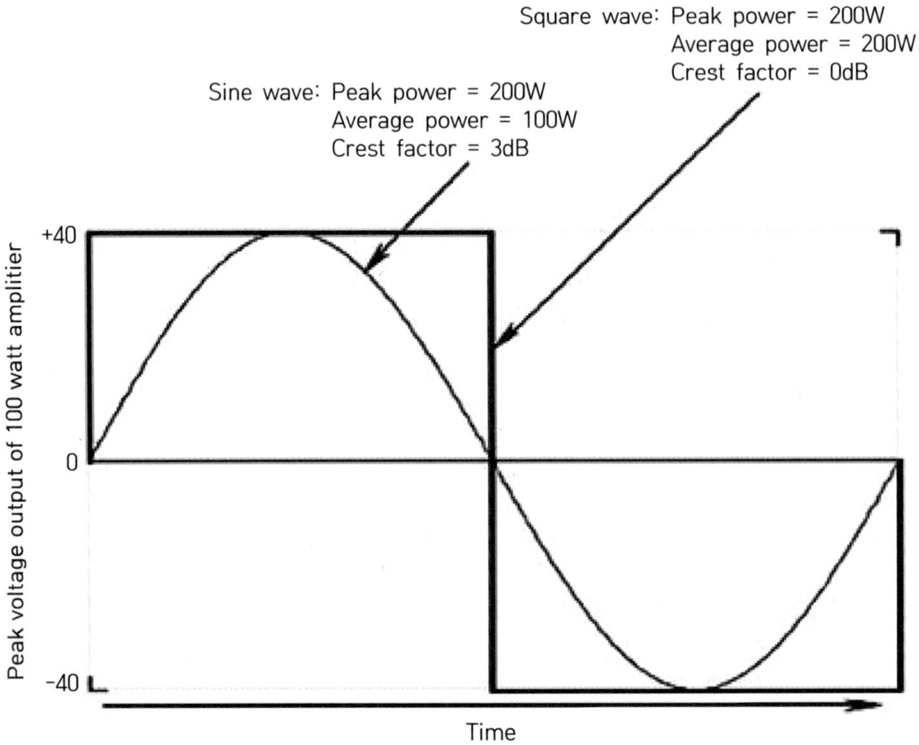

그림 7.6. 100 W의 사인파 및 구형파 출력

음악과 음성신호는 사인과 비슷한 파형을 지니기 때문에 증폭기의 평균전압은 피크전압의 0.707(= -3 dB)배 값을 가진다. 만약 실제로 음성 신호가 녹음된다면 신호의 파형은 그림 7.6의 사인파와 같은 파형일 것이다. 앰프의 전원 전압 값의 범위는 ±40 볼트이고, 신호의 전압 평균값은 ±10 볼트라고 하자. 전력은 전압의 제곱에 비례하므로 전력 비율은 16:1이다. 그러므로, 출력 전력 값 100 와트를 얻기 위해서는, 100/16 = 6.3이므로, 음성 신호의 평균 전력을 6.3 W 공급해야 한다. 가장 효과적인 PA 시스템을 운용하기 위해서는 증폭기의 평균 전력 값을 보다 더 많이 얻을 수 있도록 출력이 높은 증폭기를 사용하고 신호의 최대 값 대비 평균값 비율을 12 dB 이내로 조절한다.

7.2.4. 오디오 전송시스템에서 미터

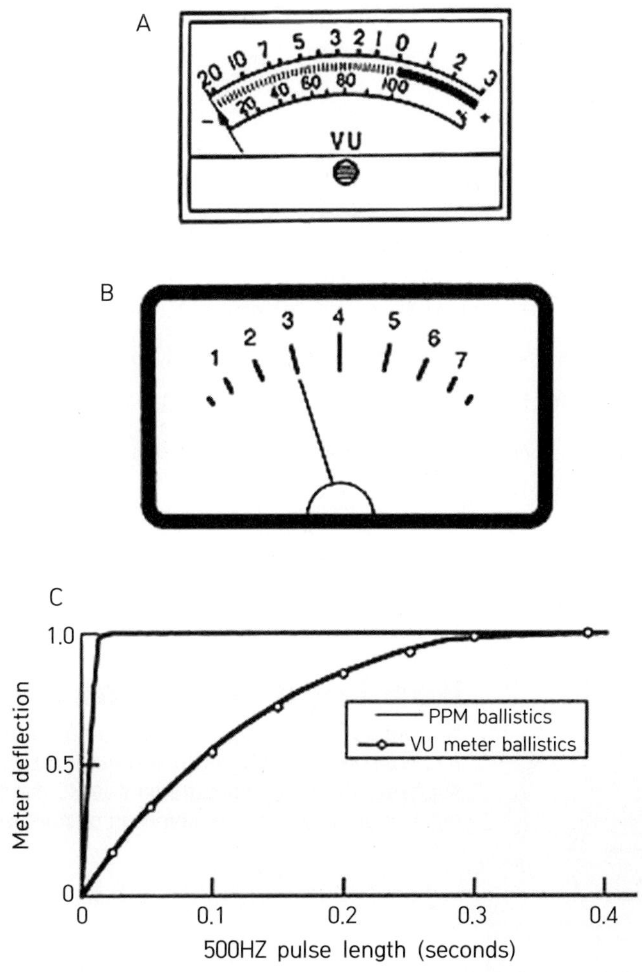

그림 7.7. 오디오 미터기 A: VU 메타, B: PPM메타, C: 탄성특성

미터를 보는 방법에는 평균값(average)과 최대치(peak)로 보는 두 가지가 있다. VU 미터는 신호가 올라가고 떨어지는 시간이 0.3 초인 평균값 미터링의 방법이다. 이 방법은 올라가는 압력 신호가 이전 신호와 63 % 편차가 생기지 않으면 변동 값을 나타내지 않는다. 떨어지는 신호는 37 % 편차가 생기지 않으면 변동 값을 나타내지 않는다. VU 미터(전형적인 passive 장비)는 자기장에 놓여진 스프링 코일의 탄성력을 이용하여 레벨을 측정한다. 수음된 소리의 음압을 읽을 수 있도록 하는 장비이다. PPM 장비는 매우 재빠르게 반응하는 장비이며 일반적으로 10 ms의 반응 시간과 4 초의 복귀 시간을 갖는다. 빠른 반응 시간은 짧은 주기의 신호를 정확하게 읽을 수 있게 하는 반면에, 느린 복귀 시간은 측정

시 적절한 신호 값을 유지하게 해준다. 그림 7.7에서 A는 VU 미터, B는 PPM 미터이다. 그림 7.7C에서는 두 가지 타입의 상승 시간의 탄성 특성을 그래프로 표현하였다. 정상적인 음성은 약 2-3 VU의 최대값을 나타내는 반면에 PPM 미터는 4-6 까지 눈금이 표시되어 있다. 이것은 PPM과 VU의 상승 시간의 속도 차이 때문에 발생되는 것이다.

7.2.5. 소리의 크기

소리의 상대적 크기는 들을 수 있는 최소 준위를 0으로 볼 때, 나뭇잎의 나부낌 10 dB, 속삭임 (1 m 거리에서) 20 dB, 교통량이 없을 때의 도시 거리 30 dB, 가정에서의 평균 생활 소음은 약 40 dB, 사무실과 교실 공간은 50 dB, 일상 대화 (1 m 거리에서) 60 dB, 집에서 음악을 감상하는 것은 약 85 dB, 압축공기 망치 (1 m 거리에서) 90 dB, 소리가 큰 록밴드의 경우 약 110 dB, 귀가 아프기 시작할 때 120 dB, 제트 엔진 (50 m 거리에서) 130 dB, 토성 로켓 (50 m 거리에서) 200 dB이다. 120～140 dB 정도의 소리는 사람이 듣기에 고통스러운 정도이며 80 dB 이상의 소음을 오랜 기간 계속 들으면 청각 장애가 올 수도 있다.

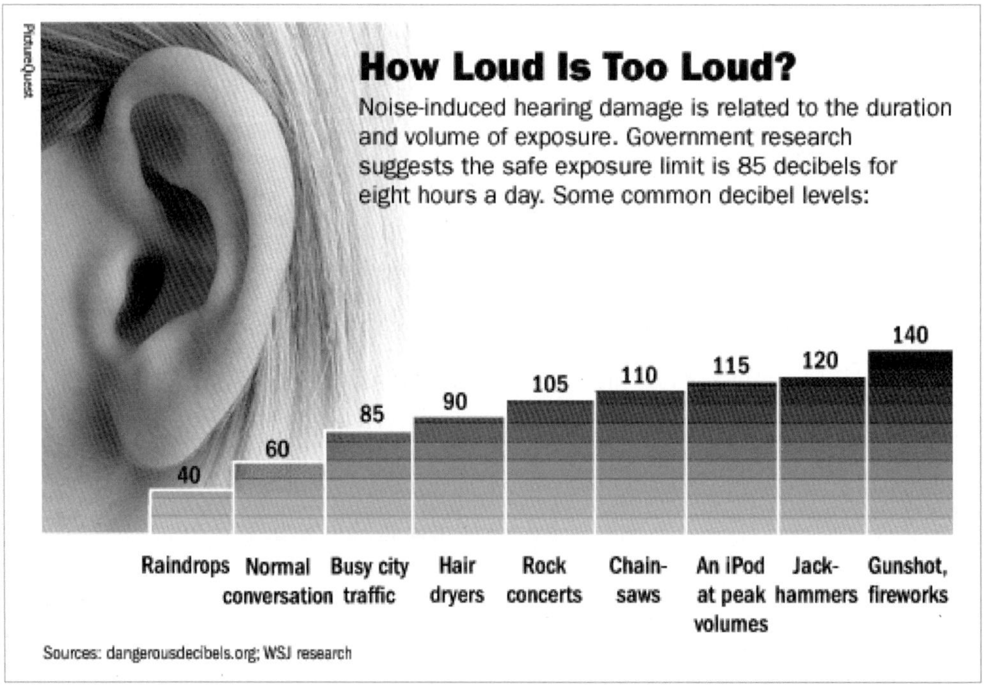

그림 7.8. 음압의 크기

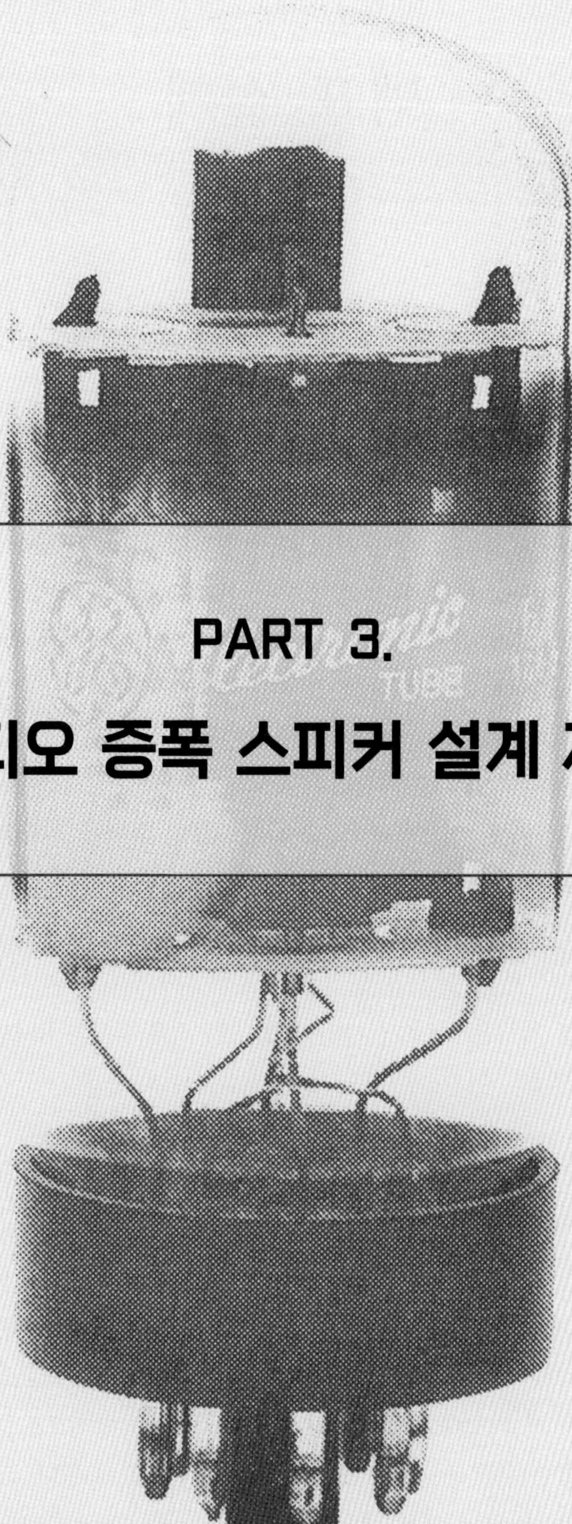

PART 3.

오디오 증폭 스피커 설계 제작

제8장

앰프 설계

8.1. 전원 전압과 오디오 앰프 출력

앰프 출력을 계산하여 표기할 때는 여러 가지 방법이 있다. 그 중 가장 대표적인 방법이 RMS(root mean square) 출력 표기 방법이다. RMS 출력 이외에도 PMPO(peak music power output) 출력 표시 방법이 있다. 이 두 가지 표기법의 차이는 RMS는 전압 신호의 평균값을 계산하여 표기하고 PMPO는 순간 최대 전압을 사용하여 계산한 후에 표기한다. 예를 들어 아주 이상적인 푸시풀(push-pull) 구동방식의 앰프가 12V 전원 공급 장치에 연결되어 있고, 이를 통한 앰프의 출력전압은 6 V라고 하고, 이 앰프에는 8 Ω의 스피커가 연결되어 있다고 가정하면, 이 때 RMS 출력과 PMPO 출력은 아래와 같이 계산된다.

PMPO 방식의 출력은

$$P_{peak} = (6\,V)^2/8\ \Omega = 4.5\ \text{W}. \tag{8.1}$$

RMS 방식의 출력 계산은, 신호가 사인파 형태일 경우 6 V의 RMS값은 6 V × 0.707 = 4.242 V(RMS)이므로,

$$P_{avg} = (4.242\,V)^2/8\ \Omega = 2.25\ \text{W}. \tag{8.2}$$

위 계산으로부터 알 수 있는 사실은 아주 이상적인 경우에 해당하는 PMPO 출력이 RMS 출력보다 약 2 배 크게 표기된다는 점이다. 앰프의 출력을 표기할 경우에는 PMPO 출력보다는 RMS 방법으로 계산을 하는 것이 더욱 합리적이다. 왜냐하면 음악 감상은 순간적으로만 음악을 듣는 것이 아니라 계속해서 연속적으로 듣게 되므로 평균값으로 계산되는 RMS 표기법이 더 타당하기 때문이다. 그러나 PMPO 방식으로 계산하여 표기하면 다른 앰프들보다 더 큰 출력을 가진 앰프처럼 표시할 수 있게 된다. 그래서 앰프를 구입할 때 어떤 표기 방식인지 꼭 확인해야 한다.

스피커 임피던스가 4 Ω, 8 Ω, 16 Ω일 때, 단전원의 경우 출력 값 계산은

$$출력 = \left(\frac{공급전압}{2\sqrt{2}}\right)^2 \times \frac{1}{R(스피커임피던스)} \quad . \tag{8.3}$$

예를 들어 80 V 단전원의 경우, 스피커 임피던스가 각각 4 Ω, 8 Ω, 16 Ω일 때, 출력 전력 값 계산은 다음과 같다.

$$
\begin{aligned}
&— 4\ Ω일\ 경우\ 출력\ 전력 = \left(\frac{80}{2\sqrt{2}}\right)^2 \times \frac{1}{4} = 200 \\
&— 8\ Ω일\ 경우\ 출력\ 전력 = \left(\frac{80}{2\sqrt{2}}\right)^2 \times \frac{1}{8} = 100 \\
&— 16\ Ω일\ 경우\ 출력\ 전력 = \left(\frac{80}{2\sqrt{2}}\right)^2 \times \frac{1}{16} = 50
\end{aligned}
\tag{8.4}
$$

+, - 전원을 공급하는 양전원의 경우 출력 전력 값 계산은 다음과 같다.

$$출력\ 전력 = \left(\frac{공급전압}{\sqrt{2}}\right)^2 \times \frac{1}{R(스피커임피던스)} \quad . \tag{8.5}$$

예를 들어 40 V 양전원의 경우, 스피커 임피던스가 각각 4 Ω, 8 Ω, 16 Ω일 때, 출력 전력 값 계산은 다음과 같다.

$$
\begin{aligned}
&— 4\ Ω일\ 경우\ 출력\ 전력 = \left(\frac{40}{\sqrt{2}}\right)^2 \times \frac{1}{4} = 100 \\
&— 8\ Ω일\ 경우\ 출력\ 전력 = \left(\frac{40}{\sqrt{2}}\right)^2 \times \frac{1}{8} = 50 \\
&— 16\ Ω일\ 경우\ 출력\ 전력 = \left(\frac{40}{\sqrt{2}}\right)^2 \times \frac{1}{16} = 25
\end{aligned}
\tag{8.6}
$$

8.2. 앰프 회로 선정과 동작 원리

널리 사용되는 솔리드 SEPP 증폭 회로는 회로 특성상 신호를 위아래 반파로 나누어 증폭하는 관계로 신호 연결점에서 크로스오버 일그러짐이 발생한다. A급 회로에서는 충분한 바이어스 전류를 흘려 끊김 현상이 일어날 수 없도록 하여 신호 연결점 특성이 좋다. 그러나 높은 바이어스 전압으로 과도하게 전력이 소모되어 비효율적이다. B급 증폭

회로는 효율이 좋은 반면 신호 연결점에서 발생하는 크로스오버 왜곡이 발생하여 음질이 좋지 못하다. 따라서 두 가지 앰프의 단점을 개선한 AB급 증폭 회로는 효율이 높고 그리고 신호 왜곡이 거의 없다.

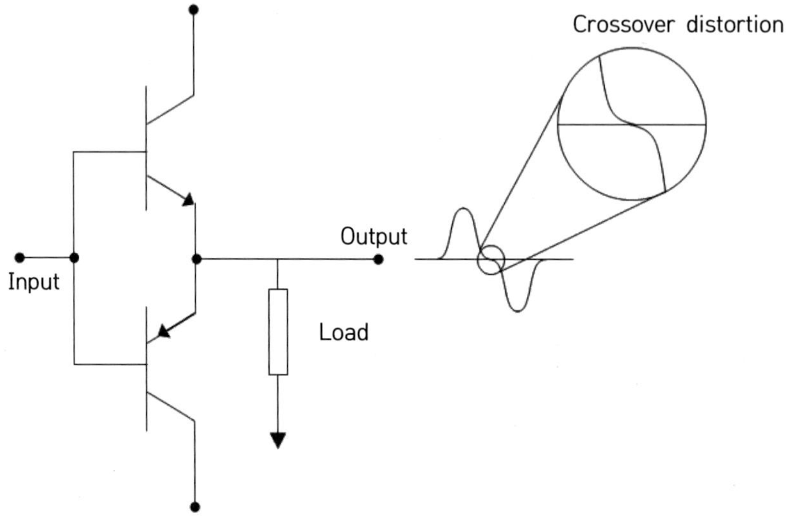

그림 8.1. 크로스오버 왜곡

AB급 증폭 회로는 이론적으로 약 79%의 효율을 갖지만 실제는 약 35~55%의 효율을 갖는다. 반면에 A급 앰프의 이론적 효율은 약 25%이다. AB급 증폭 회로의 이론적 효율 79%는 다음과 같이 계산된다.

$$P_{out} = I_{out(s)} V_{out(s)} \text{ 이고 } I_{out(s)} = 0.707 I_{out(peak)} = 0.707 I_{C(sat)} \tag{8.7}$$

$$V_{out(s)} = 0.707 V_{out(peak)} = 0.707 V_{CEQ} \text{ 이므로}$$

$$P_{out} = 0.5 I_{C(sat)} V_{CEQ} \qquad I_{CC} = I_{C(sat)}/\pi \tag{8.8}$$

$$\therefore P_{out} = 0.25 I_{C(sat)} V_{CC} \qquad P_{DC} = I_{C(sat)} V_{CC}/\pi$$

$$※ Efficiency : \lambda = \frac{P_{out}}{P_{DC}} = 0.25\pi \cong 79\%.$$

8.3. 회로도 작성과 프린트 기판 설계

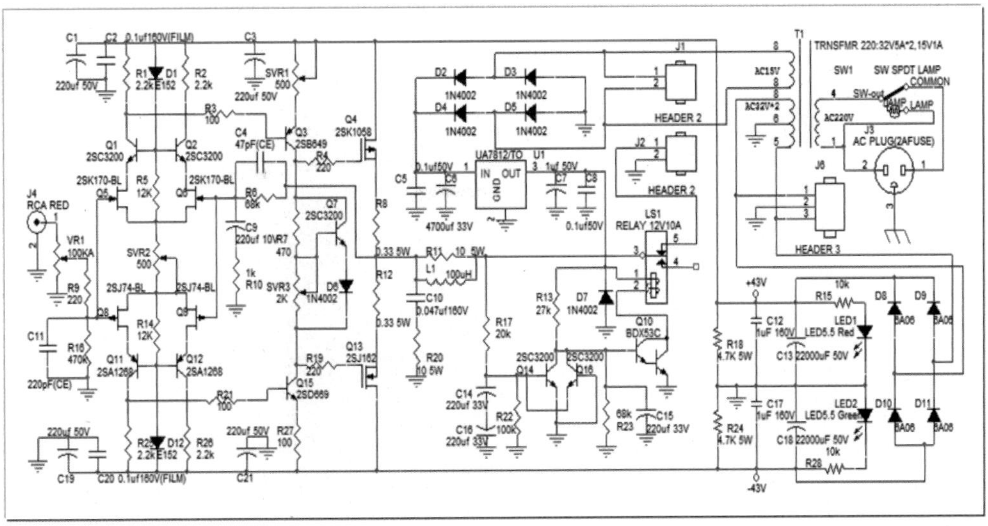

그림 8.2. 앰프 회로도

그림 8.2는 전원부를 포함한 앰프 전체 회로도이다. 회로도와 프린트 기판은 전자회로 제작용 OrCAD 프로그램으로 제작하였다. 프로그램을 실행하고 도면이름을 기입한 후 도면 크기를 지정하고 필요한 부품을 라이브러리에서 불러와 편집하여 도면을 작성한다. 라이브러리에 없는 부품은 파트 에디터를 사용하여 기존 부품을 편집하여 배치한다. 표준도면 작성 규칙 준수를 위해 주의할 사항은 다음과 같다.

① 회로에 따라 부품 심벌을 선택하고 겹치는 부분 없이 간단 명료하게 도면 내에 배치한다.
② 부품명, 부품 참조(레퍼런스) 기호를 적절하게 부여하고 문자가 회로선이나 부품과 겹치지 않도록 주의한다.
③ 반도체는 극성과 화살표 방향에 주의하며 선 연결은 빠짐없이 하도록 한다.
④ 모든 사람들이 쉽게 알아 볼 수 있도록 표준 규격에 의한 교재를 참고하여 작성한다.

8.3.1. 캐드를 이용한 회로도 작성

자세한 내용은 OrCAD 전문 서적이나 사이트를 통해서 학습하는 것으로 하고 여기에서는 개념 수준의 과정만 설명한다. OrCAD 프로그램을 사용하여 도면을 그리기 위해서는 윈도우 작업 표시줄의 '시작' 버튼을 선택한 후 '프로그램', 'OrCAD Capture CIS'를 선택하여 프로그램을 실행시킨다.

■ 프로그램 실행

① 툴바에서 'New' 선택

② New Project 창의 Name, Create a New Project Using 및 Location 상자에서 파일명, 작업 종류와 경로 설정 후 'OK' 버튼 선택. 영어를 사용해야 호환성을 유지할 수 있음

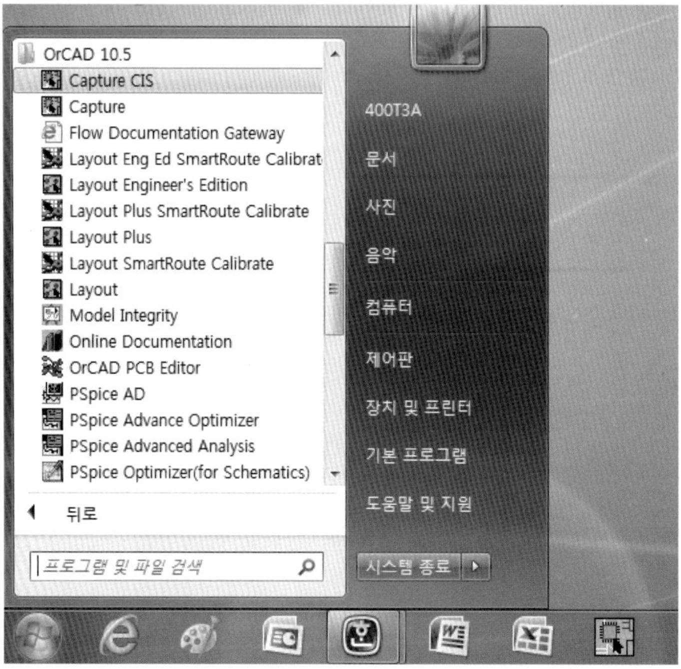

■ Create a New Project Using

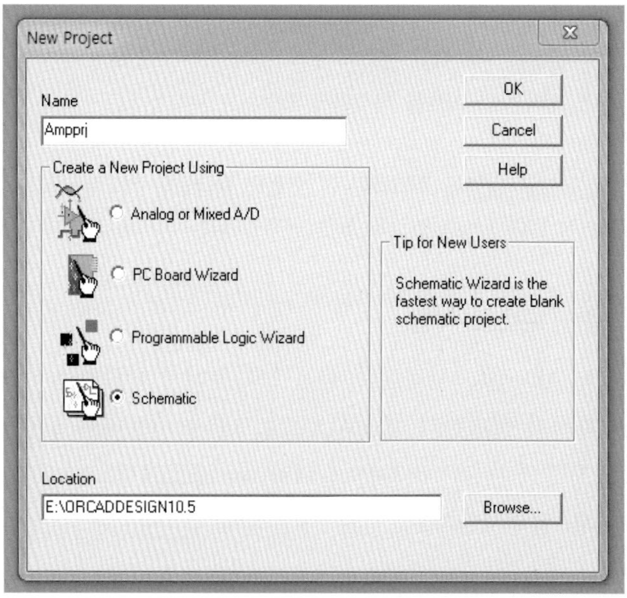

① 회로설계만 할 경우에는 'Schemetic'
② 회로설계 후 시뮬레이션을 할 경우 'Analog or Mixed A/D'
③ 회로설계 후 PCB 기판을 제작할 경우 'Schemetic' 선택
④ 파일명은 영어로 작성하여 PCB 제작 등 다른 프로그램과 연동 시 에러 없이 순조롭게 진행되도록 함. 파일명은 구분하기 쉽도록 날짜 회로 특성을 첨가하여 작성. 파일 저장 경로는 일반적으로 C:\에 작업 폴더를 만든 후 파일명과 동일한 폴더를 생성하는 것이 좋음. 즉, 폴더명과 파일명을 일치시켜 파일 관리의 효율성을 높임

■ 저장 경로 설정하기

① New Project 창의 Location 상자 옆의 'Browse' 버튼 선택
② Select Directory 창의 Create Dir 버튼 누름
③ Create Directory 창의 Name 상자에 생성할 폴더명 입력 'OK' 버튼 선택
④ Select Directory 창에서 새로 생성한 작업 폴더 선택
⑤ 반복하여 파일명과 동일한 작업 폴더 예로 'Ampprj' 만듦

OrCAD에서는 파일명 및 저장 경로명에 한글이 포함되면 에러를 발생시키므로 반드시 영문으로 작성하도록 한다. 캡쳐 작업을 수행하게 되면 디자인 파일 '*.dsn'과 프로젝트 파일 '*.obj'이 동시에 생성 저장된다. Schematic Page 창이 활성화되면 일반적으로 창의 우측에는 툴 팔레트가 나타난다.

■ 도면 작성의 순서는 툴 팔레트의 아이콘 순 진행

① 타이틀 블록을 작성
② 부품을 배치
③ 선을 그림
④ 선 이름 부여
⑤ 전원 배치
⑥ 교차점 연결
⑦ 페이지가 있는 경우 페이지 간 신호선 연결

타이틀 블록 작성 방법을 설명하면, 타이틀 블록은 Schematic Page의 우측 하단에 위치하고 있다. 스크롤바를 이용하여 이동하거나 확대(I), 축소(O) 단축키를 활용하여 이동한다.

■ 타이틀 블록의 Title, Document, Revision 항목 입력

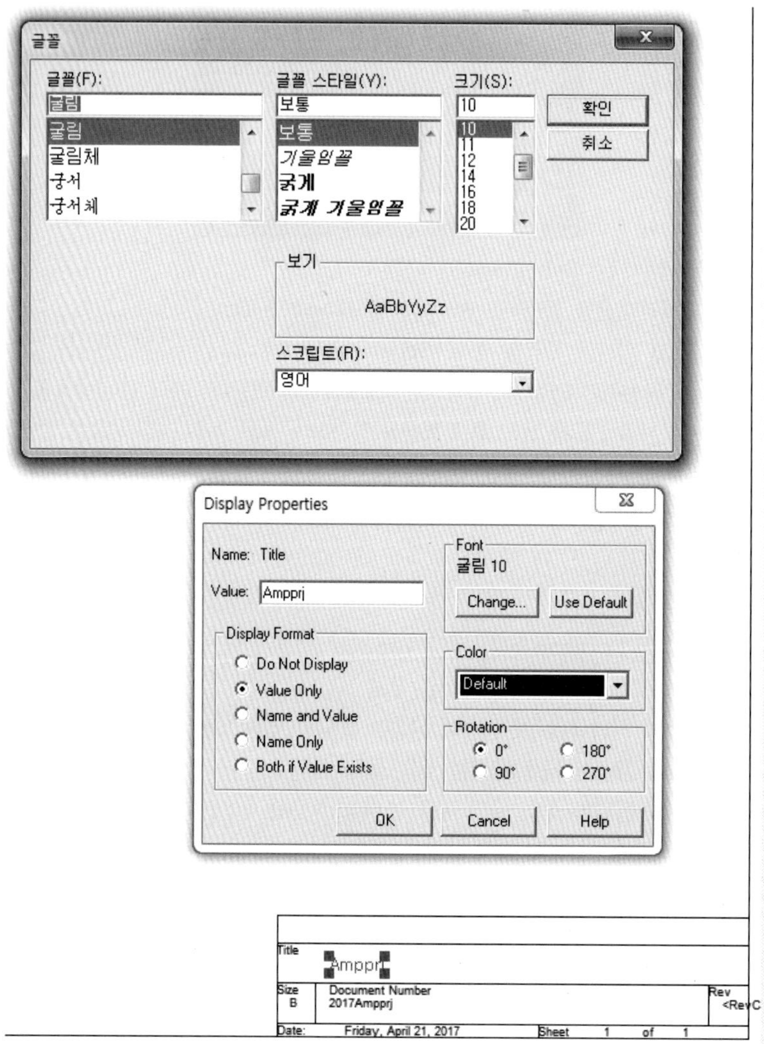

① 타이틀을 더블 클릭

② Display Properties 창의 Value 상자에 타이틀에 'Ampprj', 날짜에 설계한 날짜 '20**. *. *' 날짜 입력

③ 타이틀의 폰트를 수정하기 위해서는 'Font' 블록의 'Change' 버튼 선택

④ 글꼴 창의 크기 상자에서 원하는 크기를 선택한 후 확인 버튼 선택

⑤ Display Properties 창의 'OK' 버튼 선택

⑥ 같은 방법으로 Document, Revision 항목 입력

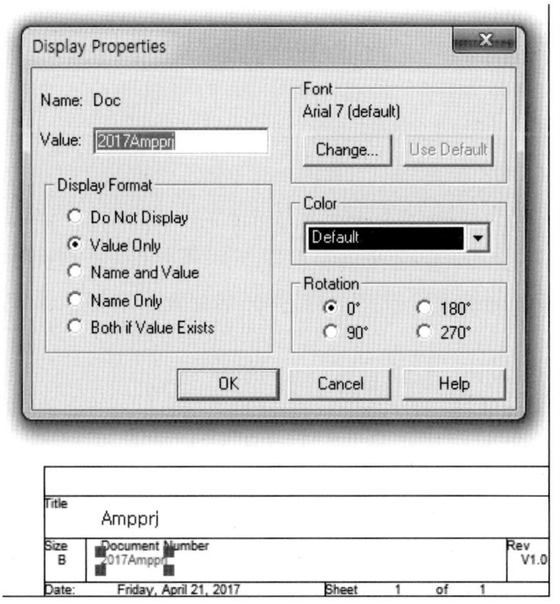

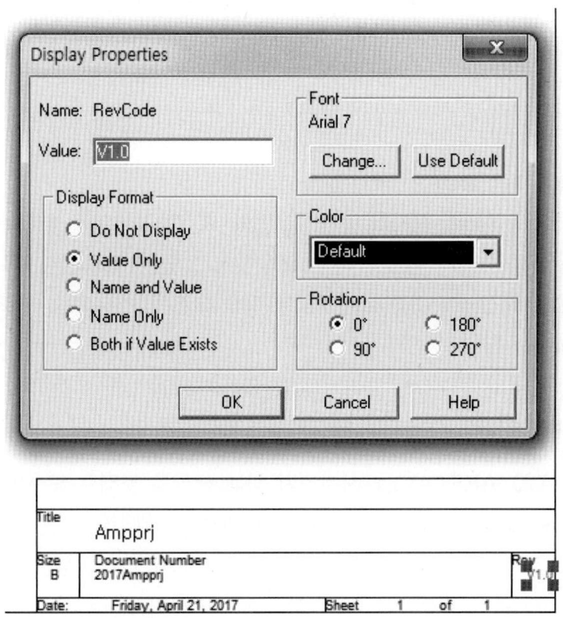

■ 도면크기 설정

① 메뉴 Options 'Schematic Page Properties' 선택

② 'Schematic Page Properties' 창의 Page Size 탭에서 도면 크기 설정 예를 들면 밀리미터 단위 선정 후 'A4'를 설정한 후 확인 버튼을 선택. 도면 크기를 선정할 때 원하는 사이즈 보다 크게 작업 공간을 확보한 후 완성 단계를 줄여 나가는 것이 좋음

■ 배치용 부품 찾기

① 라이브러리에 부품이 없는 경우 오른쪽의 'Part Search' 버튼 클릭

② 'Part'의 빈 여백에 찾을 부품을 영어로 입력한 후 오른쪽의 'Begin Search' 버튼 클릭

③ 잠시 후 라이브러리가 찾아지고 Libraries에 라이브러리가 추가된 것을 볼 수 있음. 원하는 라이브러리를 선택한 다음에 'OK' 버튼 클릭. 라이브러리 선택에 어려움이 있으면 모든 라이브러리를 선택한 후 작업

④ Libraries에서 필요한 라이브러리를 선택 후 위쪽 'Part'에서 부품을 선택한 다음 'OK' 버튼을 클릭

⑤ 검색된 데이터가 없는 경우 부품 명 앞, 뒤, 또는 중간에 애스터리스크(*)를 삽입 검색

■ 없는 부품을 만들기 위한 기존 부품 수정

① 부품의 모양을 변형하려면 부품을 선택한 후 오른쪽 마우스를 클릭하여 'Edit Part'에 들어가서 변형. 자세한 사항은 전문 서적 참조

② 부품 핀의 이동은 핀을 선택한 후 드래그

③ 부품의 크기를 변경하기 위해서는 꼭지점을 클릭한 후 드래그

④ Zero Length 모양의 전원 핀이나 접지 핀을 보이게 하기 위해서는 핀을 더블클릭

⑤ 부품 수정이 모두 완료된 후 Part Edit 창의 제목줄의 닫기 버튼을 선택 한 후 'Update Current' 선택

■ 선 이름 메기기

① 툴 팔레트의 'Place net alias' 선택

② Place net alias 창의 Alias 상자에 선 이름 입력 후 'OK' 버튼을 클릭

③ 선을 클릭하면 선 이름이 배치 됨. 선 이름 끝에 숫자가 있는 경우에는 클릭할 때 마다 자동으로 끝 숫자가 1씩 증가. 버스선의 이름 abc[0:3]인 경우 버스선과 연결되는 각각의 선 이름은 abc0, abc1, abc2, abc3이 됨

■ 전원 및 접지 연결

① 전원(VCC 또는 VCC_ARROW)을 배치하기 위해 오른쪽 팔레트 도구에서 'Place Power'를 선택 'Place Power' 창이 나타남(단축키는 Shift+P). 부품배치와 같은 방법으로 전원이 포함된 라이브러리를 선택 후 'VCC' 또는 'VCC_ARROW' 선택 후 'OK' 선택. 만일 POWER가 나타나지 않으면 라이브러리를 추가. 이때는 Add Library...를 클릭 Library폴더에서 Capsym.olb 라이브러리 파일을 선택 후 열기 버튼 클릭 전원 심벌 추가

② 접지(GND 또는 0 GND) 배치를 위해 오른쪽 팔레트 도구에서 'Place Ground' 아이콘을 선택 'Place Ground' 창이 나타남(단축키는 Shift+G). GND 심벌을 선택 'OK' 버튼 클릭

③ OrCAD 시뮬레이션 실행을 위해서 반드시 Source 라이브러리에 있는 0 접지를 선택

④ 교류전원 불러오기를 통해 교류 전류 부분의 접지를 선택해서 추가 시킬 것

■ 부품번호 정리는 툴바 Project manager을 선택하여 디자인 매니저 창으로 이동. 디자인 매니저 창의 디자인 파일, Schematic 폴더 또는 Page를 선택 후 툴바의 유틸리티 아이콘들을 활성화

① 툴바의 'Annotate' 아이콘 선택 후 Action 상자에서 'Reset part references to '?' 선택 후 확인 버튼 선택. 이 작업을 실행하게 되면 되돌리기를 할 수 없다는 경고창이 뜸. Yes 클릭

② 자동 번호 부여 설계도면 저장. 계속할 것이냐고 물으면 확인 클릭. 저항 부품 참조번호에 '?'가 붙어있는 것을 볼 수 있음. 즉, 부품 번호가 초기화 된 것. 다음 과정에서 이 '?' 기호를 자동으로 번호로 바꾸어 줌

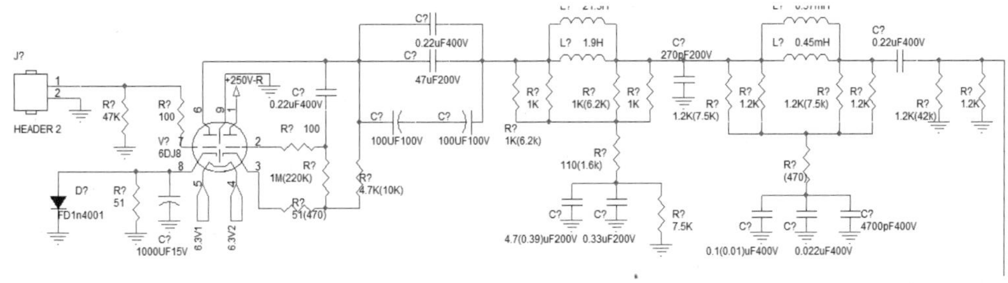

③ 툴바의 'Annotate' 아이콘 선택하고 Action 상자에서 'Incremental reference update'를 선택한 후 확인 버튼 선택. 자동 번호를 부여 설계도면을 저장한다는 내용의 대화창이 뜸. 계속할 것이냐고 물으면 확인 클릭

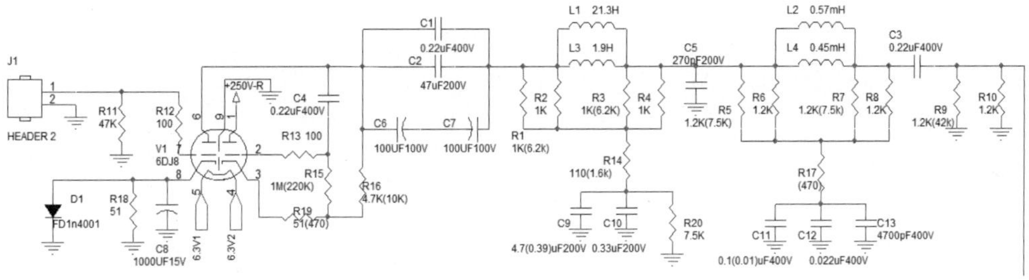

■ 배치된 부품 복사 방법

① 키보드를 이용하는 방법으로 복사할 부품을 선택 후 Ctrl+C 키를 눌러 복사 후 붙여넣기 Ctrl+V 키를 누름. 원하는 위치로 마우스커서를 옮긴 다음 클릭

② 마우스를 이용하는 방법은 복사할 부품 선택 후 Ctrl 키를 누르면서 마우스로 드래그 후 원하는 위치에서 마우스 왼쪽 버튼을 놓음

③ 여러 개의 부품을 선택하는 방법으로는 Ctrl 키를 누르면서 부품 클릭

④ 여러 개의 부품 속성을 편집하기 위해서는 여러 개의 부품을 선택한 다음 마우스 오른쪽 메뉴에서 'Edit Properties' 선택

⑤ 대화상자의 왼쪽 부분에 선택된 부품들이 적혀있는 것을 볼 수 있음. 밑에 있는 스크롤바를 오른쪽 끝으로 이동시켜 현재 지정된 값으로 이동

⑥ 해당 값을 클릭하면 수정할 수 있음

⑦ 입력된 값으로 바꾸기 위해서는 반드시 상단 메뉴의 'Apply' 버튼을 클릭

■ 부품목록 만들기

① 툴바에서 'Bill of materials' 아이콘 선택

② 'Bill of materials' 창의 'View Output' 체크박스를 선택 후 확인 버튼 선택

③ Bom 파일에는 부품의 종류와 수량이 나타남

■ 디자인 법칙 검사(DRC)는

① 툴바의 'Design Rule Check' 아이콘 선택

② 'Design Rule Check' 창의 'View Output' 체크박스 선택 후 확인버튼 선택

③ 에러가 없는 경우 DRC 창에 검사 항목만 나타남. 에러가 없어야 함. 경고 'Warning'은 잘 살펴서 문제가 없음을 확인하고 에러는 찾아서 수정해야 함

8.3.2. 캐드를 이용한 프린트 기판 설계

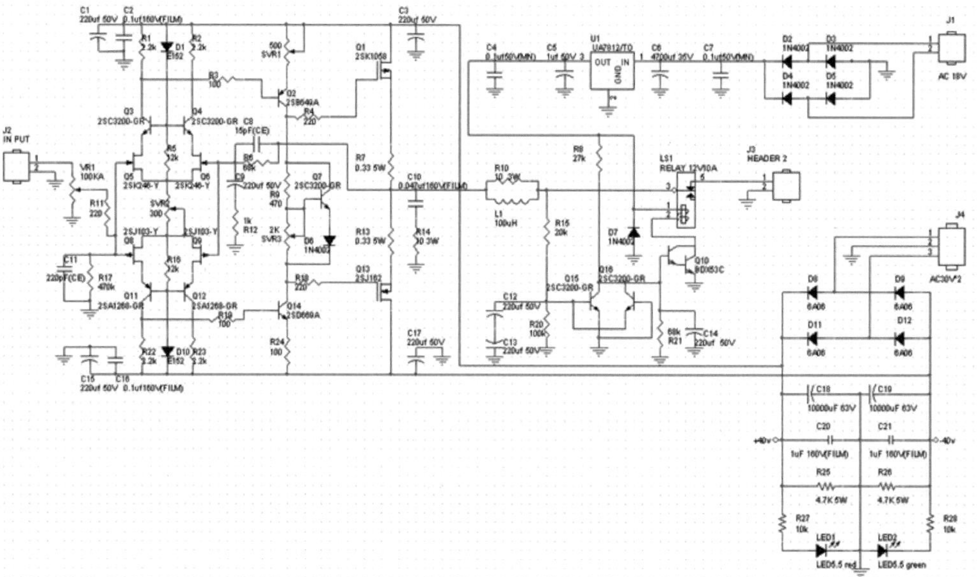

그림 8.3. 프린트 기판 제작용 도면

회로용 도면 그림 8.2 완성 후 프린트 가판에 포함되지 않는 전원부 등 회로 부품을 정리하여 프린트 기판용 도면 그림 8.3 완성하고 절차에 따라 프린트 기판을 설계한다.

■ PCB제작을 위한 풋 프린트(footprint) 추가용 중간파일 UPD 파일 작성

① 메뉴 파일에서 다른 이름으로 저장 선택 후 파일 이름 상자에서 확장자를 BOM에서 UPD로 변경 후 저장 버튼 선택

② 부품 값을 제외한 모든 부분 삭제. 확장자는 반드시 *.UPD로 설정

③ 각 부품에 해당하는 풋 프린트를 찾아서 다음과 같이 UPD 파일을 완성. * 모든 부품 값과 풋 프린트 값 앞과 뒤에는 반드시 인용표(" ") 붙여야 함

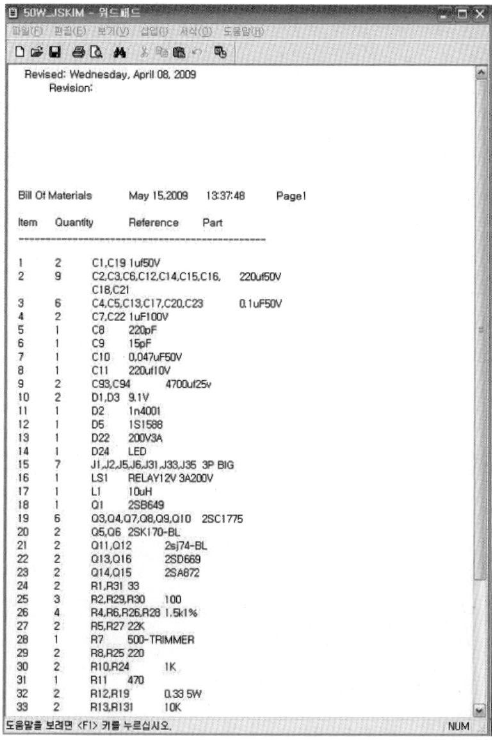

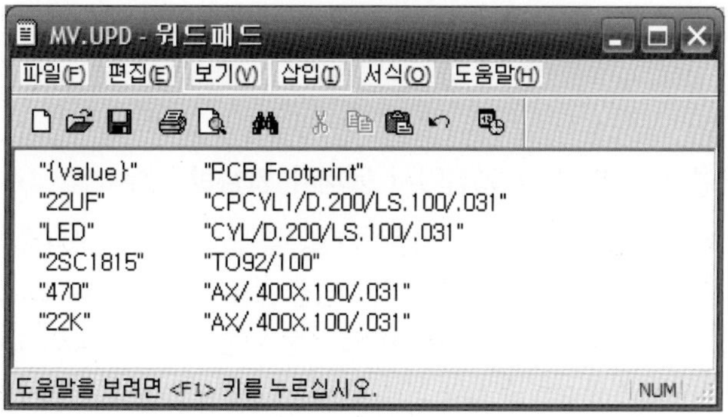

■ 도면 풋 프린트 업데이트 방법(UPD 파일의 풋 프린트 내용 도면 적용 과정)

① 메뉴의 Tools에서 'Update properties' 선택

② 'Update Properties' 창의 'Action' 블록의 'Unconditionally update the property' 체크 박스 선택 후 OK 버튼 선택

■ PCB 제작용 네트리스 추출

① 툴바의 'Create Netlist' 선택

② 'Create Netlist' 창에서 'Layout' 탭 선택

③ Options 블록의 'Run ECO to Layout' 체크 박스 선택, 'User Properties are in Inches' 선택 후 확인 버튼 선택, 'Run ECO to Layout' 선택 이유, 캡처의 라이브러리와 레이아웃의 라이브러리 매칭 검사 'Net' 정보 부품 속성을 레이아웃으로 전달. 과정 중 인치 선택 시 PCB 레이아웃의 네트리스트 로딩에서 불러올 템플리트 파일은 'default.tch'

AutoECO 과정은 네트리스트 정보를 PCB에 뿌려서 각 부품들이 PCB에 나타나도록 하는 과정이다. 즉, 전기적 정보인 네트리스트와 물리적인 정보인 풋 프린트를 연결시키는 것이다.

■ 윈도우 작업 표시줄의 '시작' 프로그램 'OrCAD Layout Plus' 선택 'Layout' 프로그램 실행

① 툴바의 'New' 선택

② AutoECO 창의 'Input Layout TCH or TPL or MAX file' 상자 옆의 'Browse' 버튼을 선택

③ 'Input Layout MAX File' 창에서 템플리트 파일(예, default.tch)을 선택 후 열기 선택

④ 'AutoECO' 창의 'Input MNL netlist file' 상자 옆의 'Browse' 버튼 선택

⑤ 'Input Layout MAX File' 창에서 네트리스 파일(예, amp.mnl) 선택 후 열기 버튼 선택

⑥ AutoECO 창에서 'Apply ECO' 버튼 선택. 각각의 새로운 'AutoECO' 창에서 'Accept this ECO'와 확인 버튼 선택

⑦ 캡쳐에서 풋 프린트 지정이 정확하다면 대부분 에러 없이 네트리스트 생성

■ 풋 프린트 오류로 AutoECO 과정에서 에러가 발생한 경우

① 예를 들어 Q1이라는 TR의 풋 프린트 값을 지정할 수 없다는 에러 메시지가 뜬 경우

② 아래의 3개 버튼 중 하나를 선택하여 풋 프린트 값을 새롭게 지정. 첫째, 'Link existing footprint to component...' 로 기존에 존재하는 풋 프린트 값을 이용하여 다시 링크. 'library view window box'가 나타나면 새로운 library를 찾아 선택. 둘째, 'Create or modify footprint library...' 새로운 풋 프린트 값을 만들어 주거나 기존의 풋 프린트 값을 수정 사용. 클릭하면 Library manager 창이 나타남. 셋째, 'Defer remaining edits until completion...' 지금까지의 과정을 모두 취소

③ Q1의 풋 프린트를 라이브러리에서 다시 선택하기 위해 Link existing footprint to component...

를 선택하면 아래와 같은 창이 나타남

④ Footprint 상자에 정확한 Footprint를 입력한 후 검색하여 선택한 다음 'OK' 버튼을 클릭하면 AutoECO 과정이 이어서 진행되고 다른 에러가 없으면 보드 창에 부품들이 나타남

■ 전략파일은 PCB기판의 배선 레이어수나 주로 사용하는 부품, 자동배선 시 Top 레이어의 배선 방향 등 기본적인 환경을 설정하기 위한 파일 확장자는 *.sf.

① Layout Plus 프로그램의 메뉴에서 'File', 'Load' 선택

② 'Load File' 대화창에서 필요한 전략파일을 선택. 보통 이층 기판의 경우 '2_thr_h.sf' 선택. '2_thr_h.sf'에서 맨 앞의 숫자 '2'는 보드의 레이어 즉, 층 수 이고, 가운데 문자 'thr'는 보드에 사용할 부품의 종류 'thr' 스루 홀 부품, 'smd' 표면실장 부품이고 맨 끝의 문자 'h'의 의미는 주로 배선하는 방향이 'h'는 수평, 'v'는 수직

■ 도면을 구별하기 위한 레이아웃 색상 지정

① 툴바에서 Color Setting 아이콘 클릭 색상 설정

② 'INNER1 ~ INNER12' 까지는 사용하지 않는 레이어 임으로 마우스를 드래그 하여 선택 후 마우스 오른쪽을 눌러 'Invisible' 선택

③ 'Default ASYTOP'의 색상도 위와 같이 제거하여 레이아웃이 깔끔하게 보이게 할 수도 있음

■ 레이어 층 수 지정

① 툴바에서 'View Spreadsheet - Layers' 선택. 'Layers' 창에서 GND, POWER, INNER1~12 레이어 드래그 선택 후 팝업 메뉴에서 'Properties' 선택

② Edit Layer 창의 Layer Type 블록에서 'Unused Routing' 옵션 선택 후 OK 버튼 선택

■ 보드 외각선 그리기(보드 외각 선을 잘 못 그려서 새롭게 다시 그리고자 할 때에는 [File] 'open'을 눌러서 '*.MAX' 파일을 다시 부름)

① 툴바에서 'Obstacle Tool' 아이콘을 클릭하여 보드 외각 선을 그림. 이때 십자 모양의 원점(0,0)에 마우스를 위치시킨 후 오른쪽 버튼을 눌러 'New' 선택. 마우스 커서의 십자가(+) 표시가 작아짐

② '0 Global Layer' 선택. 다른 방법으로 다시 한 번 팝업메뉴를 불러서 'Properties' 선택 보드외곽선 속성 지정. 보드 원점을 누른 상태에서 대각선 방향 이동 원점에서부터 시작하는 사각형이 만들어짐. 원하는 크기가 되었을 때 마우스 버튼을 놓으면 사각형 완성

③ 다른 방법으로 과정상의 예를 들면 마우스를 원점에서 한번 눌러주고, 위쪽으로 X(0), Y(4000)에서 마우스 클릭, 오른쪽으로 X(5000), Y(0)에서 마우스 클릭, 아래쪽으로 X(5000), Y(4000)에서 마우스 클릭, 아래쪽으로 X(5000), Y(0)에서 마우스 클릭, 원점에서 마우스를 클릭한 후 오른쪽 버튼을 눌러 'End Command'로 끝냄

■ 보드 외곽선 수정

① Obstacle Tool 선택
② 수정할 외곽선을 선택 커서가 작은 십자가로 변함
③ 마우스를 클릭 이동 다시 클릭하면 외곽선이 고정됨. 반복하여 외곽선 수정
④ Outline을 생성 또는 수정하면서 팝업메뉴를 이용 여러 가지 효과를 줄 수 있음
⑤ 'Segment'는 선을 수직 혹은 수평으로 이동하는 것, 'Arc'는 호를 그릴 때 사용, 'Exchange Ends'는 반대쪽에서 작업을 시작. 'Any Angle Corners'는 예리한 각도를 그릴 때 사용

DRC 박스 해제는 툴바에서 Online DRC 아이콘을 선택하여 DRC 박스를 해제한다. 작업창의 흰색 점선으로 된 사각형을 DRC 박스라고 한다. DRC 박스가 설정된 영역에서는 에러가 발생되는 명령은 자동으로 취소됨으로써 에러를 사전에 예방할 수 있다. 이러한 DRC 박스를 해제 이유는 초보자에게 다양한 에러를 접하게 함으로써 원천적으로 에러를 발생시키지 않도록 하기 위해서이다.

■ 부품 수동 배치 및 자동 배선

① 툴바에서 'Component' 아이콘 선택
② 부품 선택 후 드래그. 즉, 부품을 먼저 클릭한 후 노란색 사각형 안쪽으로 이동
③ 부품을 배치하기 전에 부품을 회전하기 위해서는 키보드에서 R키를 누름. R키를 누를 때마다 시계 반대방향으로 90도씩 회전
④ 100% 배치 확인을 위해 툴바에서 'Spreadsheet', 'Statistics' 선택
⑤ Statistics 창의 % 'Placed' 의 'Enabled' 및 total의 셀 100% 확인 후 창 닫음
⑥ 네트 정보 수정을 위해 툴바 아이콘 'View Spreadsheet' 클릭 후 'Net'를 선택
⑦ 'VCC'에서 마우스 오른쪽 버튼을 클릭하여 'Properties' 누름
⑧ 'Width By Layer'를 클릭하여 전원의 두께를 '45 [mil]'로 하고 'OK' 버튼 누름
⑨ 'VCC'에서 다시 마우스 오른쪽 버튼을 클릭하여 'Force Width by Layer'를 선택해 주면 'Layout'의 전원선은 '45 [mil]' 됨 (다른 선들은 모두 12 [mil]로 기본 설정이 되어 있음.)
⑩ 메뉴에서 'Auto', 'Autoroute', 'Board' 이용 자동배선
⑪ 배선이 완료되면 동박면을 입힘

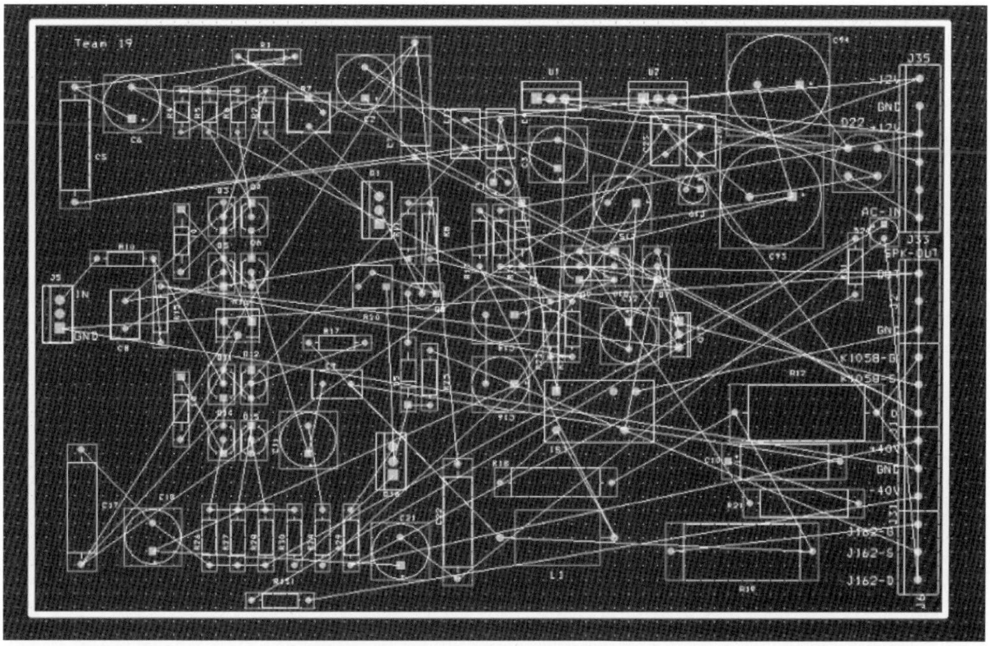

그림 8.4. 부품 배치와 배선 전의 선 연결 도면

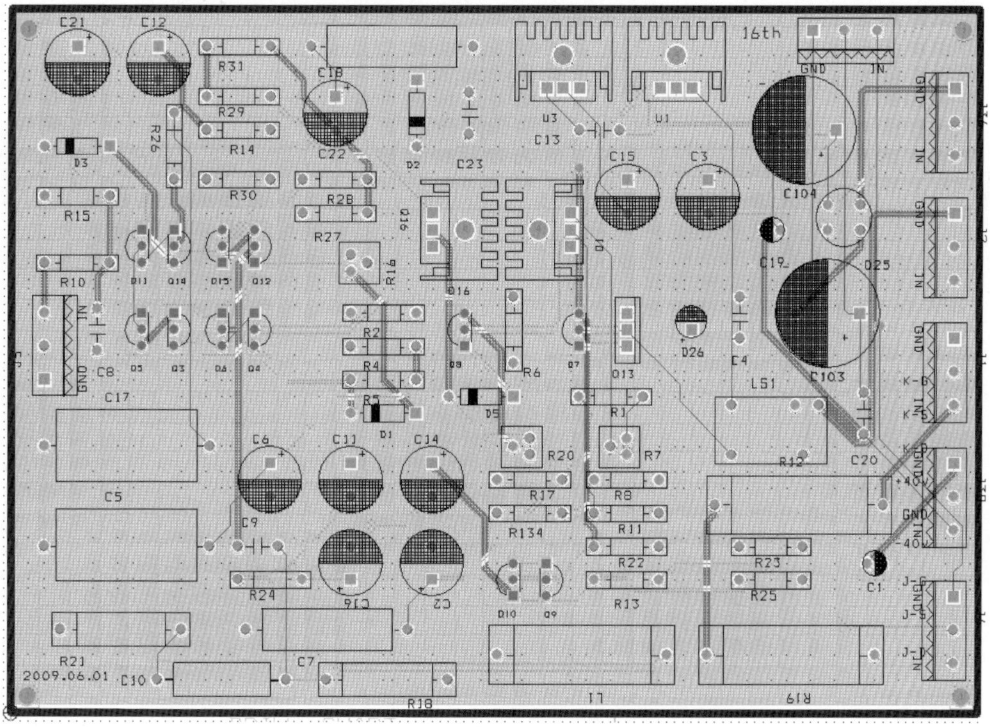

그림 8.5. 배선 중인 도면

⑫ 거버파일 생성

⑬ 거버파일 출력

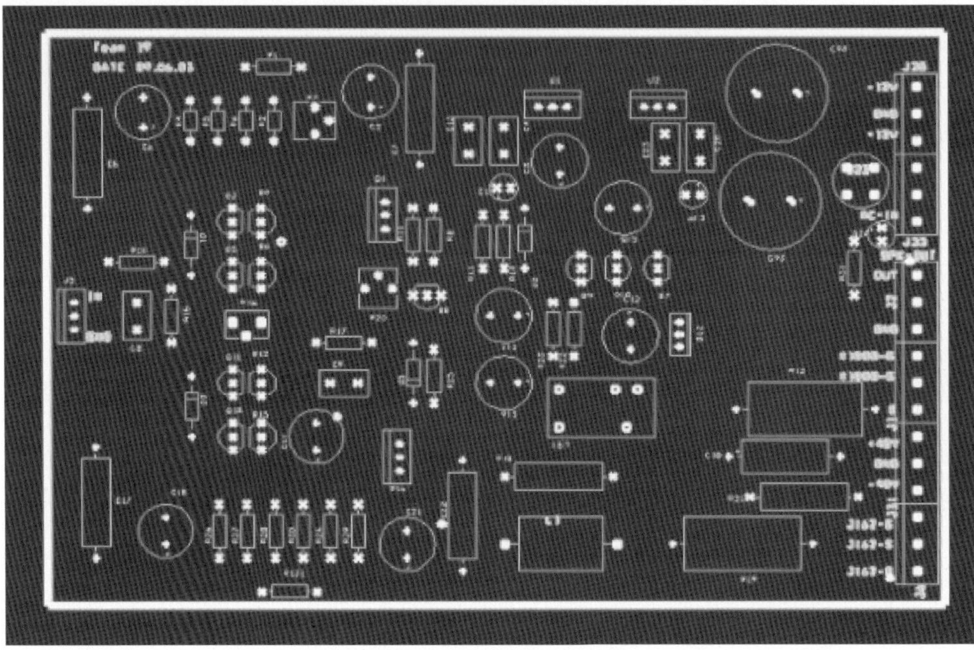

그림 8.6. 완성된 기판 형태

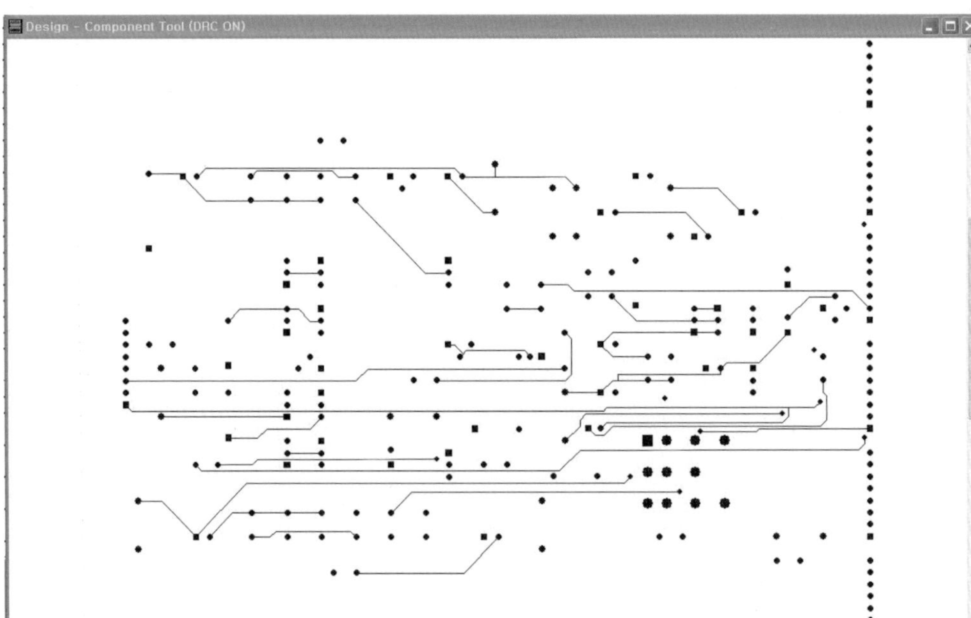

그림 8.7. 기판 윗면

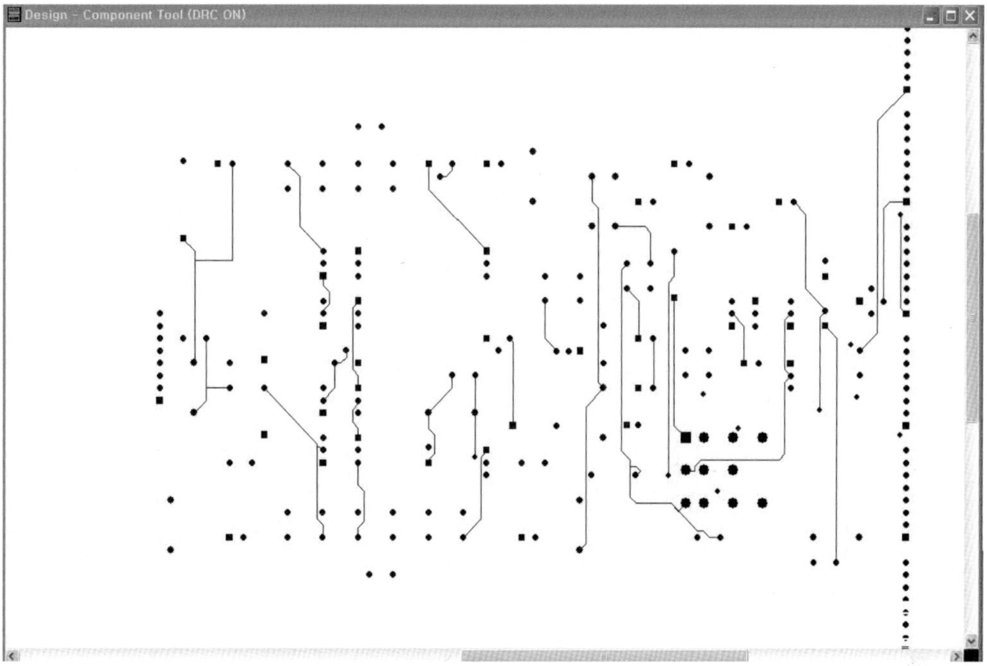

그림 8.8. 기판 뒷면

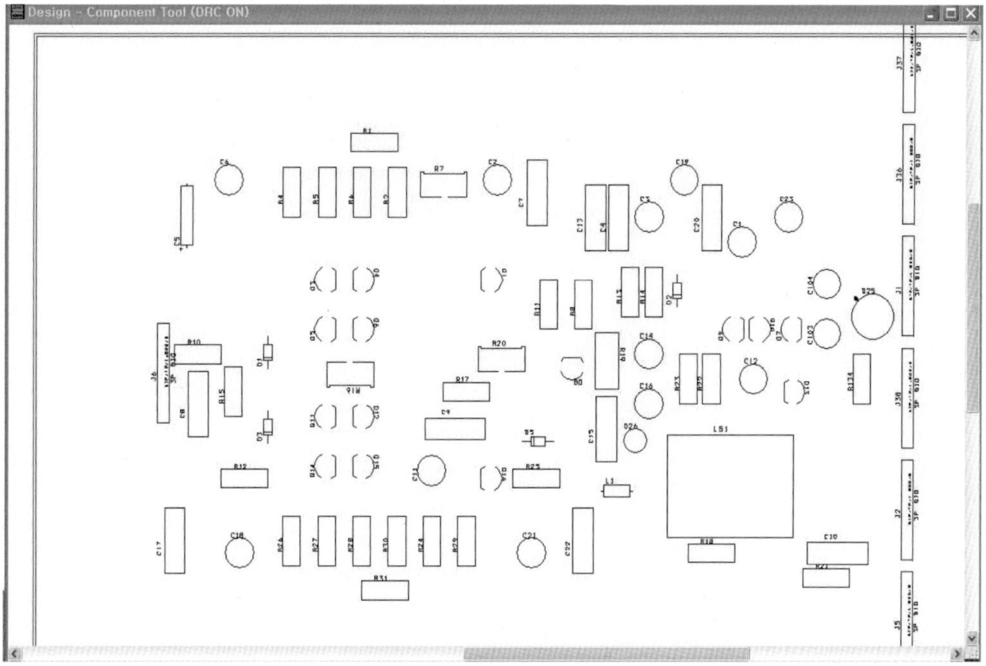

그림 8.9. 기판의 실크 인쇄면

그림 8.10. 기판의 드릴 가공 도면

제9장

오디오 증폭기 부품

9.1. 회로 구성 실장용 부품

오디오 앰프에는 진공관과 반도체 등의 증폭 소자 이외에도 다양한 종류의 부품이 사용된다. 콘덴서, 저항, 필터용 코일, 표시용 LED, 전원용 소켓, 스위치, 퓨즈, 배선용 선재, 커넥터, 전원 전압 변환용 트랜스포머, 감시용 전압계나 전류계, 음량 감시 측정 및 조정용 VU 미터 등이 사용된다.

본 교재에서 제작하는 앰프에서는 전원평활용으로 10,000 μF 50V 및 4,700 μF 35 V, 전원 바이패스용으로 전해콘덴서 220 μF 50 V, 1 μF 50 V 및 필름콘덴서 1 μF 150 V, 0.1 μF 150 V 등이 사용된다. 출력단 DC 및 이상 신호 감지용으로는 220 μF 50 V 전해콘덴서를 직렬 연결하여 무극성으로 사용한다. 220 μF 50 V 전해 콘덴서와 68 kΩ 저항을 병렬로 사용하여 타이머 시정수를 결정한다. 전해 콘덴서 사용 시 극성과 내압에 주의하여 안전사고를 방지한다. 오디오 신호영역인 20 kHz 이상의 고역 주파수 차단용으로는 220 pF을 사용한다. 470 kΩ 신호 입력 저항과 병렬로 연결하여 사용한다. 피드백 발진 방지용으로는 15 pF 세라믹 콘덴서를 사용하며 음질 개선을 위해 마이카 콘덴서를 사용하면 좋다. 전해 콘덴서는 동작 한계 온도에 따라 수명이 크게 좌우된다. 일반적인 제품은 85 도이고 스위칭 전원용이나 특수 용도로 설계한 경우에는 105 도를 사용한다. 일반용 전해 콘덴서를 오디오 전용으로 개발된 저 임피던스형 콘덴서로 교체하면 음질 개선 효과를 얻을 수 있다.

저항은 반고정형과 고정형으로 크게 나눌 수 있다. 바이어스, 분압, 전류제어, 필터 등에 사용되는 일반적인 저항은 1/4 W F급 1 % 금속 피막저항을 사용한다. 반고정 저항 100 kΩ A형은 음량 조정, 2 kΩ은 바이어스 전류 조정, 2개의 500 Ω은 바이어스 및 출력단 영점 조정에 사용된다. 회로 동작에 영향을 크게 주는 2 kΩ과 500 Ω은 서로 바뀌지 않도록 기판에 부품 장착 시 주의해야 한다. 0.33 Ω 5 W 시멘트 권선 저항은 출력단 MOS FET 보호용이다. 전원 방전용으로 4.7 kΩ 5 W, 음질 개선 필터용으로 10 Ω 5 W가 사용된다. 사용하는 저항의 크기는 회로에 흐르는 전류를 고려하여 선정하며 과전류 시 회로를 보호한다.

초단 증폭용 TR 소자는 2SC3200, 2SA1268을 사용하고, 입력 임피이던스를 높이기 위한 J-FET는 2SK170-BL, 2SJ74-BL 컴프리멘터리 형태로 사용한다. 높은 전류 증폭률을 얻고 고압에 견딜 수 있도록 FET 회로에 TR을 직렬로 연결하여 상하 대칭형 차동 앰프를 구성한다. TR과 FET는 부품 수급 사정으로 대치품이 사용되는 경우가 있으므로 확인이 필요하다. 출력단은 진공관과 음질 특성이 비슷하고 열적 안정성이 우수한 MOS-FET 컴프리멘터리 2SK1058, 2SJ162를 사용한다. 온도 보상 회로가 필요 없고, 회로가 간단하여 실험용으로 최적이다. MOS-FET는 정전기에 취약하므로 보관 시 리드를 알루미늄 호일로 감싸는 등 취급에 주의한다. 또한, 방열판 부착 시 방열판과 합선이 되지 않도록 절연 시트를 부착하는 것을 잊지 않아야 한다.

표 9.1. 기타 부품

구분	품명	규격	수량	비고
1	MOS FET용 절연지	TO-3P용	2	
2	MOS FET용 방열판	TO-3P용 주문제작	2	
3	중형 TR용 방열판	소형	3	
4	AC소켓(매입 수컷)	퓨즈, 스위치 복합형	1	
5	퓨즈	2A 소형	5	
6	불륨 손잡이	100 kΩ용	1	
7	배선 실드선	모노용	1 m	
8	배선 1.5SQ	5P	1 m	
9	기판다리	M3 x 15 mm	8	
10	나사못	M4 x 10 mm	12	
		M3 x 15 mm	10	
11	볼트 너트	M3 x 15 mm	10	
12	스피커 통	300 x 450 x 290	1	우퍼 포함

방열판 미부착 시 소스와 그라운드가 단락되어 출력단 FET 고장으로 실험에 지장을 가져 올 수 있다. 위상 반전과 바이어스, 출력단 0점 조정용으로는 컴프리멘터리 중형 TR 2SB649, 2SD669을 사용한다. 방열판에 직접 부착하는 경우 컬렉터에 직결되므로 다른 회로와 합선되지 않도록 주의한다. 사고방지를 위해서 미리 절연지로 절연하는 것도 좋은 방법이다. 증폭 회로의 안정적인 동작을 위하여 사용되는 컴프리멘터리 조합은 FET에서 g_m 값이나 TR의 h_{fe} 값을 맞추어 사용하여야 한다. 보호회로 릴레이 제어용으로 다알링턴

TR BDX53C를 사용하고, 신호 검출용으로 소형 NPN TR 2SC3200이나 2SC1775 등을 스윗칭 모드로 사용한다.

바이어스 전류를 안정화시키기 위하여 E152 1.5 mA 정전류 다이오드를 사용한다. 다이오드 사용 시 방향에 주의하고 유리제품이므로 파손되지 않도록 리드선을 다이오드에 너무 가깝게 구부린다거나 땜질 시 열을 많이 가하지 않도록 주의한다.

정류를 위하여 1N4002, 6A06 실리콘 다이오드가 브리지로 사용하며, 릴레이 보호용으로 1N4002 다이오드가 사용된다. 다이오드 사용 시에는 항상 방향에 주의해야 한다.

고주파 펄스 출력 성분 흡수 및 발진 방지용으로 100 uH 초크 코일이 사용되는데 기판 땜질 시 리드선의 에나멜 도료를 칼로 긁어 피복을 제거하고 사용해야 한다.

전원 트랜스포머는 가정용 AC 220 V 전원을 보호회로용 12 V와 앰프용 42 V DC전원을 만들기 위하여 AC 18 V 및 증폭 회로용 AC 32V×2를 출력할 수 있도록 설계하여 사용한다.

스위치와 220 V 입력 플러그 퓨즈 홀더가 복합된 부품을 사용하는 관계로 배선 시 합선에 주의해야 하고 사용 전에 250 V 2 A 퓨즈를 삽입하도록 한다.

9.2. 콘덴서

오디오 기기에는 앰프 전원 평활용, 스피커 네트워크나 주파수 디바이더 필터용, 신호 바이패스, 결합용 등 다양한 종류의 커패시터가 사용된다. 특히, 앰프 발진 방지용, 필터용 등으로 사용되는 pF 단위의 소 용량에는 마이카 콘덴서나 실버마이카가 음질이 좋아 많이 사용된다. 결합용이나 바이패스용으로는 0.1~5 μF 정도의 오디오용 콘덴서가 사용된다. 오디오용 콘덴서는 폴리에틸렌, 폴리프로필렌, 폴리에스텔(마일라), 폴리카보네이트 등의 필름 콘덴서가 사용되며 폴리프로필렌 재질의 콘덴서가 음질이 좋다. 진공관 앰프의 음질을 좌우하는 캐소드 바이패스용이나 솔리드 앰프의 결합 및 정밀 전원용으로 많이 사용되는 탄탈콘덴서는 고장 시 합선을 일으키기 때문에 주의가 필요하다. 솔리드 앰프에 사용되는 전원 평활용 전해 콘덴서는 극성과 내압에 주의해야 하며 오디오용으로 개발된 저 임피던스 콘덴서를 사용하는 것이 좋다. 오래된 빈티지 진공관 앰프용 콘덴서를 사용할 때는 누설 전류나 용량 감퇴 절연 불량 등을 검사하여 사용해야 한다.

9.2.1. 콘덴서의 종류

필름 콘덴서(film capacitor): 필름 콘덴서는 폴리프로필렌, 폴리스치롤, 테프론과 같은 필름 유전체를 알루미늄 구리와 같은 호일 전극을 사이에 두고 둥글게 감아서 만든 콘덴서이다. 저주파 및 고주파 특성이 양호하여 오디오용으로 널리 사용한다. 대용량 필름 콘덴서는 전원 평활부에 많이 사용한다. 재질 및 제조 공정에 따라 가격차가 크고 가격이 비싸며 20 μF 이상은 만들기 어렵다. 일반적으로 폴리프로필렌 계열 제품이 커플링용으로 주로 사용되며, 폴리에스테르 마일러 계열의 적층 콘덴서는 전원부 바이패스용으로 사용된다.

폴리프로필렌 호일 콘덴서: 그림 9.1 폴리프로필렌 호일 콘덴서서는 폴리프로필렌 필름 사이에 주로 알루미늄 혹은 구리, 실버 호일을 넣어 둥글게 감아서 만든 콘덴서이다. 저주파 특성이 좋아 커플링용으로 많이 사용된다. 크기가 크고 고전압용 콘덴서는 만들기가 어려워 가격이 비싸다. 지금은 생산되고 있지 않지만 빈티지 진공관용으로는 스프라그, 블랙뷰티, 굿 올 등이 유명하다. 온화한 음색과 선명한 해상력의 음질을 가지고 있다.

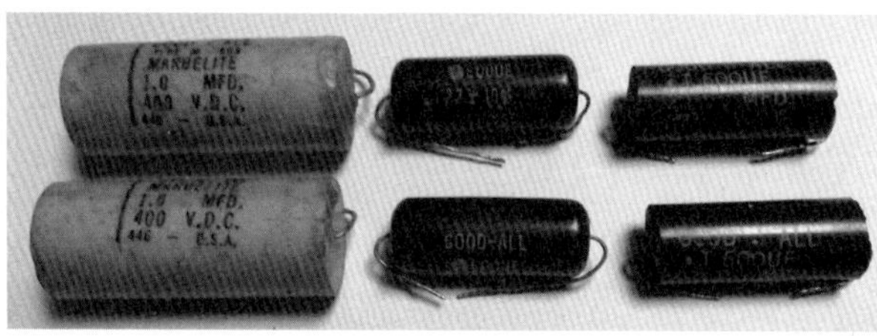

그림 9.1. 폴리프로필렌 호일 콘덴서

메탈 폴리프로필렌 콘덴서: 그림 9.2 메탈 폴리프로필렌 콘덴서는 폴리프로필렌 필름에 알루미늄 혹은 구리, 은의 금속을 얇게 증착시킨 다음 둥글게 말아서 만든 콘덴서이다. 폴리프로필렌 호일 콘덴서에 비해 소형으로 쉽게 만들 수 있다. 폴리프로필렌 호일 콘덴서에 비해 가격이 저렴하다. 오디오 커플링 콘덴서로 가장 널리 사용된다. 현재 사용되는 대부분의 커플링 콘덴서가 여기에 해당된다. 선명하고 넓은 대역의 음질은 가지고 있으며 제조공법에 따라 가격과 음질 차가 크다.

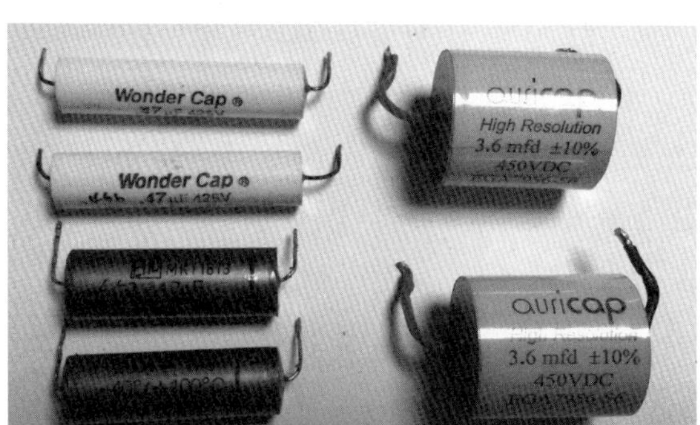

그림 9.2. 메탈 폴리프로필렌 콘덴서

폴리스치롤 콘덴서: 저주파 및 고주파 특성이 매우 뛰어나고 용량의 변화가 적어 안정적인 콘덴서이다. 음질 특성은 매우 맑고 투명한 음색이지만 내열성이 약하고 고용량, 고압으로 만들기 어려워 진공관 커플링으로 사용할 때는 주의가 필요하다. 커플링, LP(long play) RIAA(Recording Industry Association of America) EQ(Equalizer) 회로, 필터회로 등 고주파 특성이 요구되는 곳에 사용된다.

마일러 콘덴서: 마일러 콘덴서는 필름 콘덴서 중 가장 저가이고 일반적인 콘덴서이다. 적층 콘덴서와 폴리에스테르 콘덴서가 대표적이며 전원부 회로나 바이패스 또는 저가 앰프의 커플링으로 사용된다.

테프론 콘덴서: 절연성이 뛰어난 소재인 테프론에 알루미늄 호일을 붙여서 만든 것으로 특성이 좋은 콘덴서이다. 착색 없는 순수한 음을 가졌다는 좋은 평가이지만 가격이 비싸다.

오일 콘덴서(oil capacitor): 그림 9.3 오일 콘덴서는 알루미늄, 구리, 은과 같은 호일이나 메탈라이즈드 박막을 페이퍼 또는 필름과 같은 절연지에 증착하거나 붙이고 오일과 함께 둥글게 감은 것이다. 은, 구리, 알루미늄 등 호일의 종류와 폴리프로필렌, 종이 등의 절연지의 재질에 따라 오일 콘덴서의 종류를 분리하여 호칭한다. 그 중 종이에 실버호일을 붙인 제품은 매우 고가이고 저주파 회로에 사용된다. 주파수 대역은 필름 콘덴서에 비해 좁은 편이지만 두툼한 중역과 부드러운 고역의 음질로 선호하는 사람이 많다. 주파수 대역을 확장시켜 개선한 콘덴서가 특히 인기를 얻고 있다.

그림 9.3. 오일 콘덴서

전해 콘덴서: 그림 9.4 전해 콘덴서는 저렴한 가격으로 대용량의 제품을 만들 수 있으므로 전원부 평활용이나 필터용으로 많이 사용된다. 비교적 충방전 속도가 느리고 용량감퇴 및 경년변화가 크다. 따라서 앰프 내구성에서 가장 크게 문제 되는 부품이다. 전원부에 평활용으로 사용되는 전해 콘덴서가 경년 변화하면 앰프 험과 고장의 주요 원인이 된다. 전원부 평활 회로에 넓은 주파수 대역을 커버하는 오디오용 하이엔드급 전해 콘덴서나, 필름 콘덴서를 적용하면 응답속도 상승으로 음질 개선 효과를 볼 수 있다.

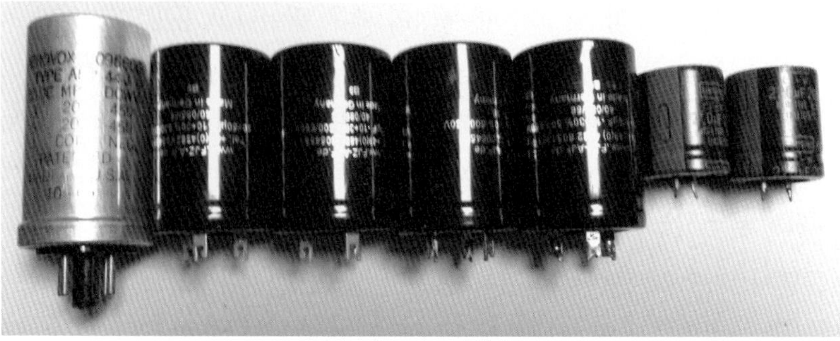

그림 9.4. 전해 콘덴서

탄탈 콘덴서: 그림 9.5 탄탈 콘덴서는 일반 전해 콘덴서에 비해 충 방전 속도가 빠르고 온도 안정성이 뛰어나다. 전해 콘덴서에 비해 내압이 낮고 용량이 작다. 주로 타이머, 저주파발진기 등의 시정수 회로에 사용된다. 고급 오디오용 은탄탈 콘덴서는 진공관 앰프의 캐소드 바이패스용으로 사용되며 음질 개선 효과가 뛰어나지만 가격이 비싸다. 사용 시 극성에 주의하고 고장 시 합선으로 전체 회로 동작에 영향을 주는 경우가 많으므로 주의가 필요하다.

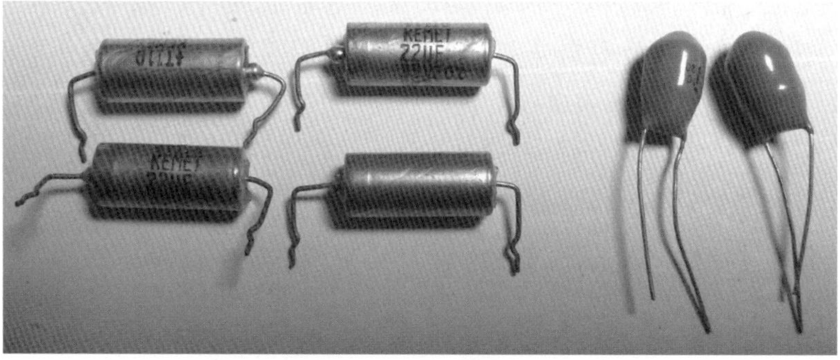

그림 9.5. 탄탈 콘덴서

마이카 콘덴서: 그림 9.6 마이카 콘덴서(mica)는 운모를 알루미늄 판에 넣고 수지로 몰딩 처리한 것이다. 내압, 내열성이 좋아 용량 변화가 적고 안정적이다. 특히 고주파 특성이 좋아 필터 회로에 많이 사용된다. 고품질의 제품으로 실버마이카 콘덴서가 있다.

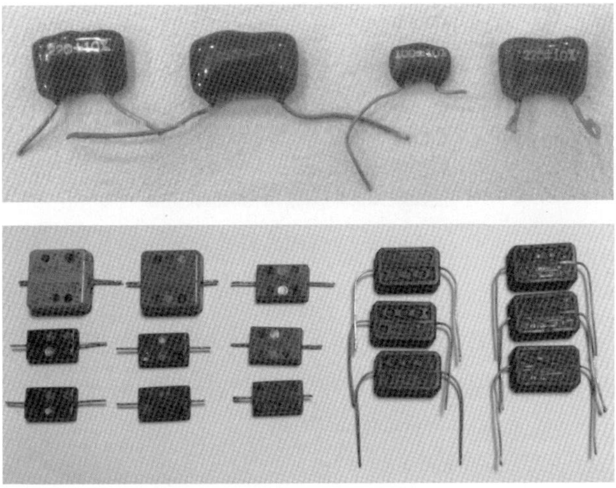

그림 9.6. 마이카 콘덴서

세라믹 콘덴서: 티탄산바륨 원판을 은으로 만든 전극 사이에 넣어 피복한 것으로, 고주파 특성은 좋으나 음질은 떨어져 저가의 제품이나 고주파 필터용으로 많이 사용된다.

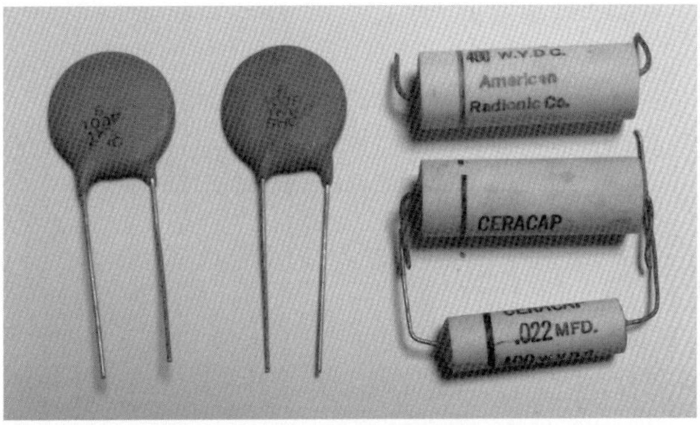

그림 9.7. 세라믹 콘덴서

9.2.2. 콘덴서의 연결

병렬 연결: 오디오에서 콘덴서를 병열 연결하여 사용하는 것은 용량을 증대시켜 임피던스를 조정하거나 음질 및 음색을 튜닝하고 응답속도를 개선하기 위해 사용되는 방법이다. 그러나 지나치게 많은 콘덴서를 연결하여 사용하게 되면 음질의 자연스러움을 반감시킬 수 있으니 주의하여야 한다.

그림 9.8. 콘덴서의 병렬 연결

그림 9.8의 총 용량은 C = 0.22 μF + 0.1 μF = 0.32 μF이며, 콘덴서의 내압은 V = 100 V 〈 200 V = 100 V이다. 따라서 콘덴서 2개 병렬연결 0.32 μF/100 V가 된다.

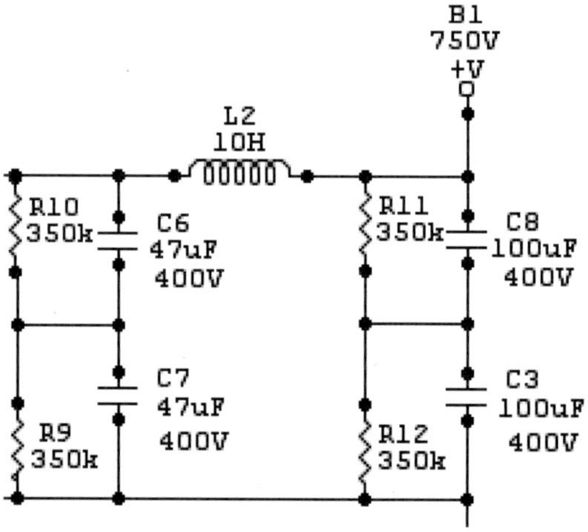

그림 9.9. 회로도에서의 콘덴서 용량과 정격 전압

직렬 연결: 주로 콘덴서의 허용전압(내압)을 증가시키기 위해 사용하거나, 콘덴서의 용량을 반감하기 위해 사용된다. 일반적인 진공관 오디오용 전해콘덴서 내압이 350 V, 400 V, 450 V 정도가 보통이며 높아도 500 V, 600 V 정도이고 드물게 1000 V 이상도 볼 수 있다. 진공관 회로에 고압 콘덴서가 필요한 경우 구하기 어렵고 가격이 비싼 고압 콘덴서 대신 그림 9.10과 같이 직렬로 콘덴서를 연결하여 쓴다. 같은 값 같은 내압의 콘덴서를 직렬 연결하면 내압은 배가되지만 용량은 절반이 된다.

구조적으로 발생하는 인덕턴스를 상쇄하기 위하여 반대방향으로 롤 감이한 2개의 콘덴서를 직렬로 연결하여 제조하기도 한다. 오디오용으로 사용하는 콘덴서의 직렬연결은 인덕턴스를 상쇄시켜주기도 하고 내압을 높여 주지만 음의 자연스러움을 반감시키고 반응속도가 느려진다는 것을 고려해야 한다.

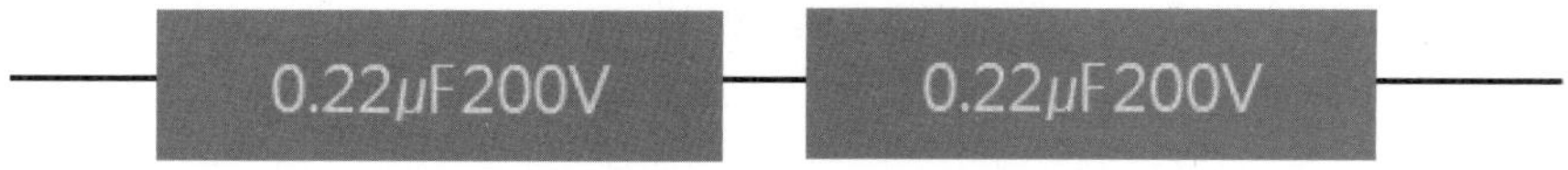

그림 9.10. 콘덴서의 직렬 연결

콘덴서의 용량은 1/C = 1/0.22 μF + 1/0.22 μF = 1/0.11 μF, 그러므로 총 콘덴서의 용량은 C = 0.11 μF, 콘덴서의 내압은 V = 200 V + 200 V = 400 V이다. 따라서 2개의 콘덴서의 직렬연결은 0.11 μF/400 V가 된다.

9.2.3. 콘덴서 용량 계산

일반적인 경우 콘덴서의 몸체에 제조사 및 용량, 전압이 표시되어 있다. 그러나 회사에 따라서는 독자적인 수치를 사용하는 경우도 있다. 보통 3가지 방법이 사용되고 있다.

용량은 일반적으로 마이크로패럿(μF 또는 μ)으로 표시하고, 용량이 작은 경우는 대부분 피코패럿(pF)이며, Code로 표시하기도 한다. 1 μF은 10의 6 승 pF으로 Code로 106으로 표시하고 10*10*10*10*10*10*10 pF이다. 예전 빈티지 필름 콘덴서나 그림 9.6 마이카 콘덴서 아래 우측 그림과 같이 색깔이나 색띠로 용량과 전압을 표시한 경우도 있다. 콘덴서와 저항을 혼돈하여 사용하지 않도록 주의가 필요하다.

표 9.2. 콘덴서 용량 코드표

code		pF	nF (>10^{-3})	μF (>10^{-6})
1	1	1 pF	0.001 nF	0.000001 μF
10	10*1	10 pF	0.01 nF	0.00001 μF
101	10*10	100 pF	0.1 nF	0.0001 μF
102	10*10*10	1,000 pF	1 nF	0.001 μF
103	10*10*10*10	10,000 pF	10 nF	0.01 μF
104	10*10*10*10*10	100,000 pF	100 nF	0.1 μF
105	10*10*10*10*10*10	1,000,000 pF	1,000 nF	1 μF

9.3. 저항

바이어스, 분압, 전류제어, 필터 등에 사용되며 반고정형과 고정형으로 크게 나눌 수 있다. 반고정 저항은 앰프 회로에서 바이어스 전류, 조정 음량변경, 출력단 영점 조정, 진공관 앰프의 필라멘트 및 히터의 험 밸런스 등에 사용된다. 탄소 피막형, 금속 피막형, 플라스틱 솔리드형, 권선형, 서미트형이 있다. 임피던스를 맞추고 정밀한 게인 조정이 필요한 곳에는 금속 피막형 저항을 셀렉터 스위치에 단계별로 연결한 어테뉴에이터를 사용한다. 고정값 저항은 진공관 앰프의 부드러운 음질 재생에 사용되는 솔리드형, 잡음특성이 좋지 못하지만 가장 많이 사용되는 탄소 피막형, 허용오차 잡음특성 온도특성이 좋은 금속 피막형, 중형 저항용으로 많이 사용되는 산화금속 피막형, 대형 정밀 용도로 사용되는 권선형 등이 있다. 저항은 회로에 흐르는 전류를 고려하여 크기를 선정하여야 한다, 오디오용으로는 25 W, 10 W, 5 W, 3 W, 2 W, 1 W, 1/2 W, 1/4 W 크기의 저항이 많이 사용된다. 흐르는 전류를 고려하여 저항의 W 수를 설정하면 회로에 과전류가 흘렀을 때 과열에 의해 저항이 타서 다른 부품이나 다른 회로를 보호할 수 있다. 따라서 안전율 이상으로 과도하게 큰 W 수의 저항은 사용하지 않는 것이 좋다.

9.3.1. 저항의 종류와 특성

저항은 콘덴서와 함께 오디오를 구성하는 중요한 부품이다. 콘덴서와 마찬가지로 음질에 크게 영향을 주는 중요 부품이다.

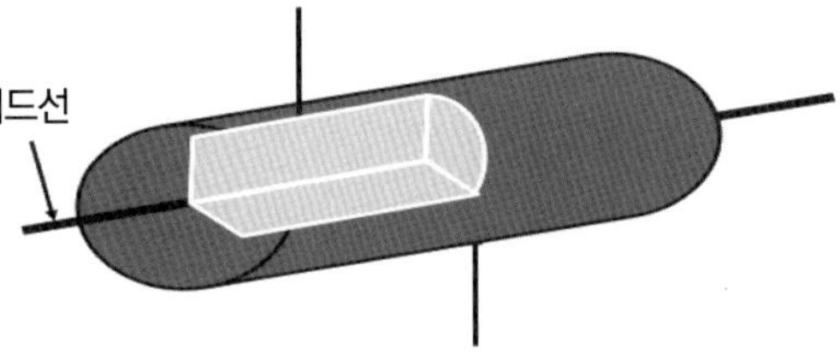

그림 9.11. 카본 콤포지션 저항 구조

그림 9.11 카본 콤포지션 저항이 빈티지 오디오에 주로 사용되었다. 대부분의 오디오는 메탈필름 저항, 산화금속 저항, 시멘트 저항 또는 탄소피막 저항이 사용되고 있다. 음향기기를 구현하기 위해서는 콘덴서에 비해 많은 수의 저항이 필요하다. 특히 음질 개선을 위해 캐소드, 플레이트 저항의 선택에 주의하여야 한다. 이 저항의 종류에 따라 음질의 변화가 크므로, 경험자의 의견과 데이터를 참고하여 취향에 따라 선택하도록 한다.

카본 콤포지션 저항(carbon composition resistor): 그림 9.12 카본 콤포지션 저항은 예전부터 오디오에 많이 사용된 저항으로 탄소와 수지, 무기물을 혼합한 분말을 덩어리로 소성시켜 저항체로 만든다. 전류의 흐름이 매우 좋아 전원부 또는 신호 처리 계측기에 많이 사용된다. 인덕턴스가 없는 무유도 저항으로 솔리드 저항이라 부른다. 온도편차가 심하고 정밀 저항을 만들기가 어려운 단점이 있다. 지금도 고주파 계측기와 통신기기에 많이 사용되고 있다. 음질은 온화하고 중역이 튼실하다. 캐소드 저항으로 사용하면 음질의 변화를 얻을 수 있다. 현재 생산되고 있지 않지만 예전의 대표적인 제품으로 ITT, 앨런브래들리(AB) 제품이 있다.

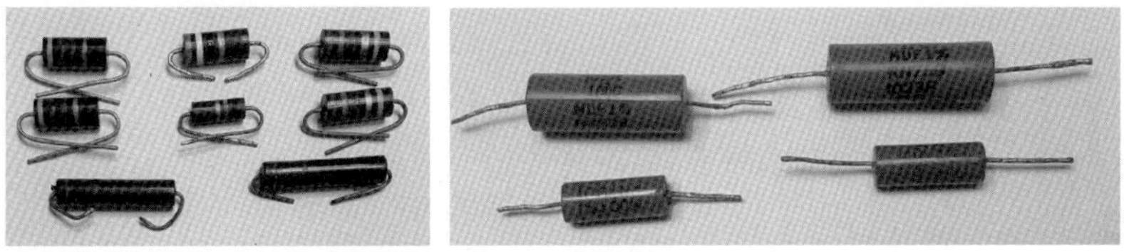

그림 9.12. 카본 콤포지션 저항

탄소피막 저항(carbon film resistor) : 그림 9.13 탄소 피막 저항은 세라믹 또는 유리 부도체에 탄소 입자를 증착시켜 피막을 형성한 것으로, 카본 콤포지션 저항의 염가 대체형으로 개발되었다. 고주파 특성이 뛰어 나지만, 비교적 오차가 크고 특성은 좋지 않은 편이다. 일반적인 오디오 기기에 많이 사용된다.

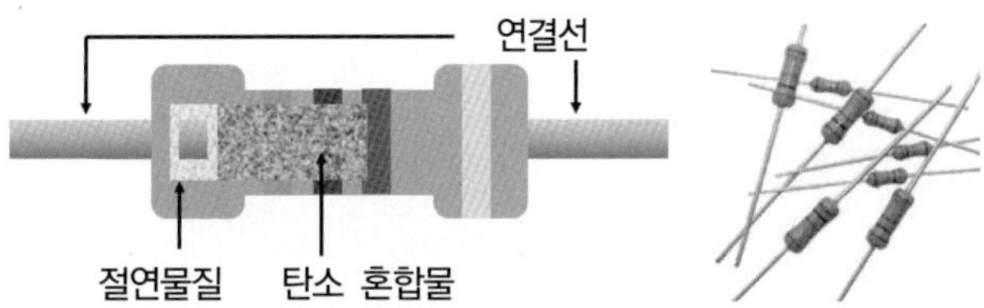

그림 9.13. 탄소 피막 저항

메탈필름 저항(metal film resistor) : 그림 9.14 메탈 필름 저항 구조는 세라믹, 유리 등의 부도체에 금속 또는 금속 합금을 증착 또는 부착시키고 값에 따라 나사선 모양으로 가공한 것으로 정밀도가 뛰어나고 잡음, 내구성 등 물리적 특성이 좋은 저항이다.

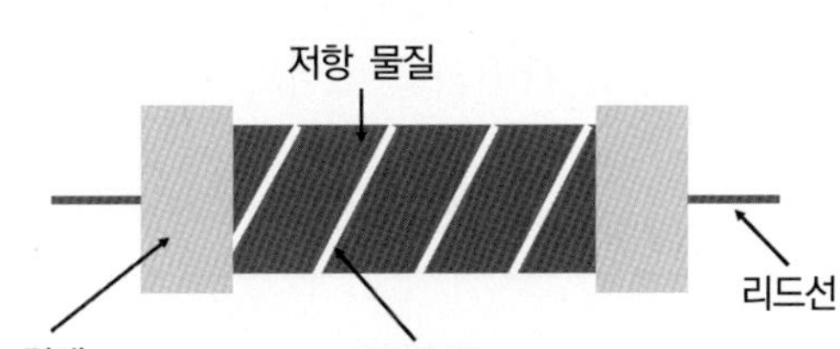

그림 9.14. 메탈 필름 저항 구조

음질은 맑고 깨끗하나 카본 콤포지션 저항에 비해 여린 특성의 음을 재현한다. 나선 모양으로 가공하는 방법으로 인하여 약간의 인덕턴스가 발생한다. 높은 전력의 저항을 만들기 어려워 주로 전원부를 제외한 현대 고급 오디오 기기에 폭넓게 사용되고 있다.

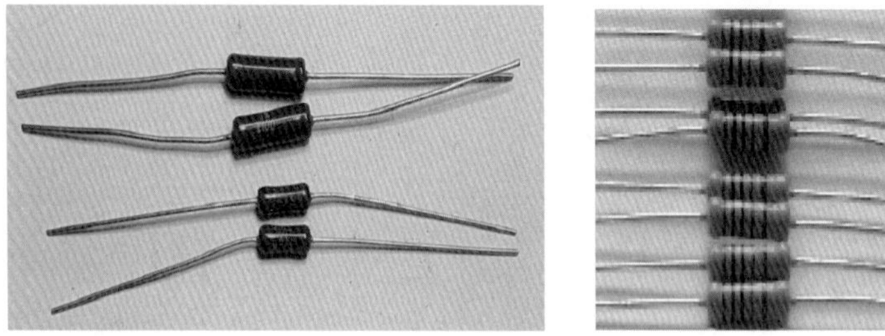

그림 9.15. 메탈 필름저항

산화금속피막 저항(metal oxide resistor) : 그림 9.16 산화 금속 피막 저항은 사기 또는 유리 부도체에 금속류를 산화시킨 산화금속을 입힌 것으로, 메탈저항과 비슷하지만 잡음 및 특성이 메탈저항에 비해 좋지 않다. 다소 높은 전력의 저항 제조가 가능해 전원부나 메탈필름 저항의 저가 대체용으로 사용된다. 일반형 오디오 기기에 폭넓게 사용되고 있다. 전원부에 사용하면 가성비를 높일 수 있다.

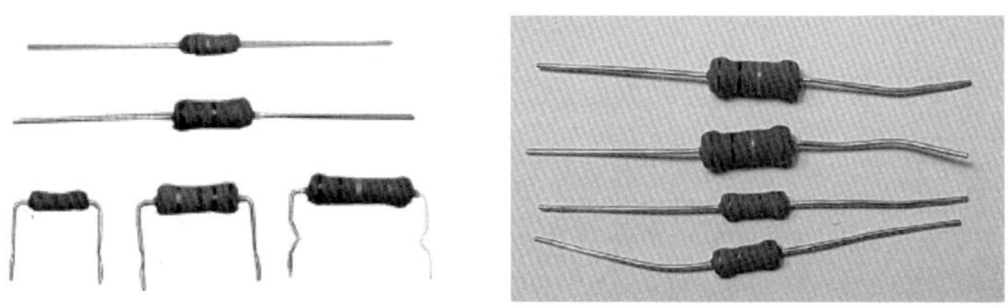

그림 9.16. 산화 금속 피막 저항

권선 저항(wire-wounded resistor) : 그림 9.17 권선 저항 구조는 구리, 니켈의 저항 선재를 세라믹 몸체에 코일 모양으로 감은 저항으로, 메탈클레이, 시멘트, 범랑 저항이 이에 속한다. 주로 고전력 용으로 사용되며, 내구성 및 신뢰도가 매우 뛰어난 저항이다. 그러나 높은 저항 값을 제조하기가가 어렵고, 유도성분이 많아 신호처리나 고주파 회로 사용 시 주의가 필요하다. 이를 보완하기 위해 인덕턴스를 없애기 위해 반대방향으로 되감은 무유도 저항(실제로는 저유도)이 생산 판매되고 있다.

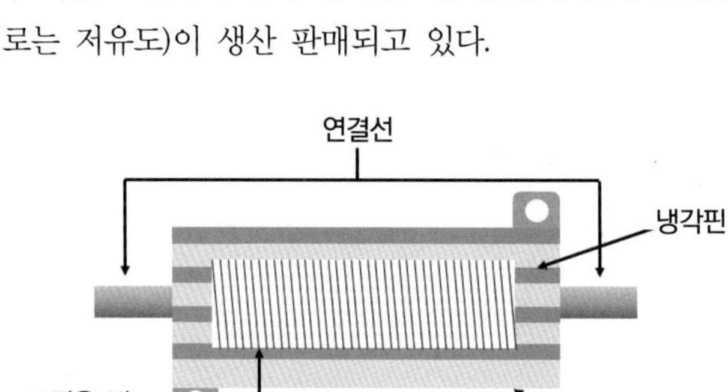

그림 9.17. 권선 저항 구조

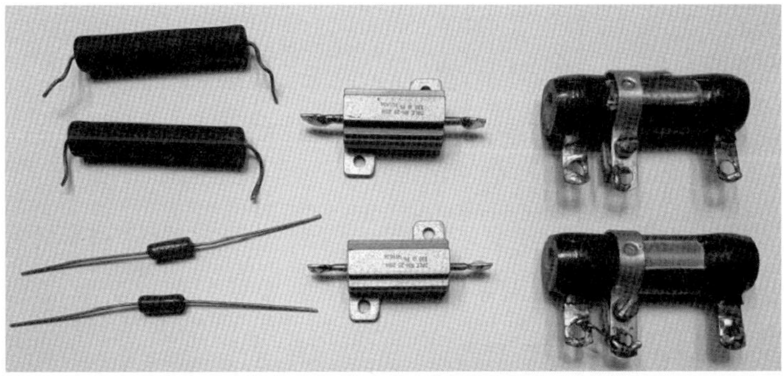

그림 9.18. 권선 저항

시멘트 저항(cement resistor) : 그림 9.19 시멘트 저항은 권선 저항 중 가장 저가 일반적인 제품이다. 권선 저항과 같이 구리, 니켈 저항 와이어를 코일 모양으로 감은 것을 시멘트 몸체로 몰딩하여 만든 것으로 전력부나 전원부 파워 저항으로 사용된다.

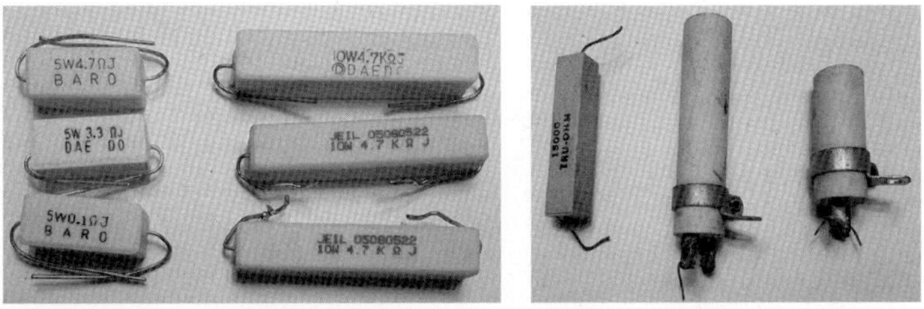

그림 9.19. 시멘트 저항

9.3.2. 저항의 연결과 용량 계산

그림 9.20 저항의 병렬 연결하여 사용하는 경우는 전력 용량을 배가 시키고 저항값을 감소시키기 위해서 사용하는 방법이다. 적용되는 수식은 $1/R = 1/R_1 + 1/R_2$, $W = W_1 + W_2$ 이다. 그림 9.20의 저항 총 용량(R)은 $1/R = 1(/3\ k\Omega) + 1/(3\ k\Omega)$ 으로부터 $R = 1.5\ k\Omega$이며, 허용전력(W)는 $W = 10\ W + 25\ W = 35\ W$이다.

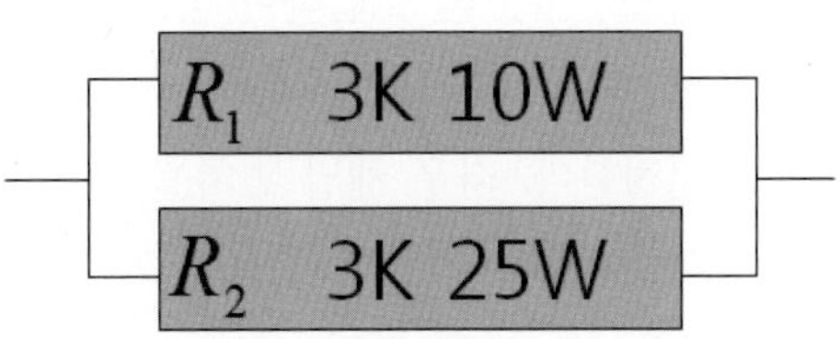

그림 9.20. 저항의 병렬 연결

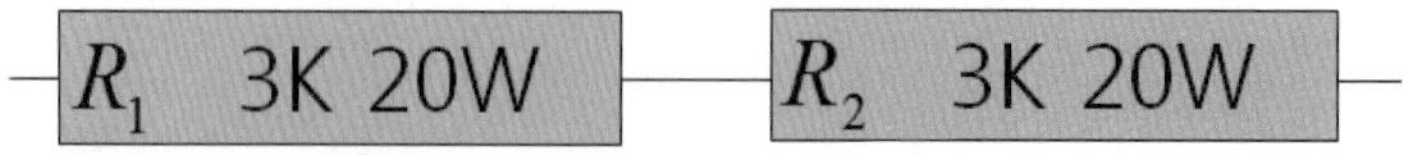

그림 9.21. 저항의 직렬 연결

그림 9.21 저항의 직렬연결은 저항 값을 큰 값으로 만들기 위해 사용되며, 허용전력은 감소하게 된다. 적용되는 수식은 R(W) = R_1 + R_2, 1/W = 1/W + 1/W 그림 9.21 저항의 총 용량(R)은 R = 3 kΩ + 3 kΩ = 6 kΩ이며, 허용전력(W)은 1/W = 1/20 W + 1/20 W = 10 W이다.

9.3.3. 저항값 계산

그림 9.23의 5 색 띠 저항과 같이 저항 값을 저항 몸체 표면에 숫자로 표시하거나 크기가 비교적 작은 1 W 이하의 저항은 색 띠로 표시한다. 색 띠로 저항 값을 표시할 때는 4~6 가지 색 띠로 저항 값 오차, 온도 계수를 표현한다.

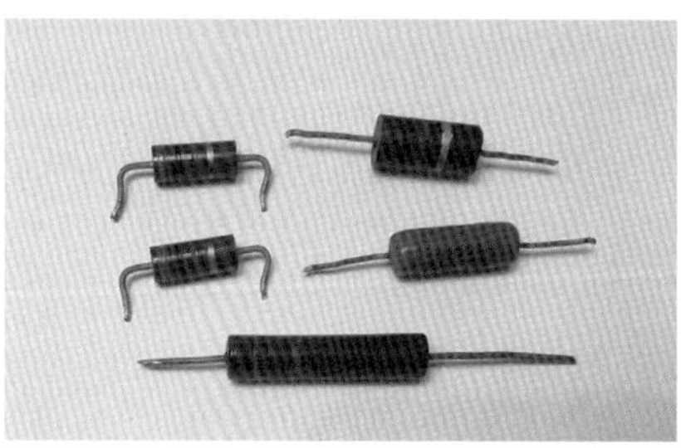

그림 9.22. 1 kΩ 저항

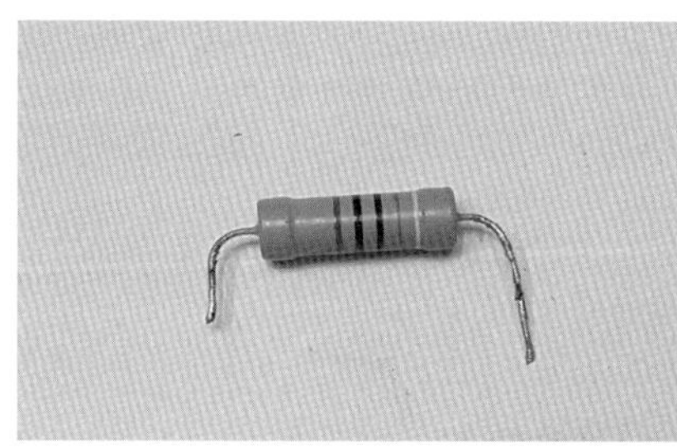

그림 9.23. 5 색띠 저항

아래 표 9.1은 가장 표준적인 4가지 색으로 저항 값과 오차를 표현하는 방법이다. 그림 9.22의 1 kΩ 저항 값은 조밀하게 색이 연결된 부분을 왼쪽으로 하여 값을 읽으면 왼쪽부터 갈색(1), 검정색(0), 빨간색(×100)으로 1,000 Ω 즉 1 kΩ이고 오차는 금색(5 %)과 은색(10 %) 이다. 그리고 검정색이나 표시가 없는 것은 20% 이다. 표 9.1을 참고하면 저항 값을 계산할 수 있다. 계산된 값으로 부품을 조립하여 앰프를 만들기 전에 항상 멀티테스터로 값을 확인하여 사용한다. 특히, 스테레오 앰프를 만드는 경우 좌우 채널에 사용할 위치의 저항을 비슷한 값으로 선정한다. 좌우 채널 편차를 줄이는 것이 좋은 앰프를 만드는 하나의 기술이라 할 수 있다. 단종이나 빈티지 음향 재현을 위해 중고 저항 부품을 사용하여 앰프를 수리하거나 제작하는 경우 필히 단선 여부와 값을 확인해야 한다. 앰프 완성도를 높이고 제작하면서 발생하는 고장 수리의 수고를 덜어 시간을 절약할 수 있다. 장기간 사용으로 열을 많이 발생한 저항은 저항 값이 변하는 경우가 많고 잡음을 발생하는 요인이 될 수도 있다. 가급적 신제품의 저항을 사용하고 스테레오의 경우 좌우채널에 동일한 저항 값의 저항을 사용하는 것이 좋다. 오디오 신호가 통과하는 FET의 드레인 및 소스, 트랜지스터의 컬렉터 및 이미터 저항이나 진공관 앰프의 캐소드 플레이트 저항은 음질에 많은 영향을 끼칠 수 있으므로 선택에 유의한다.

표 9.3. 저항값 계산표

색상	숫자	배수	오차
흑색	0	x1	20%
갈색	1	X10	1%(F)
적색	2	X100	-
주황	3	X1000(1K)	-
노랑	4	X10000(1K)	-
녹색	5	X100000(1K)	-
파랑	6	X100000(1M)	-
보라	7	X10000000(10M)	-
회색	8	X100000000(100M)	-
흰색	9	X1000000000(1000M)	-
금색	-	-	5%(J)
은색	-	-	10%(K)

9.4. 인덕터

진공관 앰프에는 몇 가지 종류의 인덕터가 사용된다. LP 재생을 위한 LCR RIAA 회로용 인덕터, 전원 평활용 초크트랜스, 그리드, 플레이트용 초크트랜스 등이 있다. 그리고, 스피커 네트워크 주파수 분할용 인덕터가 있다. 본 교재에서 설계 제작하는 솔리드 앰프 회로에서는 100 μH 고주파 발진 방지용 소용량 인덕터를 출력단에 사용한다. 전원이나 신호용에 사용하는 인덕터는 잡음유도를 방지하기 위해 차폐링이나 케이스에 에폭시로 몰딩한 인덕터를 사용하는 것이 좋다. 특히 소 신호용 프리앰프나 필터회로 전류가 많이 흐르는 전원 회로의 인덕터는 설치나 부품 선정에 주의해야 한다.

9.5. 반도체

증폭용 소자로 TR, MOS FET, J-FET, IGBT가 사용된다. 초단은 입력 임피던스를 높이기 위해 J-FET나 증폭률이 높은 수백 mW 급의 소형 트랜지스터를 사용한다. 드라이버단에는 수 W 급의 중출력 FET나 트랜지스터가 사용된다. 출력은 수백 W급의 MOS FET나 IGBT 파워 트랜지스터를 사용한다. 바이어스 전압을 안정시키기 위하여 정전류, 정전압 다이오드, 정류용으로는 실리콘 다이오드가 주로 사용된다. 입력 단에는 소자의 장점만을 고려하여 FET와 TR 직렬 회로로, 출력 단에는 출력 전류용량을 키우기 위해 소자를 병렬로 사용하기도 한다. 기타 뮤팅이나, 제어용으로는 주로 TR을 사용한다. 프리앰프나 정밀 제어용 전원용으로는 정전압 IC를 많이 사용한다.

9.6. 전원 트랜스

전원 트랜스포머는 상용 가정용 전원 220 V를 앰프에 필요한 교류 전압으로 높이거나 낮추는 중요 부품이다. 변환된 교류 전압은 정류 회로, 평활 회로를 거쳐 직류 전압으로 바꾼 다음 사용한다. 진공관 앰프의 필라멘트나 히터용 전원은 AC 잡음을 줄이기 위하여 정류하여 사용하거나 전압이 낮을 때나 방열형 진공관 사용 시에는 정류하지 않고 교류전압을 그대로 사용하는 경우도 많다. 트랜스 출력을 설계하기 전에 먼저 입력 전압과 주파수를 알아야 한다. 그림 9.24 전원용 트랜스와 같이 우리나라는 220 V AC 60 Hz를 사용하는데 미국에서는 110 V 60 Hz를 그리고 일본에서는 100 V 50 Hz를 사용한다. 그리고 전압이 낮을 경우에는 전원을 낮은 값으로 계산하여 제작할 수도 있으며, 220 V/110 V 겸용으로 설계할 수도 있다.

전원 전압이 불안정한 경우 높거나 낮은 값을 반영하기 위한 입력 탭을 설계에 반영할 수도 있다. 출력전원은 양파나 단파로 구성한다. 단파는 진공관 앰프의 필라멘트나 히터용 전원 소 출력 프리앰프 전원에 사용되는 경우가 많다. 0 점 탭이 센터에 있는 타입의 양파 전원은 진공관 파워앰프의 양파 정류 회로에 사용된다. 솔리드 앰프에서는 중점 탭이 있는 단파를 브리지 정류하여 양파 전원을 얻는 경우가 많다. 따라서 먼저 어떤 전원 회로를 어디에 어떻게 사용할 것인지를 결정하고 설계 시 양파, 단파 여부와 정류 및 평활시의 전류 손실을 계산해야 한다. 트랜스포머는 코어 제조사의 규격표에 따라 1 V 당 권선 수와 전류에 따른 권선의 굵기를 선정하여야 하며 트랜스포머 용량을 결정해야 한다. 전원 트랜스는 코일의 저항 성분과 자력의 누수 코어 발열 등 자체손실률이 10 %~20 % 정도 발생한다. 차폐 트랜스는 관례상 제작 시 1.5 배 굵은 권선을 사용하므로 저항 손실분을 반영할 필요가 없으나 이외의 경우에는 자체 손실률을 반영해야 한다. 용량이 부족하게 되면 과열로 인해 화재가 발생하거나 진동 및 발진으로 큰 잡음이 발생하여 음질의 열화를 초래할 수 있다. 특히, 350 V 이상의 고압용은 경험 많은 오디오 앰프 트랜스 전문 제작 업체에 주문 제작하여야 실패를 줄일 수 있다.

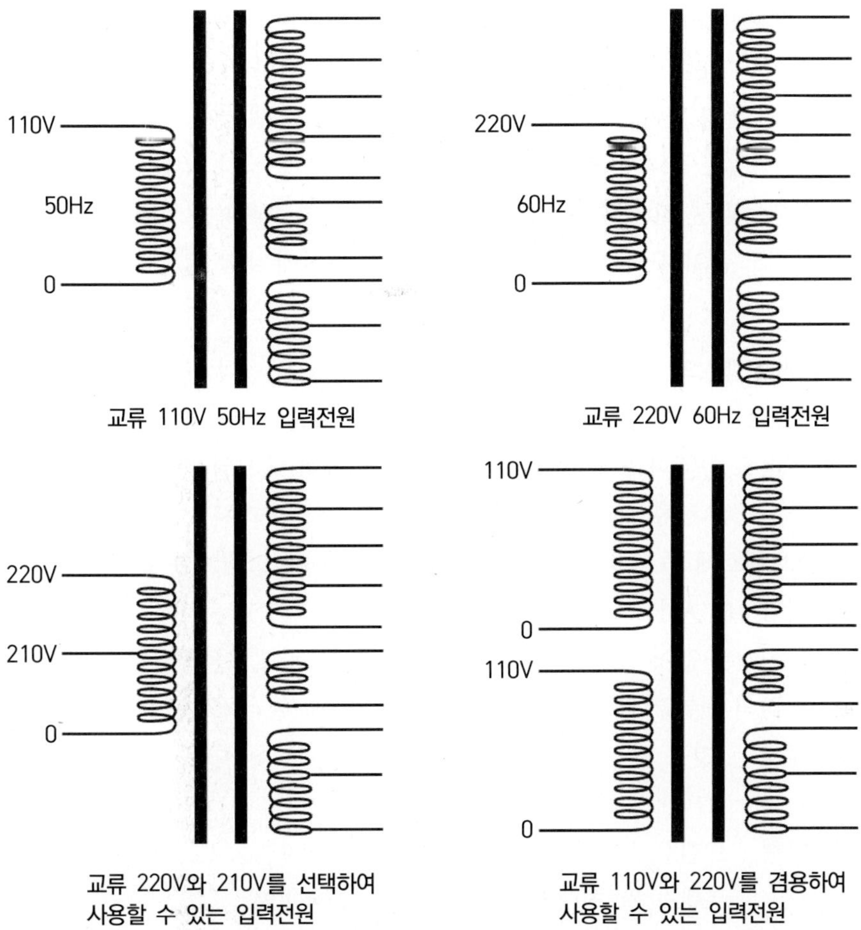

그림 9.24. 전원용 트랜스

입력 교류 전원의 전압 차이와 노이즈는 발열과 떨림 형식으로 음질과 앰프 동작에 직접 영향을 미치므로 확인하고 사용하여야 한다. 인입 전원이 불안정할 경우 별도의 AC 전원 안전 장치를 사용한다. 고주파 노이즈는 용량과 관계없이 발열과 떨림 현상을 유발하므로 전용 필터를 사용하여 차단하는 것이 좋다. 좁은 공간인 앰프에 트랜스포머를 배치하는 경우 배치 장소와 방향에 유의해야 한다. 트랜스끼리 근접하여 배치하면 돌이킬 수 없는 유도성 잡음이 발생된다. 배치 방향과 위치에 주의하여 전자회로적으로 감소시킬 수 없는 유도성 잡음을 최소화시켜야 한다. 트랜스를 취급할 때는 내부 코일 단선 방지를 위해서 리드선 또는 단자에 무리한 힘을 가하거나 납땜 시 과도하게 가열하지 않도록 한다. 또한, 내부 코일의 단선을 방지하기 위하여 운반 시에는 뒤틀림이 생기지 않도록 주의한다.

단파형 전원 트랜스의 전력 용량 계산법: 중점에 0 점 탭이 없는 권선법으로 반파 및 전파 브리지 정류에 사용된다. 권선은 0 점 탭을 시작으로 감아서 한 쪽으로만 전압이 나온다. 그림 9.25의 출력 탭 중 위쪽 탭은 전형적인 10 V 단파 탭이며, 아래 탭은 5 V 전압과 그리고 2.5 V 전압이 출력되는 형태이다. 일반형은 용량 계산 시 최대전류 × 전류 값으로 용량이 결정되는데, 여기에 안전율로 1.2 정도 반영한다. 차폐형은 차폐 권선 시 코일 두께가 1.5 배 정도 굵어지므로 전류 허용값이 올라가 권선에 대한 별도의 안전율을 고려할 필요는 없다.

양파형 전원 트랜스의 전력 용량 계산법: 센터 중점에 0 점 탭이 있는 권선으로서 전압은 0 점을 기준으로 양쪽 대칭으로 나온다. 그림 9.26의 트랜스 A)와 트랜스 B)는 같은 트랜스인데 전류값 표시만 다르게 한 것이다. 트랜스 A)에서 표시된 중점 전류 값은 트랜스 B)에서 표시한 양단 전류로 환산하면 70 % 값으로 된다. 따라서 그림 9.26 위쪽 그림 A) 양파형 전원트랜스에 중점 전류 0.1 A가 흐른다면, 아래쪽 그림 9.26 B)에서 300 V 양단의 전류는 각각 0.07 A가 흐르게 된다. 차폐형에서 1.5배(×1.5)는 차폐 권선 시 코일 두께가 굵어지므로 전류 값이 올라가기 때문에 설계 시 별도로 1.5를 곱해야 한다. 아래 수식에서 트랜스 B)의 전류값에 트랜스 A)의 전류값에 0,7배 한 것을 대입하면 두 가지의 전력 용량이 같다는 것을 알 수 있다.

* 일반형 : 트랜스 A) 최대전압 × 전류값 × 2 × 0.7 × 1.2
트랜스 B) 최대전압 × 전류값 × 2 × 1.2

* 차폐형 : 트랜스 A) 최대전압 × 전류값 × 2 × 0.7 × 1.5
트랜스 B) 최대전압 × 전류값 × 2 × 1.5

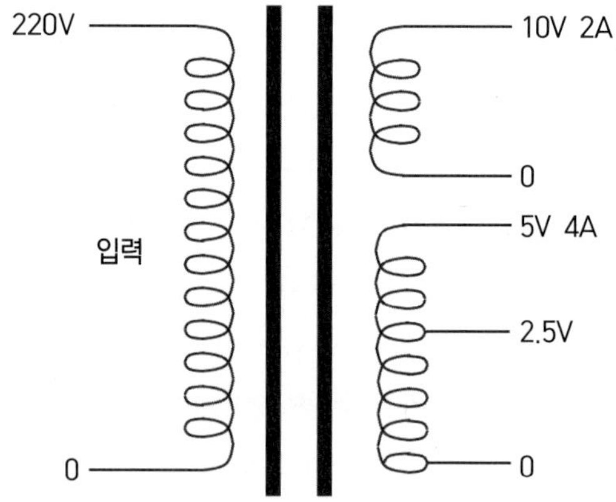

그림 9.25. 단파형 전원 트랜스

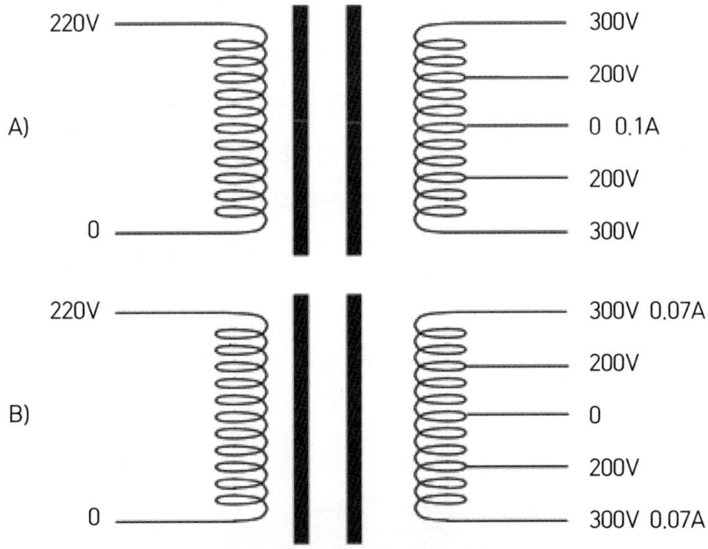

그림 9.26. 양파형 전원 트랜스

그림 9.25와 그림 9.26 같은 전원이나 쵸크 트랜스는 코일이 코어에 감겨져 있는 형태이기 때문에 전원이 들어가면 그림 9.27과 같이 누설 자속이 발생한다. 오디오 앰프에서 전원트랜스가 임피던스가 높은 입력단, 입력트랜스, 인터스테이지 트랜스에 근접할 경우 전원 트랜스의 누설 자속이 유입되어 잡음이 발생하는 경우가 종종 발생한다. 이러한 자속에 의한 잡음은 트랜스 방향이나 위치를 물리적으로 바꾸지 않고 전자적인 다른 해결 방법이 없다.

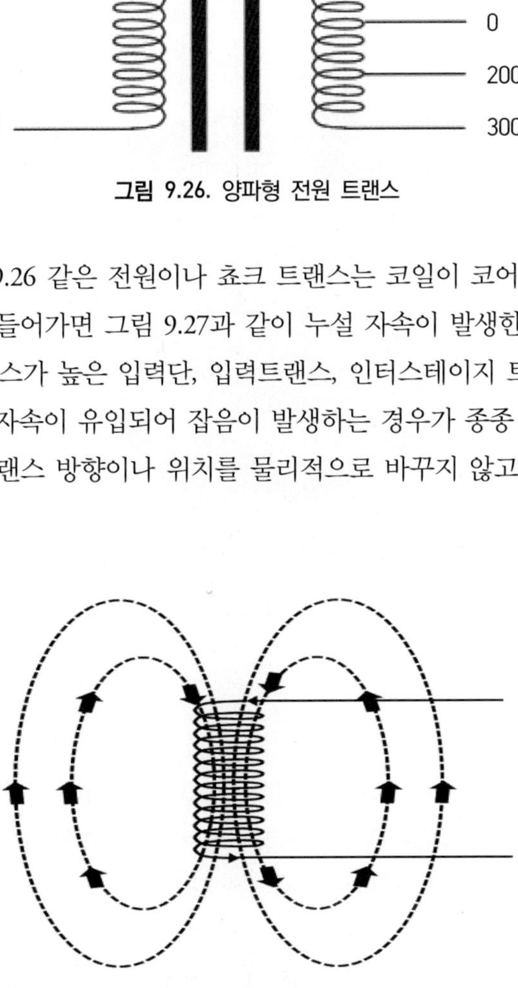

그림 9.27. 트랜스포머의 누설 자속

따라서 전원 트랜스를 배치할 때 누설 자속을 고려해 배치에 만전을 기하고 누설 자속이 발생하여 잡음이 생기는 경우 과감하게 트랜스의 방향이나 위치를 바꾸어 조치해야 한다. 다른 방법으로는 트랜스를 금속 용기에 수지로 몰딩하여 차폐하여 사용한다.

차폐하여 사용하면 가격이 상승한다. 경제적으로 대처하는 방법으로 그림 9.28과 같이 방향에 따른 누설 자속의 크기를 고려하여 1번과 2번 방향으로 동판 차폐링을 설치하거나 인접 트랜스와 배치 시 트랜스의 누설 자속의 방향을 고려하여 배치하는 방법이 있다. 그림 9.28에서 자속의 강도는 1번 〉 2번 〉 3번 순서이다. 전원 트랜스를 배치할 때 자속이 강한 방향에 입력단, 증폭단 배선이 되지 않도록 하여야 한다. 그리고 1번과 2번은 자속의 방향이 서로 직각이다. 따라서 2개의 트랜스가 배치될 때, 1번과 2번 방향을 서로 마주보도록 하면 자속이 상쇄하여 줄어들게 된다.

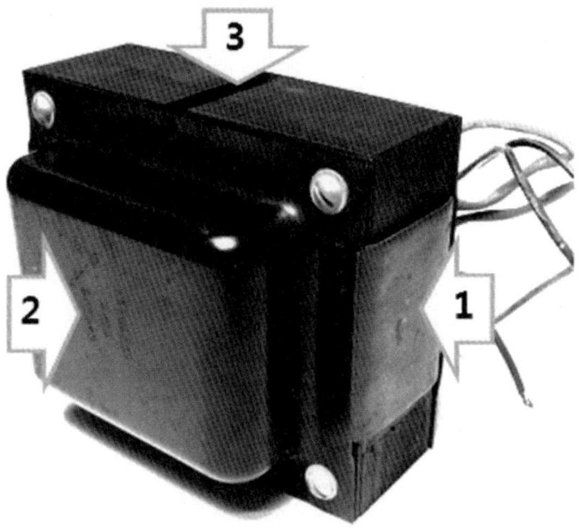

그림 9.28. 방향에 따른 누설 자속

9.7. 배선 및 방열판

기판과 외부 전원, 스피커 연결하는 단자는 배선하기 쉽도록 나사로 조이거나 풀 수 있는 형태의 것을 사용한다. 배선은 전원선은 18 AWG 내외를 사용하고, 신호 선은 쉴드 선을 사용한다. 스위치는 퓨즈콘센트가 내장된 일체형을 사용하며 배선 시 오배선이 되지 않도록 주의한다. 방열판은 알루미늄 재질을 사용하며 바이어스 전류를 많이 흘릴 때는 큰 방열판으로 교체하거나 케이스에 부착할 수 있는 큰 방열판을 사용한다. 나사나 서포트는 스테인리스, 합성수지, 주석 재질을 사용하여 부식에 대비한다.

제10장

프린트 기판 조립

10.1. 부품 검사

모양이 유사한 부품이 많으므로 부품표 표 10.1과 회로도를 참고하여 부품 수량이 맞는지 확인한다. 멀티테스터를 이용하여 저항, 콘덴서, 반도체 등의 부품 값과 이상 여부를 확인한다. PCB는 육안으로 합선 여부를 확인하고 의심이 가는 경우에는 회로도와 비교하여 테스터로 도통 시험을 한다. 부품은 분실되지 않도록 주의한다. MOS-FET는 정전기에 취약하므로 가급적 맨 손으로 리드선을 만지지 않도록 하고 전용 보관용 팩이나 알루미늄 호일 비닐봉지에 넣어 보관하도록 한다.

10.2. 기판 조립 및 납땜

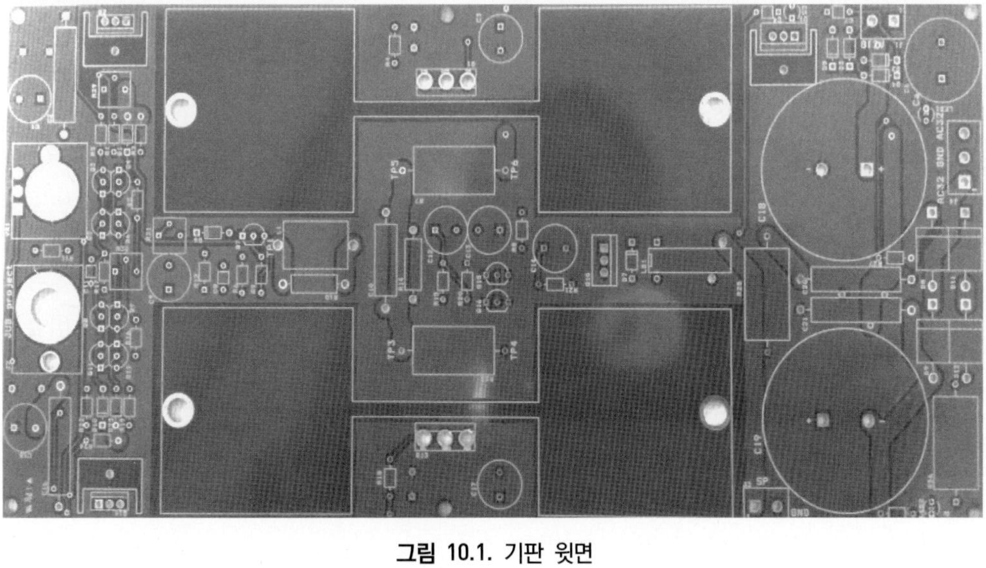

그림 10.1. 기판 윗면

그림 10.1은 기판 윗면 사진이고, 그림 10.2는 기판 아랫면 사진이다. 기판은 부품 면인 프린트 면이 위로가고 + 전원부가 위쪽으로 향하게 했을 때 회로도와 부품배치가 유사하게 제작되었다. 그림 10.1 사진과 같이 윗면이 위로 가게 위치시키고 부품을 조립하면 실수를 줄일 수 있다.

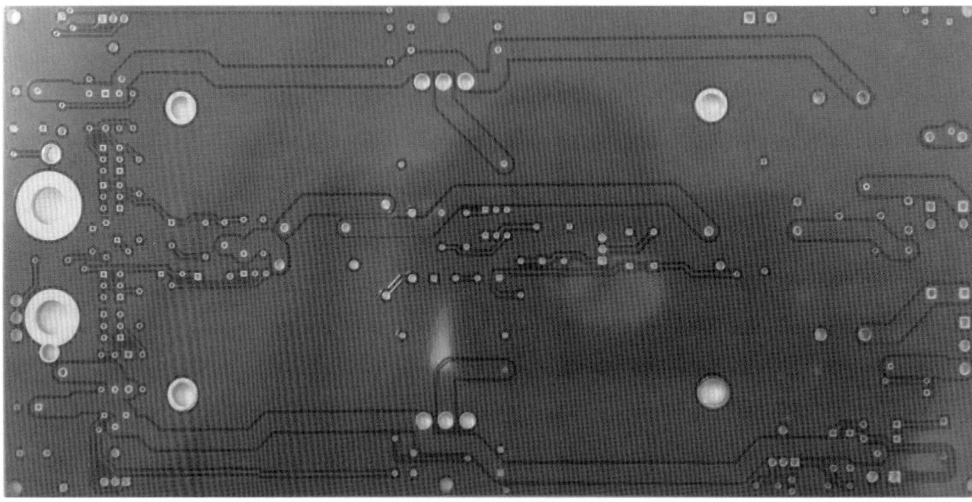

그림 10.2. 기판 아랫면

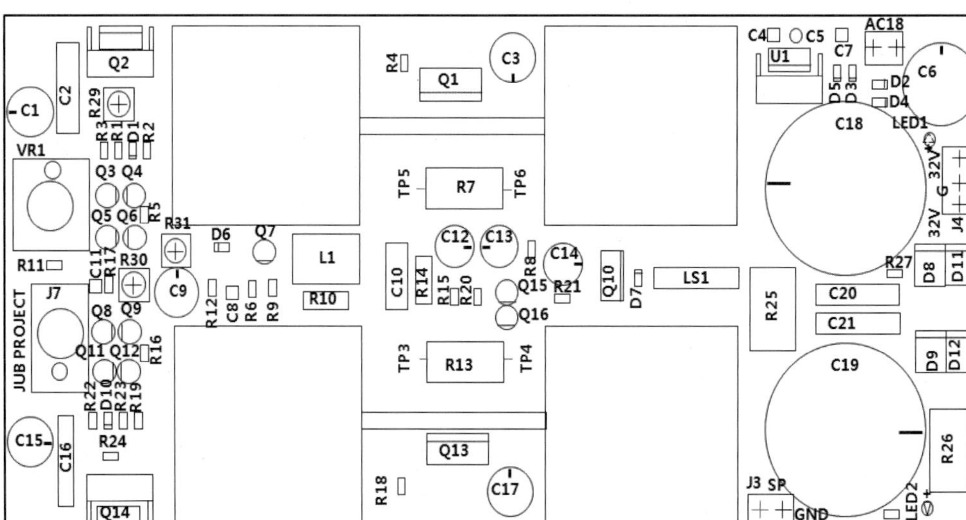

그림 10.3. 기판 조립도

표 10.1. 앰프의 주요 부품과 검사 방법

구분	품명	종류	규격	레퍼런스	수량	검사방법
1	반도체	TR	2SB649	Q2	1	- hfe측정 페어 확인 - 정방향 역방향 절연 측정
			2SD669	Q14	1	
			2SC1775(3200)	Q3/Q4/Q7/Q15/Q16	5	
			2SA872(1268)	Q11/Q12	2	
		FET	2SK170(246)-BL	Q5/Q6	2	- gm측정 페어 확인 - 정방향 역방향 절연 측정
			2sj74(103)-BL	Q8/Q9	2	
			2SK1058	Q1	1	
			2SJ162	Q13	1	
		달링턴TR	BDX53C	Q10	1	정방향 역방향 절연 측정
		LED	RED/GREEN	LED1/LED2	2	
2	IC	정전압	LM7812CT	U1	1	
3	다이오드	E152	1.5mA	D1/D10	2	정방향 역방향 절연 측정
		1N4002	200V 1A	D2/D3/D4/D5/D6/D7	6	
		6A06	6A 600V	D8/D9/D11/D12	4	
4	콘덴서	전해	1μF 50V	C5	1	- 멀티테스터로 단선여부 - LCR메터로 값 측정
			220μF 50V	C1/C3/C9/C12/ C13/C14/C15/C17	8	
			4700μF 35V	C6	1	
			10000μF 50V	C18, C19	2	
		세라믹	15pF 50V	C8	1	
			220pF 50V	C11	1	
		마일라	0.1μF 50V	C4, C7	2	
		필름	0.047μF 160V	C10	1	
			0.1μF 160V	C2, C16	2	
			1μF 160V	C20, C21	2	
5	저항	반고정	500Ω	SVR1, SVR2	2	좌우로 돌려 최소, 최대값 측정
			1kΩ	SVR3	1	
		볼륨	100kΩ	VR1	1	
		1/4WF	2.2kΩ	R1/R2/R22/R23	4	저항값 측정
			100Ω	R3/R19/R24	3	
			1kΩ	R12	1	
			220Ω	R4/R11/R18	3	
			68kΩ	R7/R21	2	
			470kΩ	R15	1	
			12kΩ	R5/R16	2	
			27kΩ	R6	1	
			470Ω	R10	1	
			100kΩ	R20	1	
			20kΩ	R13	1	
			10kΩ	R27/R28	2	
		2W	10Ω	R9/R17	2	
		5W	0.33Ω	R8/R14	2	
			4.7kΩ	R25/R26	2	
6	트랜스	전원용	220V:15V, 32Vx2	T1	1	도통 테스트
7	인덕터	Φ12*20	100μH	L1	1	값 확인
8	소켓	나사형	2P, 3Pin 소켓	J1/J3/J4	3	
9	릴레이	단접점	12V 3A	LS1	1	코일 단선 여부
10	커넥터	입력	RCA	J2	1	

기판은 그림 10.3 기판 조립도를 참고하여 회로와 부품 레퍼런스를 비교하면서 조립한다. 사전에 방열판 조립용 대형 십자 드라이버, 반고정 저항 조정용 소형 드라이버, 니퍼, 라디오 펜치, 와이어 스트립퍼, 부스터 기능이 있는 납땜 인두, 땜납, 멀티 테스터 등 공구를 준비한다.

■ 부품조립 순서

① 조립 순서에 따라 그림 10.4 기판 조립 시 주의사항1, 그림 10.5 기판 조립 시 주의사항2를 참고하여 조립한다.

② 땜질하기 전 기판에 작은 부품부터 삽입하고 부품 리드를 부품이 빠지지 않도록 부품 바깥쪽으로 살짝 구부린다. 이 때 릴레이나 코일과 같은 단일 부품이나 배치에 확신이 가는 부품은 땜질해도 된다.

③ 부품을 기판에 삽입한 후 남거나 부족한 부품이 없는지 다시 확인하고 배치에 확신이 가지 않으면 부품을 다시 분리하여 배치해 본다. 부품 위치가 확실하면 리드선을 부품반대 방향으로 좌우로 살짝 굽히고 삽입된 기판 동박면 도너스 형태의 원형 바깥쪽 둘레보다 약간 작게 리드선을 구부려 자르고 납땜한다. 납땜을 할 때에는 기판과 리드선을 함께 가열하면서 납을 녹이고 기판 홀 안까지 납이 스며들도록 해야 한다.

④ 땜질할 때는 기판에 납이 묻지 않고 들뜬 상태인 냉땜이 되지 않도록 기판면과 부품 리드선을 함께 가열하여 납을 충분히 녹여 묻혀 준다. 납땜할 때는 부품이 망가질 수 있으므로 납이 녹아 흐를 정도 까지만 가열한다. 납땜 인두는 부스터 기능이 있는 것을 사용하여 큰 부품을 때울 때는 부스트 기능을 사용하여 충분히 순간 가열해준다. 콘덴서, 반도체, 다이오드는 열에 약하므로 10초 이상 오래 가열하지 않도록 한다.

⑤ 방열판이나 단자 콘덴서 등 무게가 무거운 부품은 나사로 고정하거나 끼운 상태에서 납땜하여 고정한다. 초단의 FET, TR은 열적으로 결합하도록 마주보게 하여 강력본드로 고정 시켜주는 것이 좋지만 최종적으로 조정 완성 후 시행하는 것이 좋다. 외부 배선 연결용 단자는 외부에서 선을 연결할 수 있도록 배선 구멍이 바깥쪽을 향하게 한다.

⑥ D669, B649 중형 TR과 출력 2SK1058, 2SJ162 MOS-FET 는 방열판 절연지를 붙인 후 나사로 고정한다. 나사를 너무 심하게 조이거나 방열판과 절연지 부품 사이에 오물이 묻어 있으면 절연지가 찢어져서 절연이 파괴될 수 있다.

⑦ 데이터 시트를 참고하여 TR, FET, 레귤레이터의 단자 위치가 바뀌지 않도록 세심한 주의가 필요하다. 모양이 같은 소형과 중형 트랜지터는 N, P타입 즉, 2SA형과 2SC형 2SB형과 2SD형의 위치가 바뀌지 않도록 주의한다. 소형 초단 FET는 J, K타입 즉, 2SK 형과 2SJ형 위치 역시 위치가 바뀌지 않도록 한다. 출력 2SK1058, 2SJ162 MOS-FET는 위치가 바뀌면 파괴되어 큰 경제적 손실을 가져오게 되므로 주의한다.

⑧ LED는 PCB 납땜용 극성 판이 −사각 +원형으로 반대로 인쇄되어 있다. 프린트판에 인쇄된 부품 기호 화살표 방향은 전류방향과 같으므로 참고하여 조립한다.

⑨ 발진 방지용 초크 코일은 양쪽 단자의 에나멜선을 칼로 긁어 벗겨서 사용하여야 한다. 벗긴 다음 납을 녹여 묻힌 다음 조립하면 된다.

⑩ RCA단자는 나사를 풀어 절연용 부싱을 제거하고 부착하고 배선으로 기판과 연결하여야 한다. 나사는 충분히 조여 접촉 불량이 나오지 않도록 해야 한다. 초단의 입력 음량조절용 VR 100 kΩ B형 단자는 PCB 부품 면에 선으로 배선해 주어야 한다. RCA 단자 역시 배선으로 연결하여야 한다.

⑪ 반고정 저항은 500 Ω과 2 kΩ이 사용되는데 두 가지의 위치가 바뀌지 않도록 주의해야한다.(바뀌는 경우 바이어스와 영점 조정 범위를 벗어나 조정이 불가능함)

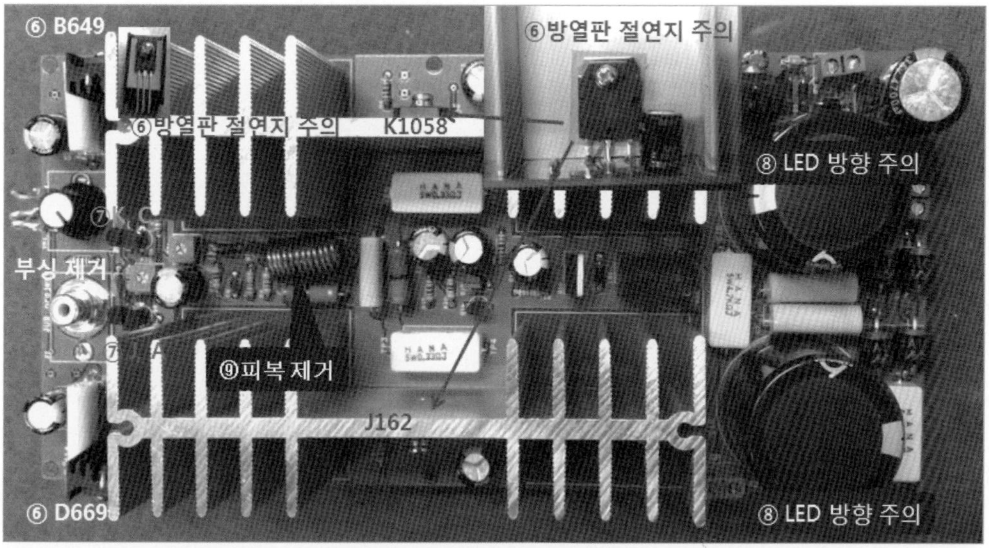

그림 10.4. 기판 조립 시 주의사항 1

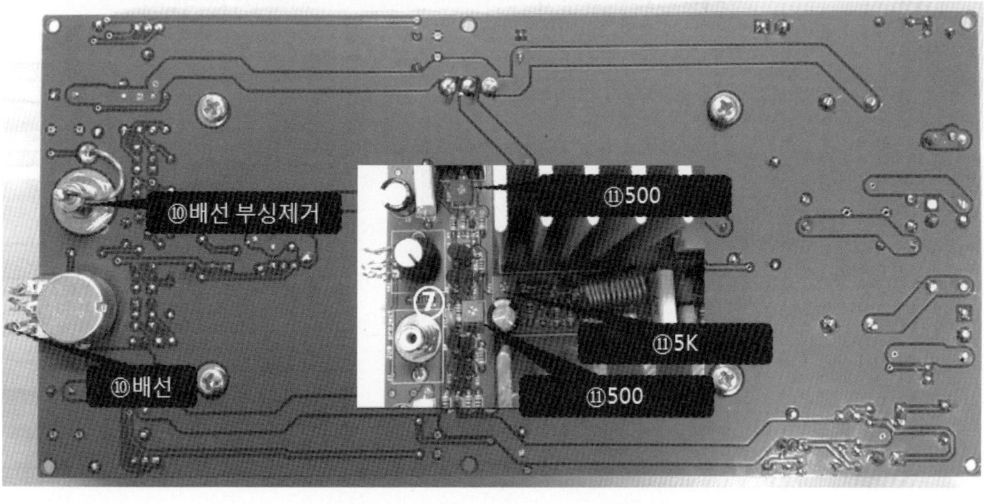

그림 10.5. 기판 조립 시 주의사항 2

제11장

스피커 인클로저 제작 및 배선

11.1. 스피커 유닛 선정

스피커 유닛은 S사 ME-08B40 풀 레인지를 사용한다, 17 kHz 까지 재생이 가능하며 고음 보강이 필요한 경우 풀 레인지 보다 능률이 좋거나 같은 트위터를 추가로 장착한다. 능률이 좋은 트위터를 장착할 경우 LC 스피커 네트워크 회로를 부착하고 이득 조정 회로를 구성하여 장착하도록 한다.

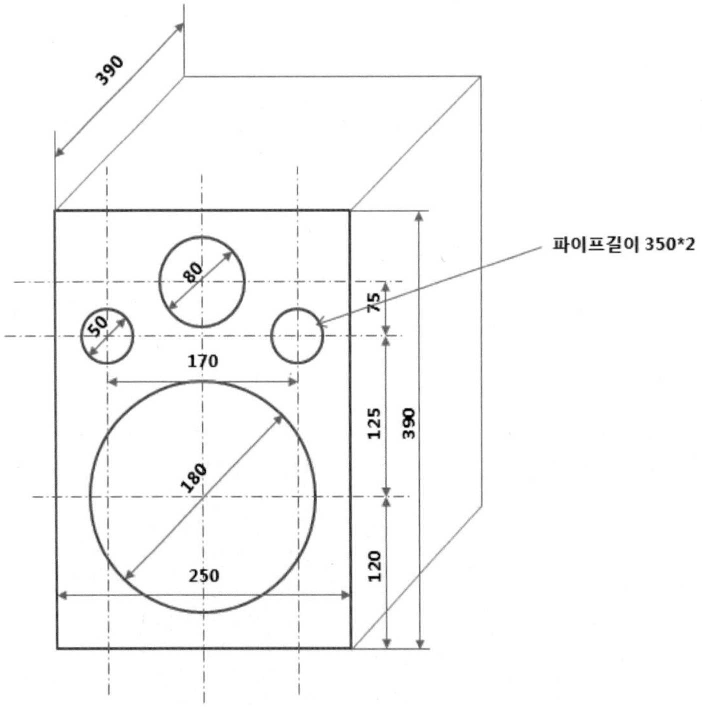

그림 11.1. 스피커 인클로저 설계도

11.2. 스피커 인클로저 제작

스피커 인클로저는 미리 만들어진 MDF 인클로저 외관을 페인팅하거나 아트 용지를 이용하여 취향에 따라 보기 좋고 멋있게 꾸민다. 인클로저 내부는 방음을 위해서 합성 소재 섬유 솜이나 전용 방음 소재를 1.5~2 cm 정도의 두께로 밀도 있게 압축하여 타카를 이용하여 압착하여 붙이도록 한다.

인클로저 뒷 판에 기판 서포트와 나사를 이용하여 기판과 트랜스를 부착한다. 스피커가 동작할 때 발생하는 진동으로 문제가 생기지 않도록 단단하게 고정해야 한다. 스피커 동작 시 케이블이나 기판 부품들이 흔들리면서 기생 진동이 발생할 수 있으므로 단단히 고정하도록 한다. 간단한 방법으로 트위터를 추가할 때는 계산 공식을 이용하여 저역 차단용 콘덴서 값을 계산하여 스피커 플러스 단자와 트위터 플러스 단자에 직렬로 추가한다. 트위터 구멍은 트위터를 추가하지 않을 경우 저음을 낼 수 있는 배플로 사용한다. 설치하지 않아도 큰 문제는 없지만, 구멍에 맞는 두께의 합성수지 파이프를 인클로저 뒷 벽면에서 4 cm 정도 간격을 두고 설치하도록 한다.

그림 11.2. 조립된 스피커 유닛 앞 뒷면 사진

11.3. 오디오 배선의 종류와 용도

신호와 전원부 배선 시 표 11.1 미국전선 규격 AWG(american wire gauge) 변환표 (단면적에 따른 허용 전류)에 의해서 선의 굵기를 정한다. 미국 규격으로 구리, 알루미늄 및 기타 전선의 굵기를 나타내는 단위로 전선의 지름 11.680 mm를 AWG 0 으로 0.127 mm를 AWG 36으로 하고, 그 사이를 39단계로 나눈 번호 체계이다. 구리선은 대개 AWG 18에서 26 사이의 굵기를 가지며, 전화망에서는 주로 AWG 22, 24, 26 등이 사용된다. AWG에서는 전선의 굵기가 가늘수록 숫자가 크다. 지름이 가는 전선은 동일한 거리에서 굵은 전선이 전송할 수 있는 양만큼의 전류를 전송하지 못한다. 즉, 허용전류 보다 굵은 전선을 사용하면 전류를 더 안정적으로 흘릴 수 있다.

11.3.1. 신호 및 전원부 배선

신호 배선은 입력과 출력을 멀리 떨어지도록 배선하며 부품배치 시 입력부에는 트랜스 등의 전원 회로가 근접하지 않도록 배치한다. 입력 배선은 차폐된 전용선을 이용하여 배선한다.

전원부는 많은 전류가 흐르는 부분이 많고 고압인 경우도 있어 용도에 맞는 재질을 고려하여야 한다. 규정 이상의 굵기를 사용하고 가급적 짧게 배선한다. 특히, 진공관 앰프의 플레이트 전원인 B전원은 고압이고 필라멘트나 히터에는 전류가 많이 흐르므로 고압 및 열에 견딜 수 있는 테프론이나 고무 면피복 소재로 제작된 전용 배선을 용도별로 선택하여 사용한다. 진공관의 필라멘트, 히터 등 교류(AC) 전원선은 유도를 방지하기 위하여 꼬아서 배선하며 입력 회로와 가급적 거리를 두고 배선한다. 전원선은 신호 입력부와 멀리 하여 잡음이 유입되지 않도록 배선될 수 있도록 해야 한다. 기판설계에서부터 고려하고 입력은 쉴드 선을 이용하여 잡음 유도를 방지하여야 한다. 접지선은 배선의 편리함으로 단선을 사용하는 경우가 많으나 연선이 주파수 특성 개선에 더 효과적이라는 주장도 있으므로 연선을 사용하는 것도 좋다. 접지선이 길어지는 일점 접지 배선에는 필히 연선을 사용한다.

표 11.1. 미국전선 규격 AWG(American Wire Gauge) 편환표

AWG 번호	지름 [Inch]	지름 [mm]	단면적 [mm^2]	저항값 [Ω/m]	허용전류 [A]	비고
4/0 = 0000	0.4600	11.7000	107(100)	0.0002	298~280(298)	■ AWG 6 증가 시 전선 지름 1/2로 감소 ■ ( ) 안 값은 KS 지정 600V 이하 비닐절연전선 표시와 허용 전류값 ■ 10AWG 이하는 mm^2값 × 7 = 허용전류 근사값 ■ 11~20AWG는 mm^2값 × 6 = 허용전류 근사값 ■ 18AWG는 약 1.0mm 단선 ■ 21~30 AWG는 mm^2값 × 5 = 허용전류 근사값 ■ 31~40AWG는 mm^2값 × 4 = 허용전류 근사값
3/0 = 000	0.4100	10.4000	85.0000	0.0002	257~240	
2/0 = 00	0.3650	9.2600	67.4(60)	0.0003	223(217)	
1/0 = 0	0.3250	8.2500	53.5000	0.0003	190~175	
1	0.2890	7.3500	42.4(38)	0.0004	165(162)	
2	0.2580	6.5400	33.6000	0.0005	139~130	
3	0.2290	5.8300	26.7(22)	0.0006	125(115)	
4	0.2040	5.1900	21.1000	0.0008	107~98	
5	0.1820	4.6200	16.8(14)	0.0010	94(88)	
6	0.1620	4.1100	13.3000	0.0013	81~72	
7	0.1440	3.6600	10.5000	0.0016	70	
8	0.1280	3.2600	8.36(8.0)	0.0021	62~55(61)	
9	0.1140	2.9100	6.6300	0.0026	55	
10	0.1020	2.5900	5.26(5.5)	0.0033	48~40(49)	
11	0.0907	2.3000	4.1700	0.0041		
12	0.0808	2.0500	3.31(3.5)	0.0052	35~28(37)	
13	0.0720	1.8300	2.6200	0.0066		
14	0.0641	1.6300	2.08(2.0)	0.0083	27~18(27)	
15	0.0571	1.4500	1.6500	0.0104		
16	0.0508	1.2900	1.3100	0.0132	19~12	
17	0.0453	1.1500	1.0400	0.0166		
18	0.0403	1.0200	0.8230	0.0210	16~7	
19	0.0359	0.9120	0.6530	0.0264	5.5	
20	0.0320	0.8120	0.5180	0.0333	4.5	
21	0.0285	0.7230	0.4100	0.0420		
22	0.0253	0.6440	0.3260	0.0530	3	
23	0.0226	0.5730	0.2580	0.0668		
24	0.0201	0.5110	0.2050	0.0842	0.588	
25	0.0179	0.4550	0.1620	0.1060	0.477	
26	0.0159	0.4050	0.1290	0.1340	0.378	
27	0.0142	0.3610	0.1020	0.1690	0.288	
28	0.0126	0.3210	0.0810	0.2130		
29	0.0113	0.2860	0.0642	0.2680	0.212	
30	0.0100	0.2550	0.0509	0.3390	0.147	
31	0.0089	0.2270	0.0404	0.4270		
32	0.0080	0.2020	0.0320	0.5380	0.093	
33	0.0071	0.1800	0.0254	0.6790	0.075	
34	0.0063	0.1600	0.0201	0.8560	0.06	
35	0.0056	0.1430	0.0160	1.0800	0.045	
36	0.0050	0.1270	0.0127	1.3600	0.04	
37	0.0045	0.1130	0.0100	1.7200	0.028	
38	0.0040	0.1010	0.0080	2.1600	0.024	
39	0.0035	0.0897	0.0063	2.7300	0.019	
40	0.0031	0.0799	0.0050	3.4400	0.015	

11.3.2. 접지 배선

전원접지(main ground)는 전원 인입단에 접지를 하여 전원의 기준 전위를 제공한다. 모든 전원은 전원 접지를 제로(zero)전위로 하여 상대적 전압이 걸리게 한다. 전기회로나 전기기기의 일부를 대지와 도선으로 연결하여 기기의 전위를 대지의 전위와 같은 0으로 유지하는 것으로 어스(earth, 접지)라고 한다. 지구는 거대한 도체이며 전위가 0이다.

표 11.2. 접지 종류

일점접지 (직렬접지)	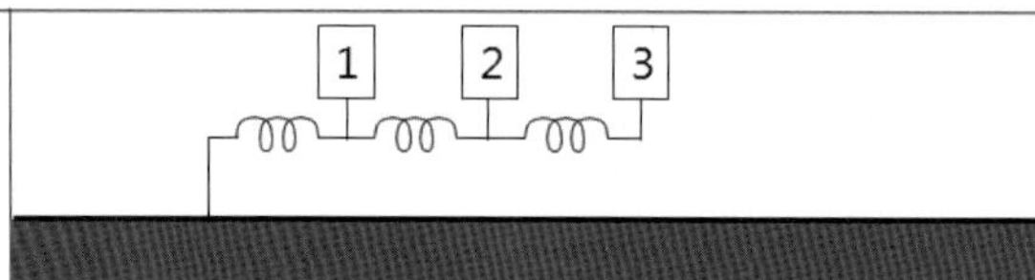
일점접지 (병렬접지)	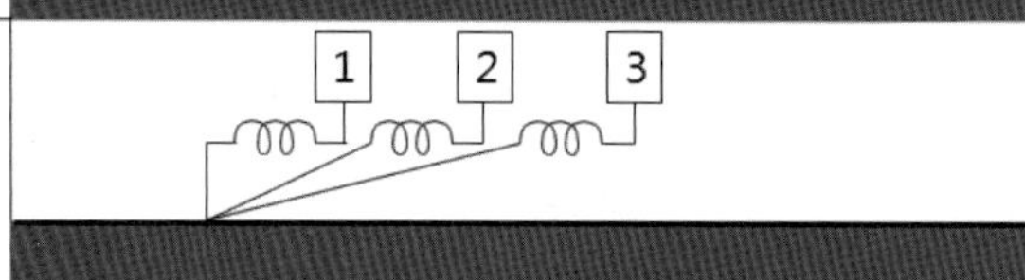
다점접지 (다점접지)	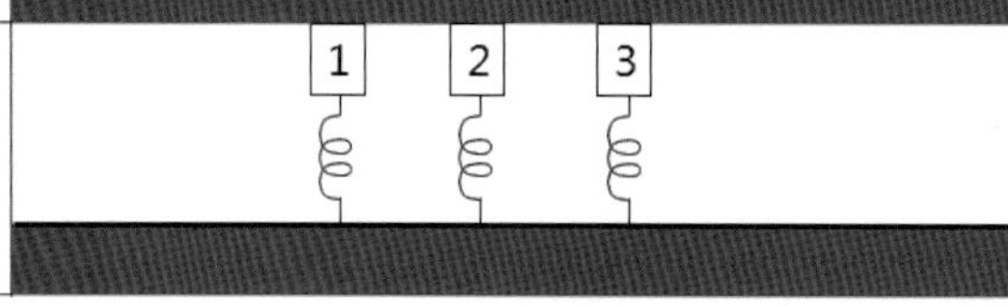

전류는 전위차가 있을 때 흐르는 것이므로, 이론상 접지가 되어 있는 전기기기에 사람의 몸이 닿아도 감전되지 않는다. 금속제 수도관을 이용해 접지하기도 하지만 스파크로 인한 화재 위험으로 가스관 이용은 금지하고 있다. 표 11.2의 접지 종류 표에서 오디오 앰프 회로 접지에서 직렬 접지를 하는 경우 주접지의 접지 점으로부터 각 회로의 접지를 직렬 접속하는 것으로 배선이 간단하지만 각 접지 간에 접지 전위차가 발생할 수 있다. 접지 시에는 신호 흐름에 따라 루프가 형성되지 않도록 주의해야 한다. 병렬 접지는 주접지점으로부터 각각의 장비에 병렬로 접속하는 방법으로 회로 간에 전위차 발생하지 않아 가장 좋은 결과를 얻을 수 있지만 배선이 복잡하다. 직·병렬 접지는 분기 단위로 병렬접지와 직렬 접지를 혼용하는 방식으로 회로가 복잡할 경우 추천할 만한 접지방식이다. PCB를 제작하는 경우도 직·병렬 접지를 쓰는 방식이다. 외부 입출력 배선 시 루프가 형성되지 않도록 하는 것이 접지 배선의 주안점이다.

11.4. 전원 스위치 배선 및 스피커 연결

전원 스위치 배선은 220 V 상용 전원이 흐르므로 회로가 단락되지 않도록 주의하여야 한다. 회로가 동작할 때 스위치에 램프가 켜지도록 배선하여 전원 투입 여부를 알 수 있도록 한다. 샘플을 참조하여 배선하며 확신이 갈 때까지 이해한 후 배선하도록 한다. 스위치 아랫부분의 퓨즈 홀더에 소형 250 V, 2 A 퓨즈를 끼워야 회로가 연결된다.

스피커는 스피커 연결단자에 AWG 18번 선으로 연결하면 되는데 GND와 신호선이 바뀌지 않도록 주의해야 한다. GND는 스피커의 －단자 신호는 ＋단자에 연결되어야 한다. 만일 극성이 바뀌면 스피커 신호 위상이 180도 바뀌게 되어 정상적인 소리를 재현할 수 없다.

제12장

조정 측정 평가

12.1. 바이어스 및 0점 조정

앰프의 게인은 1 + R6/R12 으로 피드백 저항 R6을 조정하면 게인을 조정할 수 있다. 42 V 전원 공급, 출력 50 W 앰프로 별도의 프리앰프 없이 CDP 출력을 바로 연결할 수 있다. 초단은 정전류 다이오우드에 의해 1.5 mA의 아이들링 전류가 흐른다. 상하 밸런스는 SVR1, SVR2, SVR3을 이용하여 출력단에 DC가 걸리지 않도록 조정한다. 바이어스 조정용 저항으로 R7, R13에 80～100 mA를 흘려 AB급 동작을 시킨다. 이 경우 각각 저항 양단전압이 0.03 V 정도가 된다. 그림 12.1과 그림 12.2의 설명을 참조하여 조정한다.

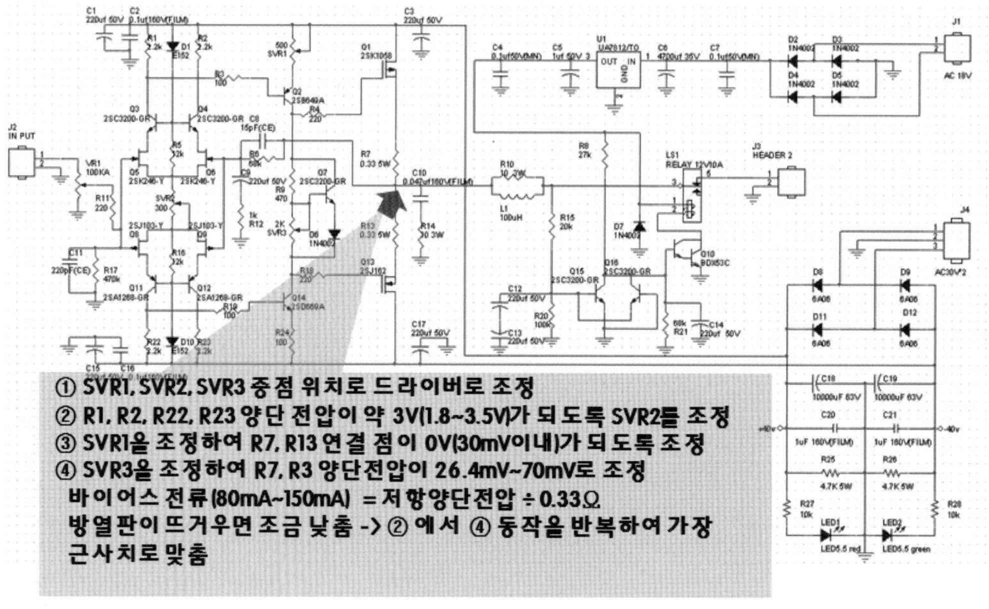

그림 12.1. 조정 사항 1

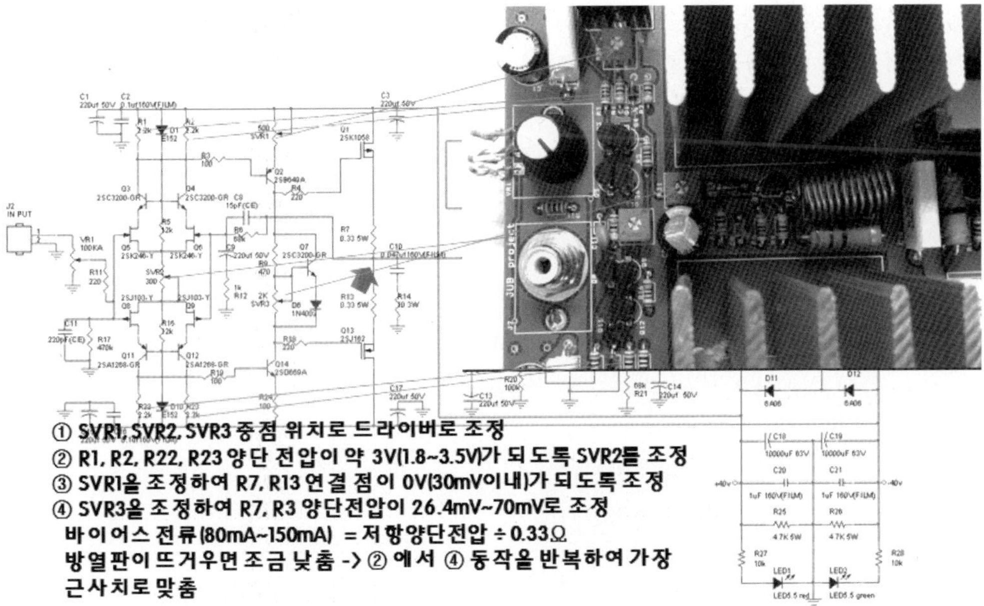

그림 12.2. 조정 사항 2

12.2. 뮤팅 회로 타이밍 조정

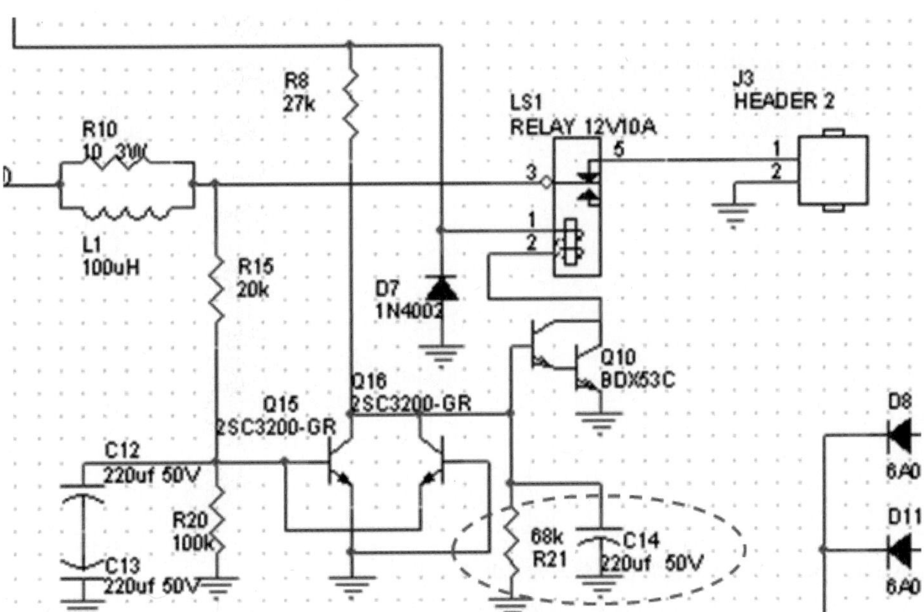

그림 12.3. 뮤팅 회로 조정

그림 12.3에서 뮤팅 타임은 대략 R21 * C14 = 0.68 * 68000 * 0.00022 으로 약 14초 정도이다. 이 시간 값은 정확하지는 않다. 따라서 저항과 콘덴서 값을 조정하여 원하는 시간으로 조정하도록 한다.

12.3. 주파수 특성 측정

그림 12.4와 같이 RCA 입력단자에 오디오 함수 발생기에 정현파를 선택하고 오실로스코프 채널 A에 연결한다. 스피커 출력단자에 오실로스코프 B채널을 연결한다. 그림 12.5에 색을 구분하여 오실로스코프 A, B 출력을 그래프로 그린다.

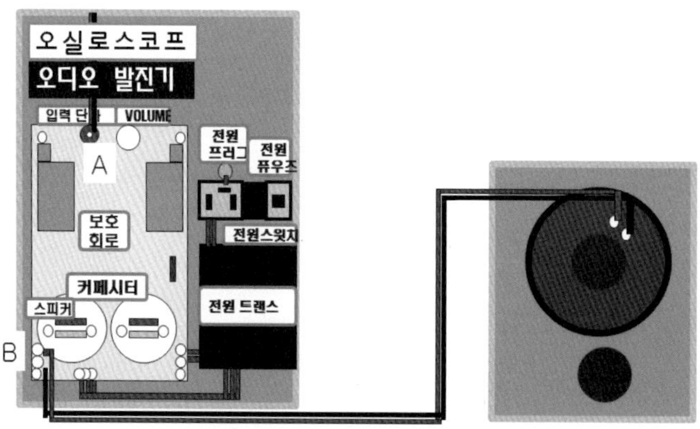

그림 12.4. 주파수 측정 구성도

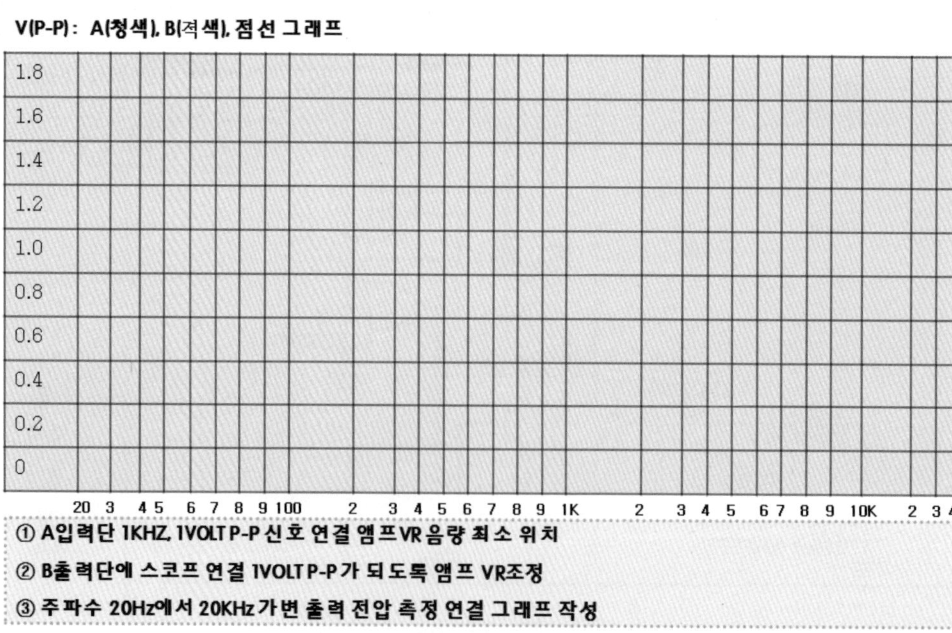

그림 12.5. 주파수 특성 측정용 그래프

12.4. 외관 및 디자인 평가

스피커 시스템 인클로저는 1학기 진행으로 시간이 촉박한 공정상의 문제로 MDF (medium density fiberboard)로 제작된 기본 인클로저가 제공된다. 제공된 MDF 인클로저의 외관을 미적 감각을 발휘하여 미려하게 장식하고 내부에 흡음제를 부착한다. 스피커, 제작한 앰프를 배치하고 배선하는 것은 학생들이 프로젝트로 수행해야 한다. 인클로저의 모서리 부분 처리를 기술적으로 잘 처리해야 하며 내부 배선은 스피커 동작 시 발생하는 진동에 흔들리지 않도록 접착제나 클립 등으로 잘 고정해야 한다. 반사와 기생 진동을 줄이고 진동을 흡수하기 위해서 스피커 내부는 합성수지 솜이나 목화솜, 전용소재로 제작된 흡음 펠트를 MDF 표면에 2 cm 정도의 두께로 단단하게 압축하여 타카로 부착한다. 촘촘하게 압착하지 않으면 효과가 없으므로 주의해야 한다. 경제적으로 제작하기 위하여 반사되는 한 쪽 면만 처리해도 문제는 없다. 뒷쪽에 부착되는 기판과 전원 트랜스를 부착할 때는 무게가 많이 나가는 트랜스를 아래쪽에 배치하고 AC 인입선 부분은 감전에 주의하여 처리하여야 한다. 뒷판과 기판을 지지해 주는 서포트 등은 진동에 견딜 수 있도록 고정하고 필요시 고정용 전용 본드를 이용해 고정한다.

12.5. 청음 평가

그림 12.6. 청음 평가용 증폭 스피커

평가를 위해서는 본인이 평소 자주 듣는 CD나 LP, 또는 음악 파일을 준비한다. 편안한 마음으로 스피커를 중앙에 두고 소리를 감상한다. 자주 듣는 음악을 들으면 오디오 시스템에 문제가 있는지 바로 느낄 수 있다. 청취 시에는 사람 목소리가 들어가 있는 보컬 곡을 준비하여 한 두 곡 들어 본다. 오디오를 잘 몰라도 사람 목소리, 특히 익숙한 가수가 내는 목소리는 이상이 있는지 쉽게 판별되기 때문이다. 볼륨을 줄여 작은 소리로 들어보고 볼륨을 높여 큰 소리로도 들어본다. 다양한 장르의 음악을 서너 곡 들어보고 볼륨을 높여 큰 소리로도 들어 본다. 경험 있는 오디오 전문가나 음악 전문가와 함께 보컬, 째즈, 민요, 국악, 관현악 합주곡 등 다양한 장르의 음악을 들어보면서 자연스럽게 소리가 재현되는지 평가한다. 소리를 너무 작게 하면 충분한 소리 재현이 되지 않으므로 시끄럽지 않고 편안하게 음악을 감상할 수 있을 정도의 음량으로 감상하면서 평가한다. 이때 험이나 화이트 노이즈 등의 잡음이 발생하는지 소리가 부자연스러운지 증폭률이 부족한지 등을 평가한다. 정상적인 조립과 조정이 끝나고 배선이 완료된 상태에서 대부분 안정적으로 동작한다. 험은 전원부분 배선이나 부품 이상 앰프부분의 과도한 전류에 의해서 발생하므로 원인을 찾아 교체 또는 교정한다. 소리가 명확하지 않을 때는 스피커의 +, - 단자와 앰프부 배선이 바뀌지 않았는지 확인한다. 동작 도중 릴레이가 작동하여 소리가 뮤트되면 영점이 불안정한 것이므로 영점조정과 바이어스 조정을 다시 한다. 하루정도 계속 작동시켜 이상이 없으면 완성된 것이다. 하루 동작 후 바이어스 영점 주파수 특성에 이상이 없는지 확인하고 검사를 받는다.

12.6. 설계 제작 개선사항

전체적인 배치의 균형감, 인체 공학을 고려한 배치, 진동 안전 등 평가 시 발생한 문제점이 있으면 수정한다. 또한, 전원부 배선 시 감전이나 합선, 절연 문제가 없는지 다시 확인하고 문제가 있으면 보완한다.

프로젝트 수행을 위해 사용한 부품들은 경제적인 이유로 최상의 것을 사용하지는 못했다. 회로나 기본 구조 등은 거의 프로 수준의 오디오 앰프 회로로 실용에 지장은 없지만 개선을 위해서는 다음의 조치가 필요하다. 프로젝트 진행에 사용한 8 인치 풀 레인지 스피커로 전대역을 커버하기에는 기생 진동 등 문제가 발생한다. 볼륨을 올리면 기생 진동이 발생하여 명료도가 저하되는 것을 크게 느낄 수 있다. 스피커 크기에서 발생하는 저역 재생에 한계(데이터 시트 참조)가 있고 고역재생도 불충분하다. 취향에 따라 저역 주파수 보강이 필요하면 스피커와 인클로저를 큰 것으로 교체하고 3웨이 정도로 멀티채널화 한다. 20 Hz 대역까지 재생하기 위해서는 15 인치 정도의 우퍼가 필요하다. 고역용 트위터도 적용해야 한다. 증폭 회로에서 초단은 FET 차동형, 드라이버단은 트랜지스터, 종단에는 MOS-FET를 사용하여 소자의 장점 만을 골라 설계한 오디오 앰프 회로로 재생 주파수는 DC에서 20 kHz 이상까지 동작이 가능하고 열적으로도 안정된 동작을 한다. 그러나 사용 시 주의할 점으로는 입력 FET 임피던스가 높아 잡음 유도에 주의해야 한다. 또한, 공간과 경제적인 문제로 방열판이 다소 작게 설계되어 있다. 전류를 많이 흘려 음질 특성 개선이 필요한 경우 방열판 크기를 다시 설계 적용해야 한다. 또, 경제적인 문제가 없다면 성능 개선을 위해서 사용하는 부품의 일부 교체가 필요하다. 전원 평활용 10,000 ㎌

전해 콘덴서는 저 임피던스 오디오 전용 콘덴서로 교체한다. 오디오 신호 흐름에 관계되는 저항은 오디오용 고급 탄탈 저항이나 산화 금속 필름 저항으로 교체하면 음질 개선 효과를 볼 수 있다. 전원트랜스 역시 전류를 충분히 흘릴 수 있는 크기로 몰딩 처리된 오디오 전용 트랜스로의 교체가 필요하다. 부품 교체 후 음질은 보다 청명하고 힘이 넘치며 부드러운 감을 느낄 수 있을 것으로 기대된다.

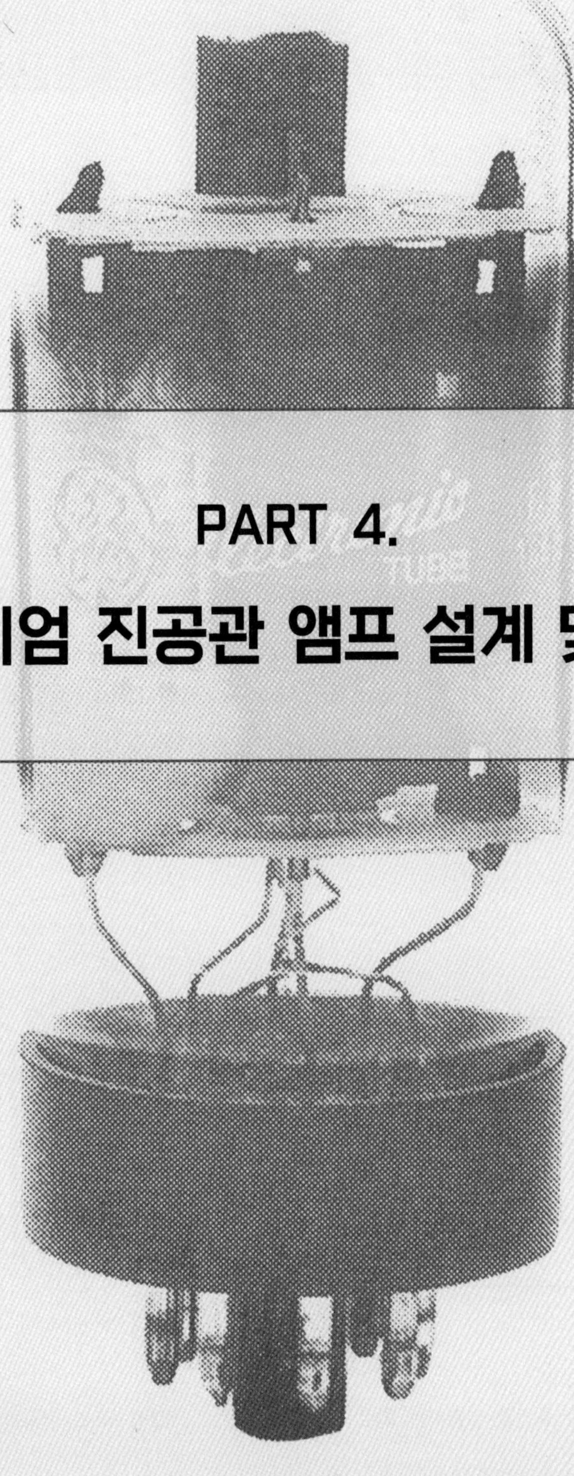

PART 4.

프리미엄 진공관 앰프 설계 및 제작

제13장

진공관의 기초 지식

13.1. 진공관의 동작 원리

에디슨은 1883년 간단한 2극관의 음극(필라멘트 또는 히터)을 가열하면, 부(−)의 전하를 가진 열전자를 그 표면에서 방출한다는 것을 알게 되었다. 이것을 에디슨 효과라고 명명하였는데, 에디슨 효과를 알게 됨으로써 진공관이 발명되었다. 에디슨 효과는 그림 13.1과 같이 필라멘트 부근에 설치한 애노드(양극 또는 플레이트)에 양의 직류 전압을 인가하고 음극인 필라멘트에 열을 가하게 되면 전자가 방출되어 플레이트 전류 I_p가 흐르는 것이다. 이후 드포레가 제3의 전극 그리드를 히터와 플레이트 사이에 넣어 그리드의 전압을 여러 가지로 변화시키면 플레이트 전류를 제어할 수 있다는 것을 실험적으로 확인한 이래, 진공관의 성능이 개선되어 증폭, 정류, 발진 등을 할 수 있는 그림 13.2와 같은 소자로 자리 잡으면서 성공적인 전파 시대를 열게 된다.

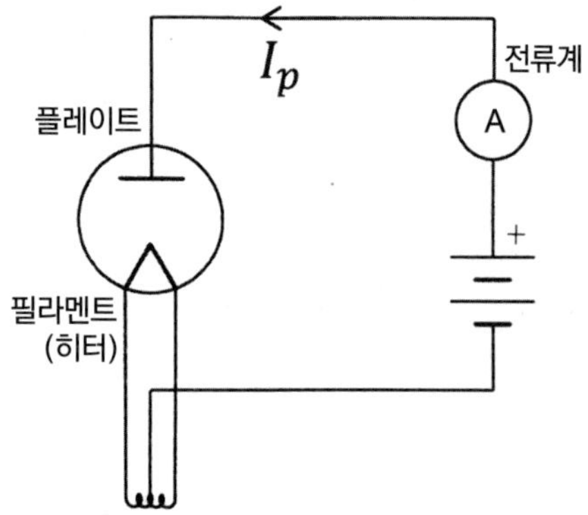

그림 13.1. 에디슨 효과를 실험하는 회로

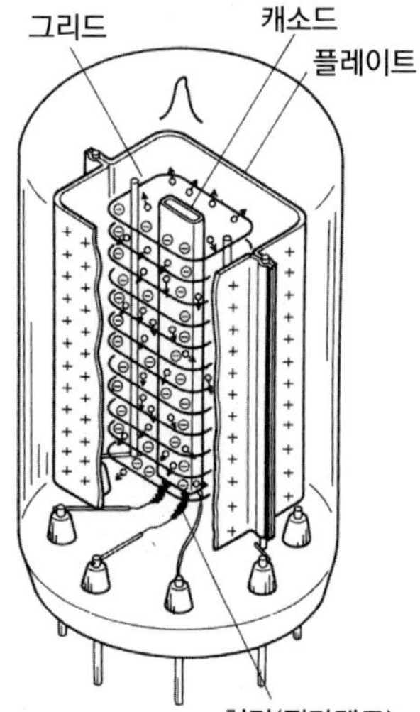

그림 13.2. 진공관의 구조

13.1.1. 진공관의 형태 및 용어

진공관은 2극관과 3극관이 있는데, 그림 13.3은 기본적인 형태와 구조를 보여주고 있다. 그림 13.3(a)의 2극관의 경우, 히터(heater)에 의하여 열을 가하면 뜨거워진 캐소드(heated cathode)에서 전자가 방출되어 애노드(anode)로 향하게 된다. 이 경우 캐소드에는 음(−)의 전압을 가하여 전자를 방출하게 하고, 애노드는 양양(+)의 전압을 가하여 전자를 끌어들이게 한다.

그림 13.3(b)는 3극관으로 히터에 의하여 열을 가하면 뜨거워진 캐소드에서 전자가 방출되어 애노드로 향하게 되는데, 캐소드와 애노드 사이에 그리드 전압을 인가하여 진공관에 흐르는 전자의 양을 제어한다.

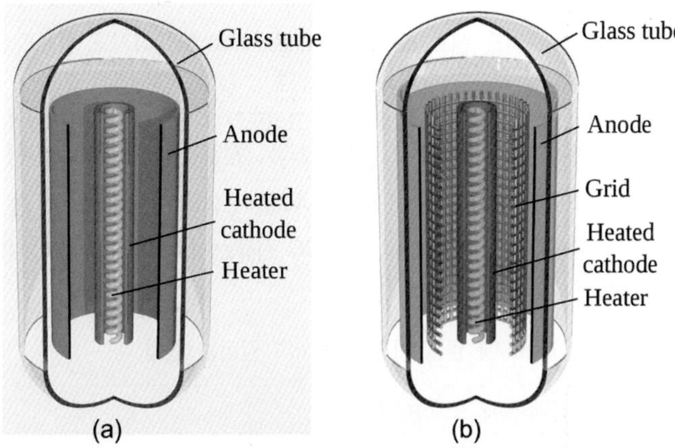

그림 13.3. 2극관(a)과 3극관(b)의 형태와 영어 이름
(출처 : 위키백과)

진공관에서 사용하는 전문적인 용어를 표 13.1에 정리한다.

표 13.1. 진공관 용어 설명

용어	설명	기호(단위)
히터, 필라멘트	Heater, filament. 캐소드에 열을 가하는 용도로 전구의 필라멘트와 같은 역할임. 히터가 직열형인 경우 필라멘트라 함	
캐소드	Cathode. 음(-)의 전압을 인가하고 열을 가해서 전자를 방출하는 판	
애노드 = 플레이트	Anode or plate. 양(+)의 전압을 인가하여 전자를 받아들이는 판	
그리드	Grid. 진공관에 흐르는 전자의 양을 제어함. 즉 그리드의 전압을 변화시켜 플레이트 전류를 제어	
B전압	플레이트 공급하는 DC 전압. 플레이트에 양의 전압이 걸리도록 하므로 B+로도 표시	B+, E_{bb} (V_{DC})
C전압	그리드 공급하는 DC 전압	E_c (V_{DC})

용어	설명	기호(단위)
플레이트 전류	플레이트에 흐르는 전류, 전류 방향은 플레이트로 흘러들어가는 방향임. 기호는 플레이트(plate) 전류 I_p와 B전압에 의한 전류 I_b를 혼용해서 사용	I_p, I_b (A)
플레이트 바이어스 전압	캐소드를 기준점으로 할 때 플레이트에 걸리는 DC 전압. 플레이트 부하 저항이 0Ω일 경우에는 플레이트 바이어스(bias) 전압 E_b은 플레이트(plate) 공급 전압 E_{bb}와 동일. 플레이트 바이어스 전압 E_b은 플레이트 공급 전압 E_{bb}에 $I_b \times R_p$를 차감한 값이다. $E_b = E_{bb} - I_p R_p$. 플레이트 전압으로 줄여서 사용하기도 함	E_b (V_{DC})
플레이트 신호 전압	플레이트 걸리는 오디오 신호. 플레이트 부하 저항 R_p에 의하여 변화는 오디오 신호로 AC로 표현하기도 함. E_p를 DC와 AC를 포함하여 표시하기도 함	E_p (V_{rms})
그리드 바이어스 전압	그리드에 걸리는 DC 전압. 여기서 기호 E_c는 C 전원을 사용한 바이어스 전압을 의미	E_c (V_{DC})
그리드 신호 전압	그리드의 오디오 신호. 오디오 신호로 AC로 표현하기도 함. E_g를 DC와 AC를 포함하여 표시하기도 함	E_g (V_{rms})
제1, 제2, 제3 그리드 바이어스 전압	4극관은 그리드가 2개이고 5극관은 그리드가 3개임. 제1그리드 전압은 E_{c1}, 제2그리드 전압은 E_{c2}, 제3그리드 전압은 E_{c3}의 기호 사용	E_{c1}, E_{c2}, E_{c3} (V_{DC})
제1그리드 신호 전압	제1그리드의 오디오 신호. DC와 AC를 포함하여 표시하기도 함	E_{g1} (V_{rms})
그리드 전류	그리드에 흐르는 전류. 바이어스 DC 전류는 I_c, 오디오신호에 의한 전류는 I_g	I_c, I_g (A)
히터 전압, 필라멘트 전압	히터(필라멘트)에 열을 가하기 위하여 걸리는 전압	E_f (V_{DC})
필라멘트 전류	히터(필라멘트)에 흐르는 전류	I_f (A)
플레이트 부하저항	플레이트에 연결되어 있는 부하 저항	R_p (Ω)
전원 트랜스	진공관에서 사용하는 DC 전원을 만들기 위한 트랜스포머(transformer)	
출력 트랜스	스피커와 임피던스 정합을 위하여 사용하는 출력용 트랜스포머(output transformer)	OPT
히터 캐소드 리크 전류	히터와 캐소드간의 절연 상태가 저하되면서 생기는누설(leak, leakage) 전류	
푸시풀	푸시풀 회로	PP
증폭률	그리드에 미소 교류 전압을 가했을 때 플레이트 전압이 얼마나 증폭되어 나오는가 하는 비율	μ
상호 컨덕턴스	그리드에 미소 교류 전압을 가했을 때 플레이트 전류가 얼마나 변화하느냐의 비율	g_m
내부 저항	미소 전류의 변화에 따른 진공관 내부의 저항. 플레이트 전압 E_b 변화와 플레이트 전류 I_b 변화 비율	r_p (Ω)
초단 증폭	전력 증폭단의 진공관의 능력을 최대한 발휘할 수 있도록 하며 전체루프의 이득을 조절함	
드라이버단	위상반전이 일어나며 전력 증폭단을 드라이브 하기위한 증폭단	
전력 증폭단	스피커를 구동할 수 있는 전력을 만들어내는 증폭단	
출력 전력	앰프의 출력 전력	P_o (W)

13.1.2. 정특성

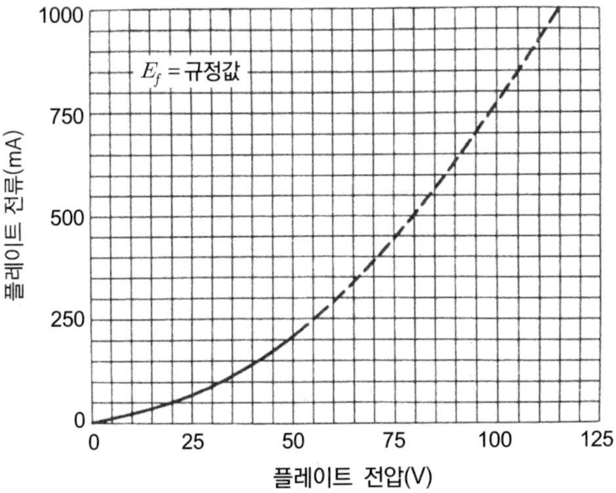

그림 13.4. 2극관 플레이트 전압과 전류 특성

진공관의 히터에 전압을 가했을 때, 플레이트 전류(I_p 또는 I_b)는 플레이트 전압(E_p 또는 E_b)과 그리드 전압(E_g, E_c)에 의해서 변화한다. 그림 13.4는 2극관인 정류관 5U4-GB의 플레이트 전압 E_p의 변화에 따른 플레이트 전류 I_b의 변화 특성을 보여주고 있는데, 2극관은 플레이트 전류 I_b 값에 대한 플레이트 전압 E_p의 관계를 하나의 그래프로 표현할 수 있다.

3극관에서는 플레이트 전압과 그리드 전압 2개 중 어느 하나를 변화시켜도 플레이트 전류 I_b 값은 변화한다. 그림 13.5의 실선은 E_c 그리드 전압값 -6V, -5V, -4V, -3V, -2V,

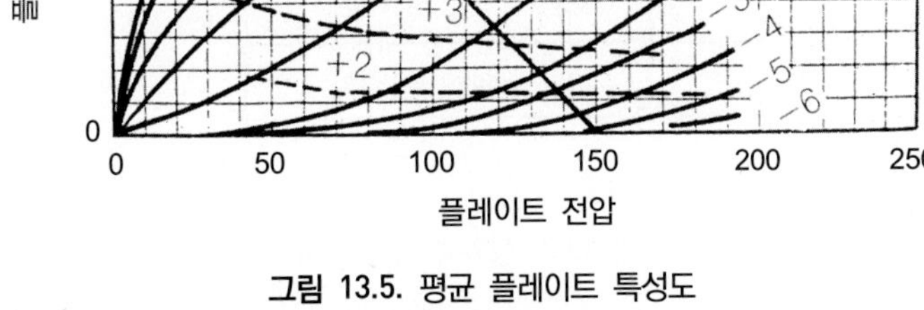

그림 13.5. 평균 플레이트 특성도

-1V, 0V, 1V, 2V, 3V, 4V 각각에 대하여 플레이트 전압 E_p을 0V에서 250V까지 변화할 때 플레이트 전류 I_b 값을 그린 그래프이다. 즉 그리드 전압 E_c를 -1V로 설정하고 플레이트 전압 E_p를 0V에서 250V까지 변화시키면, 플레이트 전압 E_p 변화에 따른 플레이트 전류 I_b 변화값 하나의 커브 그래프가 만들어진다. 이것을 평균 플레이트 특성도라 한다.

그림 13.6은 E_b (그림 13.7에서는 E_p) 플레이트 전압값 150, 130, 100, 90, 75, 50V 각각에 대하여 그리드 전압 E_c를 -8V에서 0V로 변화할 때 플레이트 전류 I_b 값을 그린 그래프이다. 이것을 평균 그리드 특성도라 한다. 두 특성도 모두 플레이트 전류 I_b가 어떻게 변화하는지를 나타낸 것이다. 그림 13.5의 평균 플레이트 특성도와 그림 13.6의 평균 그리드 특성도는 그림 13.7의 정특성 측정 회로를 구현해서 측정한 것이다.

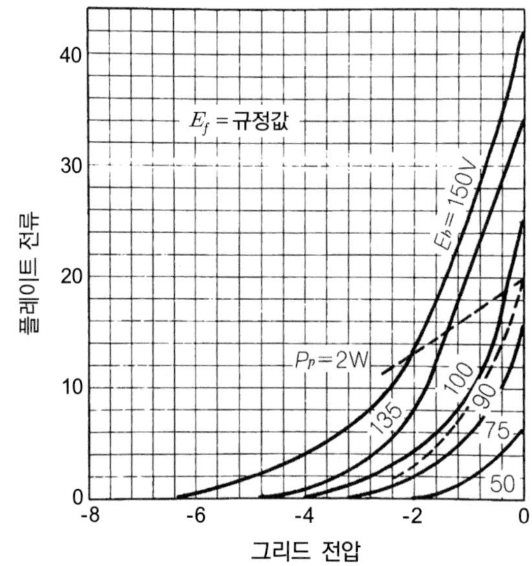

그림 13.6. 평균 그리드 특성도

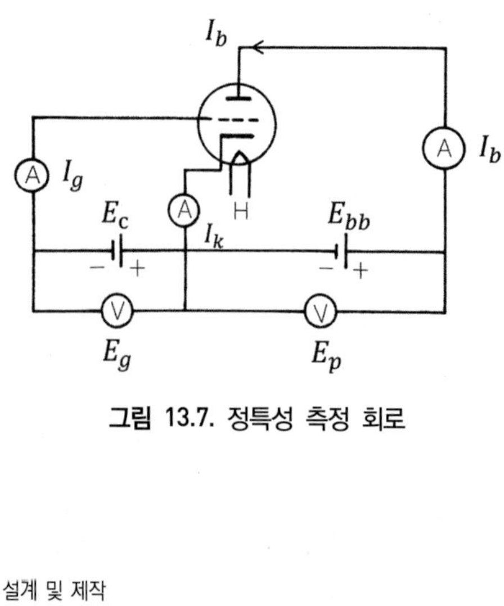

그림 13.7. 정특성 측정 회로

2개의 특성도를 분석해 보면 플레이트 전류 I_b를 50mA 만큼 변화시키기 위해서 플레이트 전압 E_b는 50V~150V 변화하여야 하지만 그리드 전압 E_c는 약 5V 정도만 변화해도 된다는 것을 알 수 있다. 그래서 진공관은 그리드 전압을 조절하는 것이 플레이트 전류 I_b를 능률적으로 변화시킬 수 있다.

13.1.3. 동특성

실제 진공관을 동작시키는 회로는 그림 13.8의 동특성 측정 회로와 같이 플레이트에 3극관에서는 47kΩ, 5극관에서는 500kΩ 이나 1MΩ과 같은 부하 저항 R_p를 부착하여 사용한다. 부하 저항 R_p에 플레이트 전류 I_b가 흐르면 $I_b \times R_p$ 만큼의 전압강하가 일어나서 플레이트 전압 E_b값은 전압강하 $I_b \times R_p$만큼 줄어들게 된다. 즉 $E_b = E_{bb} - I_bR_p$의 관계식이 성립한다.

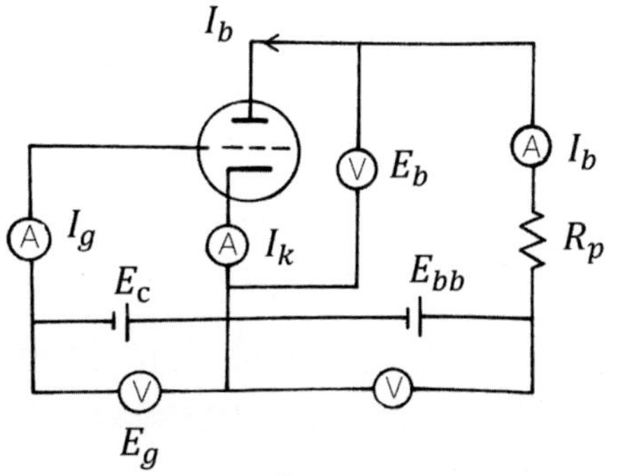

그림 13.8. 동특성 측정 회로

그림 13.9에서 진공관 6R-HH2 정특성은 실선으로 나타내고 있다. 그리고 플레이트 공급 전압 E_{bb}가 150V이고 R_p가 2.5kΩ일 때 점선으로 표현한 중간 그래프에서는 그리드 전압 E_c(또는 E_g)가 0에 가까워지면 플레이트 전류 I_b가 증가하는데 부하저항 R_p에 의한 전압 강하로 플레이트 바이어스 전압 E_b 값이 150V보다 낮아져서 정특성인 때의 42mA 보다 작은 23mA의 전류가 흐른다.

한편 그리드 전압 E_c가 부의 방향(-전압)으로 높아지면 플레이트 전류 I_b는 작아지기 때문에 R_p에 의한 전압 강하도 작아져서 플레이트 공급 전압 E_{bb}와 플레이트 바이어스 전압 E_b가 거의 같아져 그래프의 왼쪽 하단에서 보는 바와 같이 정특성과 동특성 커브는 교차하게 된다. 그림 13.9의 점선의 그래프를 동특성 곡선이라 한다.

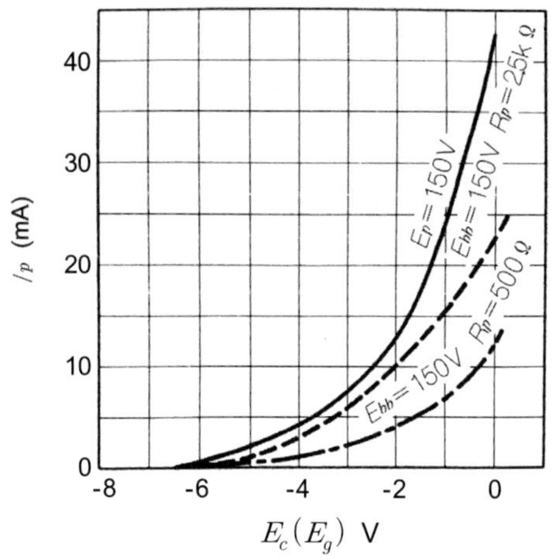

그림 13.9. 동특성 곡선

13.2. 진공관 험 특성 및 주의사항

13.2.1. 험 잡음

원하는 오디오 신호 이외의 모든 신호를 잡음(노이즈)이라 한다. 잡음에는 백색잡음과 전원 잡음이 있는데, 백색잡음은 일점 접지를 기본으로 하고 신호선에 잡음이 최대한 들어오지 않도록 그라운드 배치를 적절하게 하여야 한다. 설계할 때 주의를 기울여야 하는 잡음은 전원 잡음으로 전기 신호 60Hz 교류전원으로부터 직류전원을 만들 때 남아있는 60Hz 성분 때문에 생긴다. 진공관을 동작시키기 위하여 사용하는 직류전원에 남아있는 60Hz 성분이 플레이트 전류 I_b에 영향을 주어 증폭기 출력에 나타나게 되는데, 이것을 험(hum)이라고 하며 원인별로 구분하면 다음과 같다.

① 히터의 마그네틱 험

마그네틱 험은 히터의 교류 점화 시 발생하는 교류 자계가 캐소드에 작용하여 플레이트 전류 I_b를 변화시키는 것이다. 히터를 스파이럴 구조로 하면 그리드 입력을 15~40μV로 작게 줄일 수 있다. 예를 들면 12AX7, 12AU7, 12AT7 진공관은 스파이럴 히터 구조가 채용되어 직류 점화의 필요성이 크지 않다. 또한 히터 전류가 작을수록 마그네틱 험은 적어지므로, 프리 앰프의 초단에 해당하는 헤드 앰프의 초단관의 히터 전압을 5~10% 낮은 전압으로 점화하면 히터 험을 줄일 수 있다.

② 히터와 캐소드간의 절연 불량과 히터의 열전자 방출 감퇴

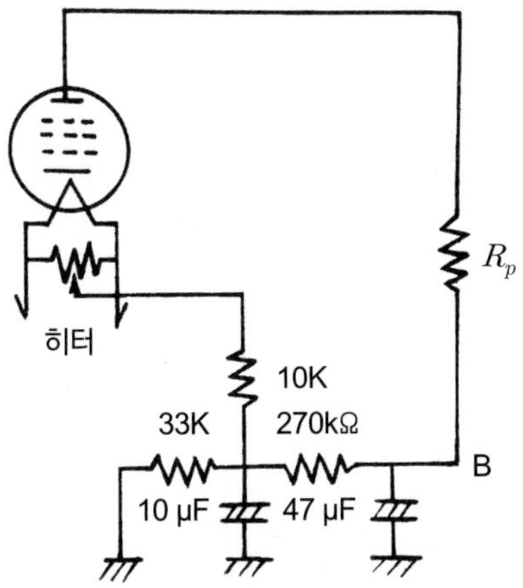

그림 13.10. 험 발생을 제거하기 위한 회로

히터와 캐소드간의 절연과 진공관의 노화에 따른 히터 에미션(emission: 열전자 방출)은 히터의 마그네틱 험보다 험 발생에서 더 큰 비중을 차지한다. 즉 히터와 캐소드간의 누설(leak) 전류는 히터 표면에 백색으로 칠해져있는 에럼덤 등의 절연 재료의 노화로 인하여 절연 상태가 저하되면서 생기는 현상이므로 히터 전압을 규정값으로 유지하여 과도한 전류가 흐르지 않도록 제한할 필요가 있다. 히터 에미션은 캐소드에서의 열전자 이외에 히터가 캐소드의 상부에서 직접 전자를 방출하게 하는 것이다. 대책으로는 캐소드 상부를 없애고 히터를 캐소드 속에 밀폐하는 구조로 하거나 캐소드에서의 히터 인출선 주위에 실드용 작은 금속편을 넣고 실드하기도 하며 상부 마이카 부분에 실드 헤드 케이스를 부착하기도 한다. EF86이나 6AU6 등에서 이런 구조를 볼 수 있다. 그림 13.10과 같이, 보통 헤드 앰프의 초단에 직류 바이어스 전압을 걸어서 해결할 수 있다.

③ 플레이트 전압 중의 리플

플레이트 전류 I_b 중의 리플은 전원의 필터 콘덴서와 초크 트랜스 용량을 증가시켜 해결할 수 밖에 없다. 일반적으로 초크 트랜스를 저항으로 대체하여 사용하는 경우가 있는데 바람직하지 않다. 5H 용량의 초크 트랜스는 60Hz의 교류에 대해서는 $2\pi f L = 6.28 \times 60 \times 5 = 1.885\ [k\Omega]$, 즉 약 $2k\Omega$의 임피던스를 가지며 직류 저항값은 50Ω ~80Ω 정도이므로 정류 성능이 저항을 사용할 때와는 비교할 수 없을 정도로 우수하다.

④ 그리드 회로에서의 유도와 자계 중의 유도

그리드 회로의 유도는 부품 배치에 유의해야 한다. 그리드 임피던스가 높으므로 유도를 받기 쉽다. 그리드 쪽은 실드선을 사용하는 것이 바람직하다. 실드선은 가능하면 짧고

굵은 선을 사용하여 정전 용량에 의한 고역감쇠를 피하도록 한다.

⑤ 유도자력선을 줄이는 트랜스 배치

전원 트랜스와 출력 트랜스(OPT) 사이에 AC 유도 자력선에 의한 험이 발생할 수 있다. 그림 13.11과 같이 자력선 유도 방향과 누설 자력선이 많은 쪽을 피하도록 배치하면 유도 자력선에 의하여 험이 발생하는 문제를 해결할 수 있다.

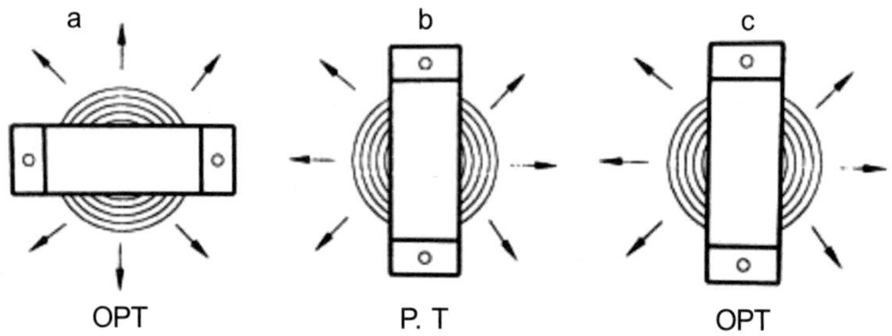

a, b는 좋은 배치 b와 c는 자력선 영향을 받음

그림 13.11. 험 발생을 줄이기 위한 트랜스 배치

13.2.2. 진공관 사용 시 주의사항

■ 진공관 부착 방법

진공관은 본래 설계 시 베이스를 아래로 하여 수직으로 부착되도록 설계되어 있으나, 수평 또는 반대 방향으로 부착할 때 특히 직열관은 다음과 같이 하는 것이 좋다.

① 정류관일 때는 필라멘트(히터)의 평면이 수직이 되도록 설계하고 부착한다.
② 필라멘트의 면과 제1그리드의 주축이 수직이 되도록 부착한다.
③ 반대 방향으로 부착하는 것은 수명 감소를 감수해야 한다.

■ NC (놀고 있는 핀) 단자 사용은 금물

진공관 베이스의 놀고 있는 핀(NC: no connection)을 중계 단자로 이용하는 것은 되도록 피해야 한다. 그것은 진공관의 NC 핀에 전압이 걸리면 진공관의 특성이 변할 우려가 있고, NC 핀을 통해 험이나 노이즈가 유도될 수 있기 때문이다. 단, 소켓에서의 NC핀은 사용해도 된다. 특히 IC(내부 접속: internal connection) 핀을 절대로 사용하면 안 된다.

■ 최대 정격을 엄수할 것

규격표에 따라 반드시 최대 정격 이내에서 사용한다. 정격을 벗어나면 진공관 수명은 단축된다. 특히 히터 전압, 부하 저항, 플레이트 전압은 정격 내에서 사용해야 한다.

■ 회로와 진공관

기존에 검증된 회로는 사용하는 진공관 규격과 밸런스를 맞추어 설계되어 있으므로 회로도에서 지정한 진공관을 사용하면 원하는 성능을 얻게 된다. 회로에서 지정한 진공관이 없을 경우에는 비슷한 규격의 대체관을 사용하고 규격 내에서 작동하는지 확인할 필요가 있으며, 변경하고 싶은 진공관 규격에 맞게 핀 번호, 히터 전압, 부하 저항, 공급 전압을 변경하여 사용하도록 해야 한다.

■ 각부 전압 및 배열

① 플레이트 공급 전압(E_{bb}) : 최대 플레이트 전압을 넘지 않는 범위로 전압 변동이 작고 리플이 없는 전원을 사용한다.

② 히터 전압(E_f) : 험 방지를 위해 센터탭(CT)이 있는 것을 원칙으로 하되, 센터탭이 없을 경우 100Ω 가변저항(VR)을 험 밸런서(hum balancer)로 사용한다. 험이 우려되는 초단관이나 증폭도가 높은 진공관을 접지 측에 가깝게 배열하는 것이 좋다. 또한 캐소드 저항과 그리드 리크 저항이 큰 진공관도 접지 측에 가깝게 배열하여 사용하면 좋다.

③ 제1그리드 바이어스 전압(E_{c1}) : 보통은 캐소드에 저항을 넣어 전압 강하를 이용한 캐소드 바이어스(자기 바이어스) 방식이 사용된다. 그러나 이 방식에서는 플레이트 전압 변동에 따른 캐소드 전압 변동이 발생한다는 단점이 있다. 제1그리드 전용의 C전압을 인가하는 고정 바이어스 방식으로 문제를 해결할 수 있다. 자기 바이어스 또는 고정 바이어스 방식에서도 제1그리드 저항이 최대 허용값을 넘지 않게 하는 것이 좋다. 최대 허용치를 넘어서면 플레이트가 과열된다.

④ 제2그리드 바이어스 전압(E_{c2}) : 보통은 플레이트 전압에서 직렬 저항을 통하여 공급하지만, 이 경우 진공관이 단선(cut off)되었을 때는 플레이트 전압과 같은 값까지 상승한다. 이때 허용 최대 전압을 넘는 일이 발생하여 수명을 단축할 수 있다. 대안으로는 전압 분할용 저항을 통하여 공급하면 된다.

⑤ 제3그리드 바이어스 전압(E_{c3}) : 제3그리드는 캐소드 또는 접지 측에 접속하며 일반 5극관에서는 어느 쪽으로 접속해도 특성에는 거의 영향이 없다. 특별히 높은 증폭율의 초단관에서는 제3그리드를 캐소드에 접속하지 않으면 노이즈가 증가할 수 있다.

■ 험 방지 대책

① 메이커 지정 하이파이(HiFi)용 또는 저잡음용 또는 고신뢰관을 사용할 것

② 제1그리드 저항을 허용 범위 내에서 최소화

③ 험 밸런서를 히터에 넣을 것

④ 히터와 캐소드에 40V 정도의 전압을 가해줌

■ 진공관의 원리를 이용한 관리 및 대책

① 먼지를 피한다. 유리면에 먼지 또는 손때 기름 등이 묻으면 방열 문제로 수명이 단축되기 때문에 정기적으로 먼지를 털어주고 맨손으로 만지지 않아야 하며 부득이 진공관을 만질 때는 면장갑을 끼고 만진다.

② 진공관 주위에 물병 또는 화병 등을 놓지 않는다.

③ 외부 충격을 가하거나 흔들지 않는다.

④ 정기적으로 소켓에서 빼어내 유리면과 소켓의 먼지를 작은 면봉 등으로 닦아준다.

⑤ 불필요하게 진공관을 교체하거나 빼내는 것을 피한다.

13.3. 진공관 교체 시기와 조정법

13.3.1. 교체 시기

그림 13.12는 진공관의 내부 구조를 보여주는 것으로서, 유리 용기 안은 진공으로 되어 있으며, 그리드, 플레이트, 캐소드와 지지대 및 리드선이 있다. 진공관의 수명은 사용자의 정격에 맞는 올바른 사용과 관리에 따라 연장될 수 있다. 진공관은 소모품으로 제조 시 수명을 가지고 만들어진다. 제조사의 품질관리 및 설계 방식에 따라 수명이 크게 달라진다. 앰프에 설치하여 사용하는 경우에는 사용자가 정기적으로 이상 유무를 테스터로 측정하면서 관리하는 것이 음질을 유지하는 최선의 방법이다. 진공관을 살펴보면 대부분의 진공관은 상부 또는 측면에 은빛이 나는 게터(getter) 부분이 있다. 이는 제조 과정에서 진공관을 진공 상태로 만든 다음 진공관 내에 남아 있는 공기를 태워 없애고 남은 흡착 화학 물질이다. 진공관을 많이 사용할 경우 대부분의 진공관은 이 부분이 투명 상태가 된다. 80~90% 게터 부분이 소손되면 교체 시기가 가까워진 것으로 생각하면 된다(일부 진공관은 게터가 100% 소손되어도 쓸 수 있는 것도 있다). 특히 초단관 12AX7, 12AU7, 12AT7, EF86 등은 진공도가 매우 뛰어나 출력관보다 더 오래 사용할 수 있다. 진공관은 그리드 리크(누설), 히터 불량 등의 문제점이 발생하며, 한 개의 진공관 몸체에 두 개의 진공관 기능을 넣은 쌍봉입관 중 두 개의 특성이 서로 다르게 변해서 교체해야 하는 경우도 상당히 있다.

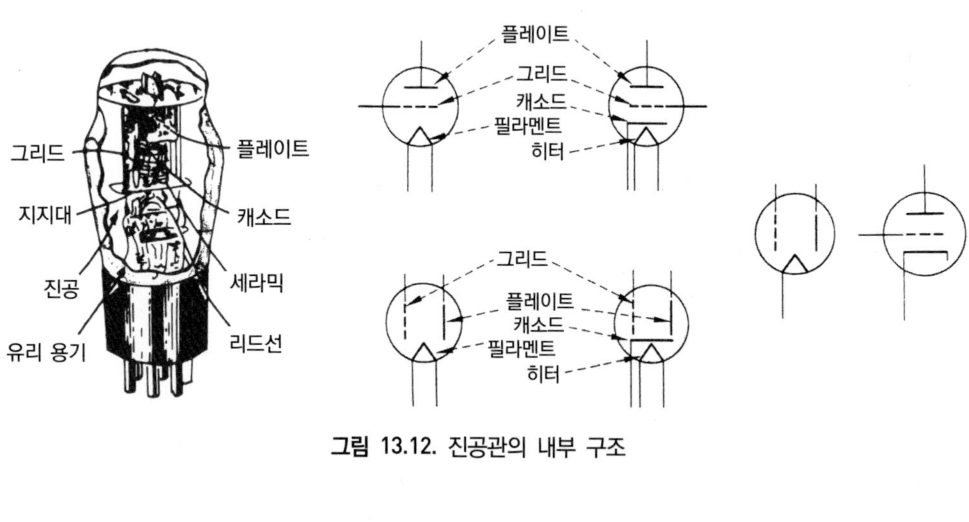

그림 13.12. 진공관의 내부 구조

앰프의 파워 스위치를 켰을 때 히터의 점화 상태가 고르지 못하거나 듣기 싫은 잡음이 발생되면 의심나는 진공관을 이상 없는 정상 진공관으로 교체해 봄으로써 어느 부분이 고장인지를 알아내어 문제를 간단히 해결할 수 있다.

출력관은 동작 바이어스 조정이 필요하다. 푸시풀 진공관 앰프의 경우 진공관 위치를 바꿔 유사성이 있는 것끼리 짝을 맞추어 적정 바이어스로 조정하여 사용하는 것도 하나의 팁이 될 수 있다. 불량이라고 의심되는 진공관은 진공관 테스터로 측정하여 검사하고 불량으로 판정되면 교체하여 사용하는데, 스테레오의 경우 좌우 채널을 동일한 특성을 가진 제품과 규격으로 교환하는 것이 바람직하다.

신품 진공관이라 할지라도 진공관의 g_m(상호 컨덕턴스)을 측정하여 좌우 채널이 최대한 동일한 밸런스를 유지하도록 한다. 특히 쌍3극관은 두 개가 비슷한 것을 골라서 사용한다.

13.3.2. 조정법

전력 증폭관(6L6, 6V6, 6BQ5, 6550, KT88, 6CA7 등) 구입 시 회로 조정이 필요한 고정 바이어스 방식 앰프는 특히 페어(짝) 특성이 같은 것을 구입하도록 한다. 자기 바이어스 방식 역시 페어 특성을 체크하여 사용한다.

양방식 모두 페어 특성을 맞춘 진공관을 사용하면 바이어스를 조정하지 않아도 사용할 수 있지만, 확인하는 작업은 필요하고 페어 특성이 맞지 않는 경우 꼭 조정하여 사용해야 한다. 사용하는 앰프의 바이어스 값은 앰프 구입 시 필수적으로 알아두어야 하며, 고정 바이어스 앰프의 경우 출력관의 종류에 따라 바이어스 값이 다름으로 진공관 규격표를 참조하여 조정한다. 다음의 한 가지 예를 들어 설명한다.

■ EL34 PP 앰프의 경우의 예

E_b(플레이트 전압) 430V, 출력트랜스 임피던스 3.4kΩ, E_{c1}은 -38V로 보통 회로는 그림 13.13과 같이 조정용 VR(가변저항) 10kΩ이 부착되어 있다. 접지 측에 테스터의 +봉 V_1, 제1그리드에 테스터 -봉을 대고 그리드 인가 전압 -38V에 지시하도록 VR을 조정한다. 그리고 V_2측도 같은 방법으로 하면 된다. 그리드 전압 오차는 ±2% 이내 값이면 무난하다. 이 값을 벗어나면, 즉 양측 전압차가 많으면 진공관 V_1과 V_2의 페어 특성이 맞지 않는 것이므로 다른 것과 교환한다. 그리고 캐소드 또는 플레이트 양단에 1Ω 또는 10Ω의 저항을 직렬로 연결하여 저항 양단의 전압을 측정하여 R값(1Ω, 10Ω)으로 나누면 그것이 플레이트 전류이다. 이때 가능하면 플레이트보다는 캐소드에 저항을 연결하여 측정하는 것이 안전상 유리하다.

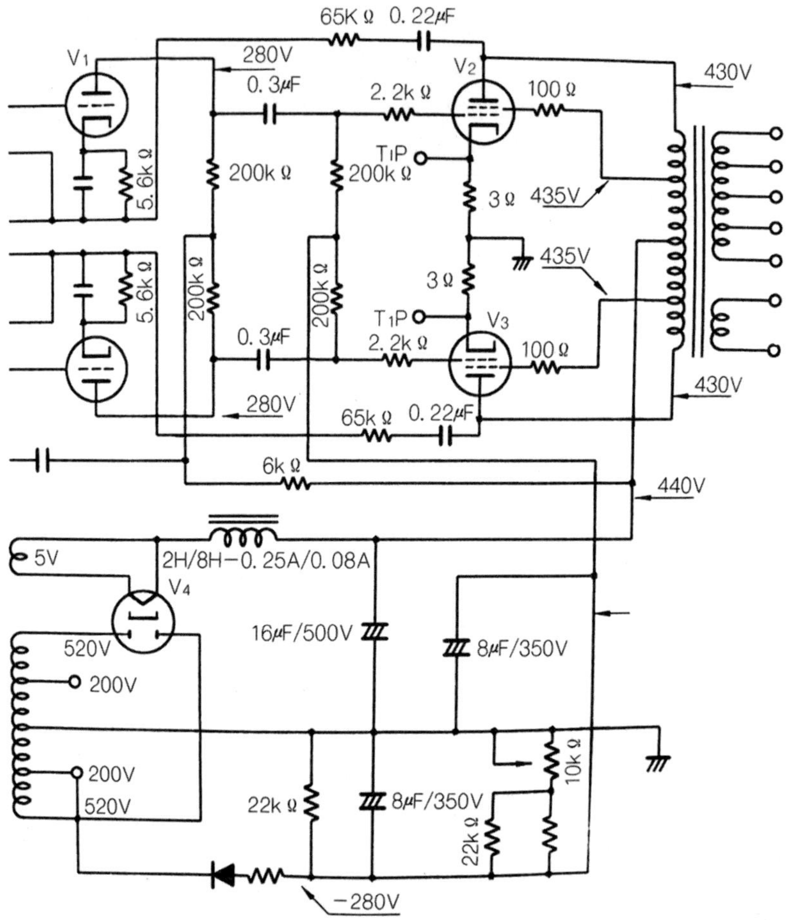

그림 13.13. 조정법을 설명하기 위한 진공관 회로

그림 13.13에는 좌우 밸런스를 조정할 수 있는 회로가 없지만 좌우 밸런스를 맞추는 회로가 있는 앰프는 페어가 맞지 않는 진공관도 그리드 전압을 맞추어 사용할 수 있다. 다만 두 개가 현저히 차이나는 것은 사용하지 않는 것이 좋고 밸런스를 조정하는 동안 바이어스 전압이 한쪽의 진공관으로 치우치지 않도록 조금씩 주의해서 조정한다. 예를 들어 캐소드 저항 1Ω이고 저항의 양단 전압이 0.12인 경우, 0.12/1Ω = 0.12A = 120mA가 흐른다는 것을 알 수 있다.

제14장

진공관의 종류

14.1. 진공관의 형상

진공관의 모양에는 크게 나누어, 그림 14.1과 같이 GT관, ST관, 금속관, mT관, 서브미니어처관 5개의 종류가 있다. ST관은 standard tube의 약자이며, GT관은 glass tube의 약자이며, 금속관은 metal tube를 말하고, 미니어처관의 mT는 miniature tube의 약자이며, 서브미니어처관은 미니어처관보다 작게 만들 형상이다.

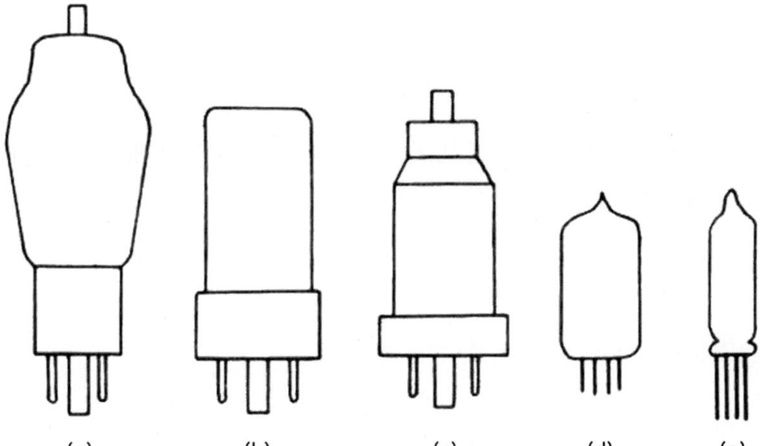

그림 14.1. 진공관 형상의 이름 (a) ST관, (b) GT관, (c) 금속관, (d) 미니어처관(mT관), (e) 서브미니어처관

미니어처관(mT관)이 종류도 가장 많은데, 그림 14.2의 맨 왼쪽과 같은 모양이며, 머리에 배기관을 닫으면서 생긴 뿔이 있고 핀은 유리에서 직접 나온다. 핀의 수는 7핀과 9핀의 2 종류가 있으며, 따라서 소켓도 2 종류가 있고, 각각 "mT7핀 소켓" "mT9핀 소켓"이라고 한다.

그림 14.2. 진공관 3가지 실제 형상. 좌로부터 mT관(12AU7), GT관(5AR4), ST관(2A3)

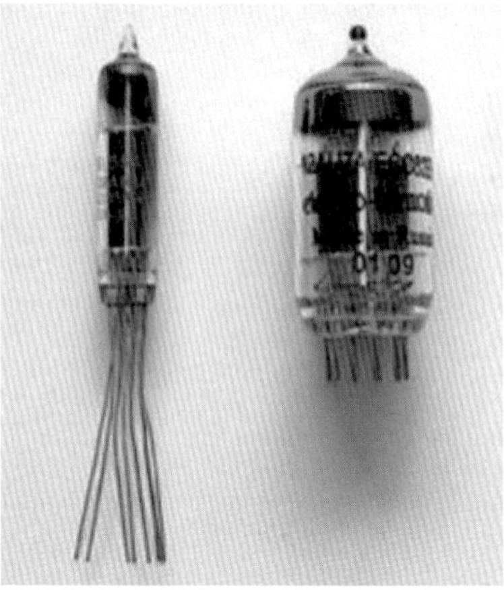

그림 14.3. 초소형관의 형상. 좌측은 초소형관인 서브미니어쳐관(5641), 우측은 비교용 mT관(12AU7)

GT관은 그림 14.2의 가운데 사진처럼 mT관보다는 상당히 굵고 머리는 둥글고 플라스틱 베이스가 있다. 베이스의 한가운데에 베이스 키가 나와 있어 핀을 제자리에 넣기 위한 가이드 역할을 한다. 핀 수는 8핀이다. 소켓도 한 종류로 US 옥탈 또는 단순히 US 소켓이라고 한다. GT관의 유형으로 관 전체가 금속으로 된 금속관도 있다.

ST관은 GT관 보다 더 오래된 타입으로 그림 14.2의 두 번째 사진처럼 오뚝이 모양의 유리관으로 베이스가 있고 가이드 키는 없다. 핀 수는 4핀, 5핀, 6핀, 7핀의 4 종류가 있다. 소켓은 각각 UX 소켓, UY 소켓, UZ 소켓, UT 소켓이라고 불리고 있다.

마지막으로 서브미니츄어관이라고 하는 굉장히 작은 진공관이 있다. 그림 14.3의 왼쪽 사진처럼 새끼손가락보다 얇은 작은 유리관에서 핀이 아닌 리드선이 직접 나와 있다.

14.2. 3극관

크게 분류하면 직열형과 방열형이 있다. 직열형은 필라멘트(히터가 직열형인 경우 필라멘트라 한다)에서 직접 전자를 방출한다. 방열형은 히터를 싸고 있는 캐소드에서 전자를 방출한다. 직열형은 캐소드가 없기 때문에 AC 험이 발생할 우려가 높고 바이어스 중심점을 히터권선 센터탭(CT) 점에서 인출 또는 히터 양단에 험 밸런서 VR(가변저항)을 넣고 센터 탭을 접지하여 사용해야 한다.

14.2.1. 3극관의 3정수

진공관의 특성을 나타내는데 있어서 증폭률, 상호 컨덕턴스, 내부 저항(또는 플레이트 저항) 이 세 가지를 3정수라고 한다. 이것은 각각 μ, g_m, r_p라는 기호로 나타내고 3극관의 3정수라고 한다.

증폭률(μ)은 진공관의 그리드에 매우 약한 교류 전압을 가했을 때 이것이 얼마나 증폭되어 플레이트에 나오는가 하는 비율이다.

$$\mu = \frac{\Delta E_b}{\Delta E_c} \tag{14.1}$$

위 식에서 Δ(델타)는 미소 변화, E_b는 플레이트 전압, E_c는 그리드 전압을 말한다.

상호 컨덕턴스(mutual conductance)는 진공관의 그리드에 미소 교류 전압을 가했을 때 플레이트 전류가 얼마나 변화하느냐의 비율이다.

$$g_m = \frac{\Delta I_b}{\Delta E_c} \tag{14.2}$$

위 식에서 I_b는 플레이트 전류, E_c는 그리드 전압을 말한다.

내부 저항(플레이트 저항)은 문자 그대로 진공관 내부의 저항이다. 단, 직류 전압을 가했을 때 직류 전류가 몇 mA 흐르는지의 직류 내부 저항이 아니라 플레이트에 가하는 교류 전압을 극히 조금 변화시켰을 때 얼마나 전류가 변화하는가 하는 교류에 대한 저항이다.

$$r_p = \frac{\Delta E_b}{\Delta I_b} \tag{14.3}$$

이 식에서 E_b는 플레이트 전압, I_b는 플레이트 전류를 나타낸다.

위 세 가지 식은 다음과 같은 관계식이 성립된다.

$$\mu = g_m \times r_p \tag{14.4}$$

14.2.2. 특성도에서 3정수 구하는 법

3정수는 진공관 별로 데이터 시트에 나와 있는데 그림 14.4이나 그림 14.5의 특성 곡선에서 구할 수 있다. 그림 14.4는 E_b 플레이트 전압값 200V, 170V, 150V, 100V 각각에 대하여 그리드 전압 E_c를 -8V에서 0V로 변화할 때 플레이트 전류 I_b 값을 그린 평균 그리드 특성도이다. 그림 14.5는 E_c 그리드 전압값 0V, -2V, -4V, -6V, -8V 각각에 대하여 플레이트 전압 E_b을 60V에서 240V까지 변화할 때 플레이트 전류 I_b 값을 그린 그래프이다.

먼저 증폭률 μ를 구한다. 그림 14.4에서 그리드 전압 E_c가 -4V, 플레이트 전압 E_b가 150V일 때 플레이트 전류 I_b는 7.3mA 흐른다(화살표). E_b를 170V로 하면 I_b는 10mA 흐른다. 즉 2.7mA 증가한 것이다.

이번에는 E_b를 150V 고정하고 E_c를 -2.9V로 하면 역시 10mA가 흐른다. 이와 같이 2.7mA 변화시키기 위하여 E_b는 170V-150V=20V로 크게 변화시켜야 하지만 그리드 전압은 4-2.9V=1.1V만 변화시키면 된다. 이 값이 $\triangle E_b$와 $\triangle E_c$에 해당하므로, 이 진공관의 증폭률은 18이다.

$$\mu = \frac{\triangle E_b}{\triangle E_c} = \frac{20}{1.1} \fallingdotseq 18 \tag{14.5}$$

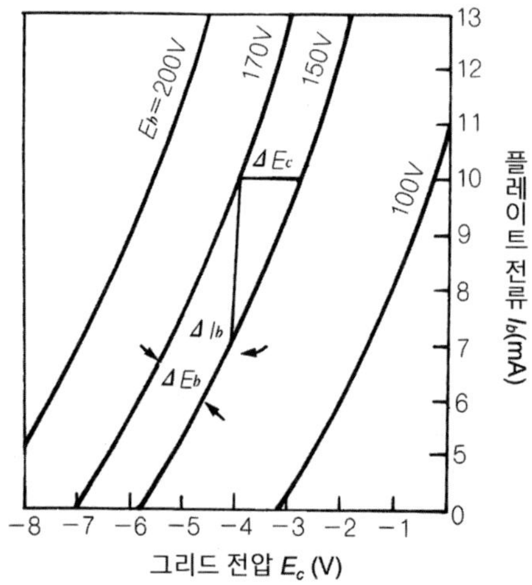

그림 14.4. 평균 그리드 특성도로 3 정수값 구하기

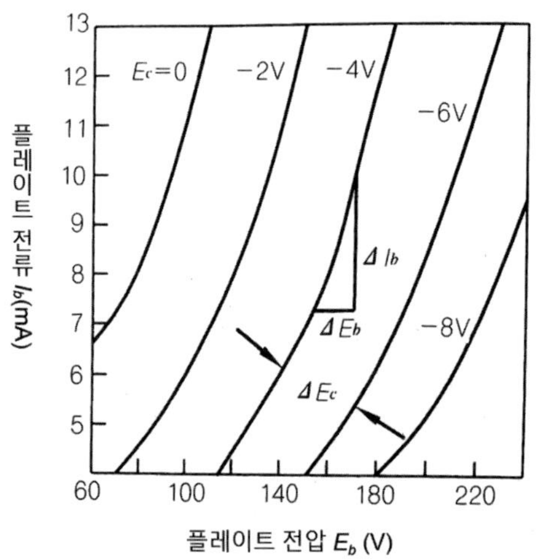

그림 14.5. 평균 플레이트 특성도로 3 정수값 구하기

상호 컨덕턴스 g_m은 식 (14.2)에서 표시한 바와 같이 그리드 전압 E_c의 변화에 대한 플레이트 전류 I_b의 변화이다. 그림 14.4에서 증폭률 μ를 구한 부분을 사용하면, 그리드 전압 E_c가 -4V에서 -2.9V로 변화할 때 플레이트 전류는 7.3mA에서 10mA로 변화한다. 따라서 g_m은 2,450$\mu\Omega$이다.

$$g_m = \frac{10-7.3}{4-2.9} \fallingdotseq 2.45m\Omega = 2,450\mu\Omega \tag{14.6}$$

내부 저항 r_p는 식 (14.3)과 같이 플레이트 전압 E_b의 변화와 플레이트 전류 I_b의 변화 비율이다. 전술한 내용과 같이 E_b 150V에서 170V로 변화할 때 플레이트 전류 I_b는 7.3mA에서 10mA로 변화한다. 따라서 $r_p = \dfrac{20V}{2.7mA} \fallingdotseq 7.4k\Omega$ 이다.

내부 저항을 구할 때 주의할 점은 내부 저항은 변화하는 전류(교류)에 대한 저항으로 직류 저항이 아니다. 직류 저항이면 E_b=170V, E_c=-4V의 I_b는 10mA이므로 오옴의 법칙을 적용하면 170V/10mA=17kΩ이 된다. 또한 각 정수로 알기 쉽게 구하기 위해 변화를 크게 해서 계산했으나 훨씬 작은 영역에서 계산하는 것이 정확하다.

3정수는 그림 14.4와 그림 14.5와 같은 특성 곡선으로 구할 수 있으나 곡선의 경사에 따라서 값이 다르므로 되도록 직선 부분에서 구한다. 특성 곡선은 플레이트 전류가 극단적으로 작은 곳은 직선성이 없어지고 많이 굽어진다. 그러므로 이 부근에서는 3정수의 변화가 크게 나타난다. 앰프를 설계할 때 직선성이 좋고 다이내믹 레인지를 확보할 수 있는 부분을 주로 사용할 수 있도록 설계한다.

14.2.3. 3극관의 종류

■ (1) 2A3

3극관의 대표격인 2A3는 RCA가 1921년 UX-201A를 발표하면서 계속 변화하여 UX-112, UX-171, 1928년 UX-245에서 1933년 UX-2A3으로 변화하여 필라멘트 전압이 다른 6A3, 6A5 그리고 6B4G로 변천하였다. 2A3가 발표되기 1년 전 유명한 3극관 WEC(웨스턴일렉트릭)사의 WE300A가 1932년에 발표되었다. 300A의 개량형 300B는 오디오용 진공관의 최고라는 평가를 받고 있다. 현재도 생산이 계속되고 있는데 제조사의 품질에 따라 음질이 천차만별이므로 선택에 주의가 필요하다. 6A3은 직렬형이고, 6A3B는 방열형으로 UX 베이스이다. 8핀 GT타입의 US 베이스를 가진 6B4G가 탄생했는데 특성은 2A3과 거의 동일하다.

표 14.1을 보면 바이어스 전압의 크기에 주의해야 하며 정격으로 사용하기 위해서는 250V의 큰 드라이브 전압이 필요하다. 따라서 매칭용 트랜스(인터 스테이지 트랜스)를 사용하는 것도 좋은 방법이다. 음질은 3극관 특유의 좋은 음이 나온다. RCA사의 2A3(그림 14.6)이 대표 제품이다.

표 14.1. 2A3(6A3B) 표준 특성 (E_f = 2.5V, I_f = 2.5A)

플레이트 전압 E_p	그리드 전압 E_g	플레이트 전류 I_p	증폭률 μ	부하 저항 R_L	출력 전력 P_o	전체 고조파 왜곡 %
250V	-45V	60mA	4.2	2.5kΩ	3.4W	5%

그림 14.6. RCA사의 2A3

그림 14.7. 6AS7의 외관

■ (2) 6AS7

6AS7(그림 14.7)은 원래 직류 정전압 전원용 및 싱글 종단 푸시풀(PP) 출력트랜스가 없는 방식의 OTL(output transformer less) 전력증폭 앰프에 사용하고자 제조된 낮은 증폭률(μ)의 쌍 3극관이며 대형 GT관이다. 낮은 증폭률(μ=2)의 이 쌍 3극관은 상호 컨덕턴스 7,500 μ℧ 만큼의 큰 값을 가지고 있어, 내부 저항이 낮은 진공관이다. 다시 이야기하면 그리드 전압의 변화에 대한 플레이트 전류의 변화가 극히 큰 장점을 갖고 있어 레귤레이터(regulator)용으로 최적이다. 최대 플레이트 손실은 1개의 유닛당 13W, 2개의 유닛 병렬은 26W가 된다. 정전압 전류에 사용한 경우 전압차(입력 전압 − 출력 전압)와 최대 전류값의 곱이 최대 손실을 넘지 않으면 된다.

표 14.2. 전력증폭용 3극관 6AS7 규격

명칭	히터 전압 E_f (V)	히터 전류 I_f (A)	E_p (V)	R_k (Ω)	E_{g1} (V)	I_p (mA)	I_p (max)	r_p (kΩ)	g_m (μ℧)	μ	R_L (Ω)	W_o (W)
6AS7G	6.3	2.5	135	250	-	125	-	0.28	7500	2	-	-
			275	maximum			P_p	14W				
A1PP 회로			250	250×2	-125	50×2	53×2	-	-	-	5000	10
MAXIMUM RATINGS Grid resistor (cathode bias) 1.0MΩ Heater-cathode voltage 300 V												

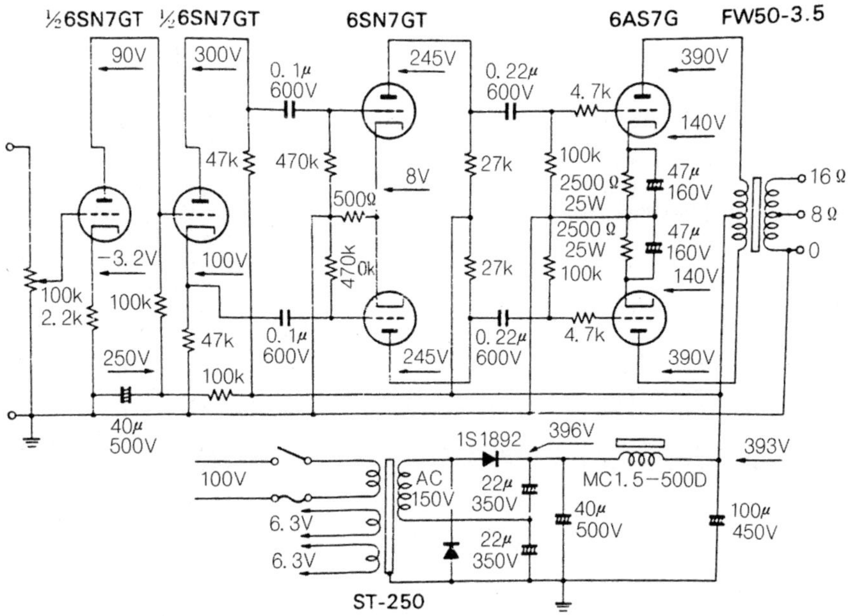

그림 14.8. 6AS7G를 사용한 RCA사의 A_1PP 전력증폭 회로도

표 14.2는 전력증폭용 3극관 6AS7 규격이다. 6AS7 관은 정전압 용도 이외에 전력증폭용으로 사용할 수 있는데, 그림 14.8는 RCA사가 발표한 하이파이 오디오용 전력 증폭 A_1PP 회로도이다. 또한 6AS7와 동등한 관은 6080, 6520, 6528, 5998, 6336 등의 종류가 있다. 이 중에서 6528은 오디오용으로 개발된 진공관이다. 그림 14.9은 5998 싱글 스테레오 앰프의 한쪽 채널 회로도이다. 5998의 증폭률은 μ=5.4로 6AS7 증폭률 μ=2보다 높다.

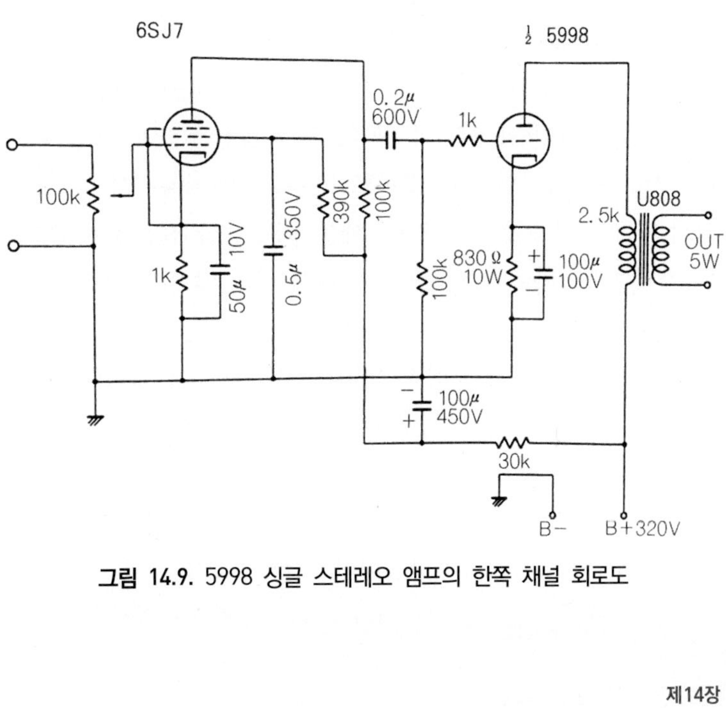

그림 14.9. 5998 싱글 스테레오 앰프의 한쪽 채널 회로도

■ (3) WE300B

300B는 미국 WEC(웨스턴 일렉트릭)사의 진공관 중 가장 우수한 진공관으로 진공관의 왕이라 부를 수 있을 정도이며, 1932년 WEC사의 300A가 그 원조이며 1937년 300B로 탄생했다.

1949년 군용으로 CW300B로 1952년 300B 신형이 만들어져 생산 중지된 1974년까지 오디오 매니아의 영원한 로망으로 자리잡고 있다. WEC 기술진 지도하에 일본에서 1995년에 재생산을 필두로 몇 차례 생산이 되었다. 러시아산과 중국산이 있는데 특성이나 수명에서 오리지널 WEC사의 300B를 따라가지는 못하고 있다는 평가이다. WEC사의 제품의 정류관과 초단관(WE-274, WE-310A)를 WEC사의 300B와 같이 동일한 새시 위에 조립하면 최고의 품질을 발휘한다고 알려져 있다. 300B 규격은 표 14.3과 같다.

표 14.3. 300B 규격 (E_f = 5V, I_f = 1.2A)

	플레이트 전압	그리드 전압	입력 전압	무신호 플레이트 전류	최대 I_p 전류	부하저항	출력	왜율
싱글 A_1급	350V	-74V	74V	60mA	77mA	4kΩ	7W	5%
PP A_1급	350V	-67.5V	135V	170mA	200mA	4kΩ	20W	2%

■ (4) 12AU7, 6189, 5814, 12AU7A, ECC82

12AU7은 GT관인 6SN7-GT와 비슷한 진공관으로 6C4에서 시작되었다. 12AU7은 6C4 3극관 2개를 진공관 한 개에 봉입한 것과 같은 형태이다. 특징으로는 상호 컨덕턴스가 높게 되어 있어 전압 이용률이 광범위하여 비교적 큰 전압 증폭에 적합하다. 오디오 회로의 위상 반전 회로나 드라이브용으로 많이 이용된다. 이 진공관 사용 시 다음 단의 그리드 리크 저항과 공급 전압이 표 14.4의 규격표와 비슷한 조건이면 좋다.

데이터시트는 제조회사에서 발표한 것이므로 준수해서 사용해야 하지만, 목적에 따라 동작점을 적당히 바꾸어 사용할 수도 있다. 예를 들어 공급 전원과 부하 저항이 같을 때 캐소드 저항을 작게 하면 (바이어스 전압은 0.8V를 넘지 않게) 적은 레벨에서 왜율이 작아지지만 큰 레벨에서는 그리드 전류의 변화가 커져 최대 출력 전압은 감소한다. 반대로 캐소드 저항를 크게 하면 동작점은 비직선부와 근사값이 되는데 그리드 전류가 흐르기 어려워지므로 동작점을 잘 선정하면 큰 레벨에서도 좋은 결과를 얻을 수 있다. 그러나 캐소드 저항을 너무 크게 하면 최대 출력 전압이 감소하고 일그러짐(왜율)도 많아지므로 주의할 필요가 있다. 즉 캐소드 저항을 작게 하는 방식은 왜율을, 캐소드 저항을 크게 하는 방식은 최대 출력 전압을 중시한 방법이라고 할 수 있다.

표 14.4. 6C4, 6DE7, 7AU7, 12AU7 캐소드 바이어스의 변화에 따른 동작 특성

	E_{bb} = 100VDC						E_{bb} = 250VDC						
R_p	0.047		0.1		0.27		0.047		0.1		0.27		MΩ
R_g	0.1	0.27	0.1	0.47	0.27	0.47	0.1	0.27	0.1	0.47	0.27	0.47	MΩ
R_k	1200	1200	2200	2700	6800	8200	1000	1000	1500	1800	4700	6800	Ω
I_b	1.22	1.22	0.66	0.628	0.259	0.246	3.2	3.2	1.78	1.72	0.684	0.63	mADc
E_c	1.465	1.465	1.45	1.695	1.76	2.02	3.2	3.2	2.67	3.10	3.21	4.28	VDc
E_b	42.7	42.7	34.0	37.2	30.0	33.6	150.5	150.5	72.0	78.0	65.0	80.0	VDc
E_{sig}	0.5	0.5	0.5	0.5	0.5	0.5	1.0	1.0	1.0	1.0	1.0	1.0	VAc
E_p	6.25	6.6	6.35	6.75	6.3	6.3	13.5	14.1	13.8	14.3	13.4	13.2	VAc
A	12.5	13.2	12.7	13.5	12.6	12.6	13.5	14.1	13.8	14.3	13.4	13.2	-
KF	1.0	3.6	4.3	2.9	3.0	2.5	3.3	3.1	3.8	2.8	2.5	2.0	%
E_{sig}	0.65	0.65	0.57	0.77	0.71	0.98	1.70	1.70	1.34	1.70	1.80	2.52	VAc
E_p	8.1	8.6	7.2	10.4	8.9	12.4	23.0	24.0	18.5	24.5	24.1	33.1	VAc
A	12.5	13.2	12.6	13.5	12.5	12.6	13.5	14.1	13.8	14.3	13.4	13.1	-
KF	4.8	4.4	4.8	4.6	4.6	5.0	4.9	4.6	5.0	5.0	4.9	5.0	%

그림 14.10에 나타낸 위상 반전 회로는 리크 타입 또는 머라드(mullard) 타입이라고 하며, 고이득이고 비교적 큰 드라이브 전압을 필요로 할 때 많이 사용되는 회로 예이다. R_{p1}과 R_{p2}가 같은 값에서는 출력 전압 E_{01}과 E_{02}에 약간의 언밸런스가 생겨 교류 밸런스가 달라지므로 R_{p2}'의 추가 저항(3kΩ~5kΩ)을 삽입한다. 정확하게 조정하는 방법은 R_{p2}'를 5kΩ 정도의 반고정 가변저항으로 양쪽 전압이 일치하도록 조정하는 것이 원칙이다. 이 회로 이득은 14dB 이상이다.

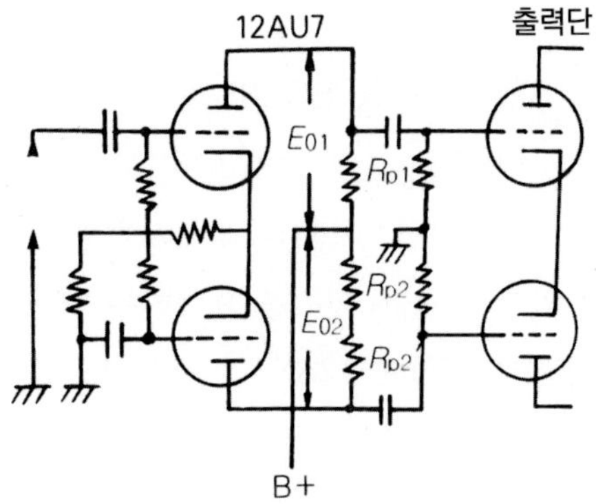

그림 14.10. 위상 반전 드라이브 회로

■ (5) 12AT7, 6201, ECC81

12AT7은 상호 컨덕턴스가 높고, 12AU7 보다 증폭률이 높고 12AX7보다 작은 것으로 한 때 많이 애용했던 진공관이다. 높은 증폭률 (μ=57), 높은 상호 컨덕던스(g_m)값을 가지고 있으며, CR 결합으로 플레이트에 100kΩ 이상으로 하든가 바이어스를 깊게 하면 동작점이 어긋나게 되어 왜율이 늘어나므로 잘 설계하지 않으면 사용하기 까다로운 진공관이다. 동일관으로 12AE7이 있다. 설계시 B전압과 R_p, R_g, R_k 값에 대비하여 표 14.5와 같이 설계하면 된다.

표 14.5. 6DT8, 12AT7, 12DT8 캐소드 바이어스의 변화에 따른 동작 특성

	E_{bb} = 100VDc							E_{bb} = 250VDc							
R_p	0.1		0.27			0.47		0.1		0.27			0.47		MΩ
R_g	0.27	0.47	0.27	0.47	1.0	0.47	1.0	0.27	0.47	0.27	0.47	1.0	0.47	1.0	MΩ
R_k	1500	1800	3900	3900	4700	5600	6800	680	680	1800	1800	2200	3300	3900	Ω
I_b	0.54	0.51	0.23	0.23	0.22	0.150	0.141	1.62	1.62	0.69	0.69	0.65	0.41	0.40	mADc
E_c	-0.81	-0.92	-0.90	-0.90	-1.04	-0.84	-0.96	-1.10	-1.10	-1.24	-1.24	-1.43	-1.35	-1.56	VDc
E_b	45.2	48.1	37.1	37.1	39.6	28.7	32.7	86.9	86.9	62.3	62.3	75.6	55.6	59.9	VDc
E_{sig}	0.1	0.1	0.1	0.1	0.1	0.1	0.1	0.1	0.1	0.1	0.1	0.1	0.1	0.1	VAc
E_p	3.0	3.0	2.8	3.0	3.1	2.95	3.0	3.90	4.10	3.55	3.70	3.65	3.50	3.60	VAc
A	30.0	30.0	28.0	30.0	31.0	29.0	30.0	39.0	41.0	35.5	37.0	36.5	35.0	36.0	-
KF	1.9	1.7	1.9	1.7	1.4	1.8	1.4	0.54	1.0	1.0	0.92	0.79	0.89	0.75	%
E_{sig}	0.54	0.29	0.30	0.29	0.38	0.22	0.34	0.61	0.49	0.54	0.56	0.71	0.64	0.77	VAc
E_p	6.6	8.7	8.4	8.4	11.5	6.5	10.0	23.0	19.7	19.0	20.6	25.5	22.1	27.0	VAc
A	30.0	30.0	28.0	28.9	30.3	29.5	29.4	37.0	40.2	35.2	36.8	35.9	34.5	35.1	-
KF	3.9	4.7	5.0	4.5	4.9	3.6	4.1	4.4	4.2	4.7	4.2	4.6	4.8	4.6	%

■ (6) 12AX7, 12AX7A, 5751, 7025, ECC83

12AX7은 12AU7과 같이 하이파이용으로 가장 많이 사용된 진공관으로서 높은 증폭률(μ=100)을 가지고 있어 용도가 다양한 진공관이다. 프리 앰프, 메인 앰프의 초단관 또는 드라이브관으로 사용할 수 있으며, 높은 이득을 요구하는 앰프에 안성맞춤이다. 12AX7A, 7025는 12AX7의 저잡음관이며, 5751은 12AX7의 고신뢰관이다.

지금까지 설명한 12AU7, 12AT7, 12AX7은 핀 배열이 같다. 그래서 표 14.4, 표 14.5, 표 14.6의 R_p, R_g, R_k의 3가지 저항 변화로 호환이 가능하기 때문에 같은 회로로 진공관

을 바꾸어가면서 각각 진공관의 음색을 비교하면서 즐겨볼 수 있다. 12AX7 동등관으로 12AD7과 6EU7가 있는데 이들은 12AX7의 저잡음관이지만 히터 전류가 다르고(12AD7), 핀 번호가 달라(6EU7) 별도의 독립된 회로로 설계해서 사용해야 한다.

표 14.6. 12AD7, 12AX7, 7025A 캐소드 바이어스의 변화에 따른 동작 특성

	E_{bb} = 100VDc							E_{bb} = 250VDc							
R_p	0.1		0.27			0.47		0.1		0.27			0.47		MΩ
R_g	0.27	0.47	0.27	0.47	1.0	0.47	1.0	0.27	0.47	0.27	0.47	1.0	0.47	1.0	MΩ
R_k	4700	5600	8200	10000	10000	12000	15000	1800	1800	3300	3300	3900	4700	5600	Ω
I_b	0.23	0.204	0.132	0.117	0.098	0.08	0.84	0.84	0.84	0.45	0.45	0.14	0.30	0.28	mADc
E_c	-1.08	-1.143	-1.03	-1.17	-1.17	-1.10	-1.2	-1.51	-1.50	-1.49	-1.49	-1.59	-1.41	-1.57	VDc
E_b	77.0	79.6	64.4	68.4	68.4	56.8	62.4	166	166	128	128	139	109	118.5	VDc
E_{sig}	0.1	0.1	0.1	0.1	0.1	0.1	0.1	0.1	0.1	0.1	0.1	0.1	0.1	0.1	VAc
E_p	3.6	3.8	4.2	4.35	5.0	4.7	5.2	5.4	5.7	6.1	6.6	6.9	6.6	7.1	VAc
A	36.0	38.0	42.0	43.5	50.5	47.0	52.0	54.0	57.0	61.0	66.0	69.0	66.0	71.0	-
KF	3.4	3.4	3.6	3.2	2.6	3.2	2.6	0.3	-	0.5	0.2	0.2	0.4	0.2	%
E_{sig}	0.14	0.14	0.11	0.14	0.17	0.13	0.17	0.5	0.5	0.41	0.45	0.54	0.38	0.48	VAc
E_p	5.0	5.2	4.6	6.0	8.3	6.1	8.5	26.5	28.5	24.5	29.0	37.0	25.0	33.5	VAc
A	35.7	37.2	41.8	42.9	48.8	46.9	50.0	53.0	52.0	59.8	64.4	68.5	65.8	69.8	-
KF	5.0	5.1	4.1	4.9	5.1	4.4	5.0	5.0	4.4	4.95	4.4	4.8	4.1	4.2	%

14.3. 5극관

3극 진공관은 각 전극이 마주보고 있기 때문에 전극간의 정전 용량이 크다. 정전용량을 줄이기 위하여 4극 진공관이 개발되었다. 그림 14.11과 같이 3극 진공관의 그리드와 플레이트 사이에 그물 모양의 전극인 제2그리드를 넣고 그림 14.11(b)와 같이 접지하여 사용한다. 이렇게 하면 그리드와 플레이트 사이가 실드되어 정전 용량이 감소한다. 그런데, 그림 14.11(b)와 같이 직접 접지하면 캐소드로부터 나온 전자가 되돌려 보내지기 때문에 그림 14.11(c)와 같이 적당한 +전압을 가하고 콘덴서로 접지한다.

4극관는 정전 용량을 줄이는 특징을 가지고 있으나 제2그리드의 전압이 플레이트보다 높으면 플레이트에 도달된 전자가 되돌아와서 (2차 전자) 제2그리드에 흡수되어 효율이 나빠진다. 그래서 제3그리드를 플레이트와 제2그리드 사이에 추가하여 -전위에 연결하여 사용하는데, 이것이 5극 진공관(그림 14.12)이다.

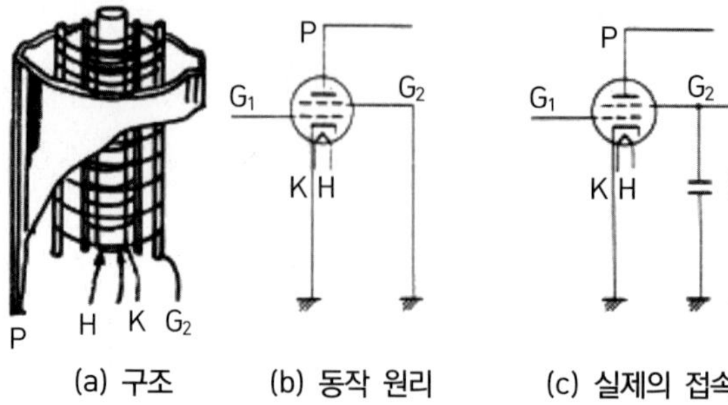

그림 14.11. 4극 진공관 제2그리드의 동작법

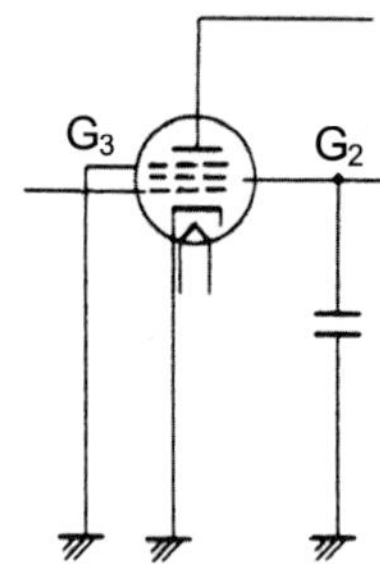

그림 14.12. 5극 진공관 구조

14.3.1. 진공관의 증폭 작용

그림 14.13과 같이 3극 진공관의 전극에 전원을 접속하고, 그리드에 작은 교류 전압을 가한다. 3극관의 3정수에 의하여 그림 14.13(b)의 특성 곡선으로 나타날 때, 교류 입력 신호에 대하여 출력의 교류 성분이 어떻게 나타나는지 살펴보자.

그리드 전압 E_c를 -7V, 플레이트 전압 E_b를 200V로 하면 플레이트 전류 I_b는 8mA(그림 14.13(b)의 화살표) 흐른다. 그리드에 가하고 있는 교류 전압의 최대값을 1V(실효값은 약 0.707V)로 하면, 그리드 전압은 그림 14.14(a)와 같은 특성을 갖는다. 그리드 전압이 -6V에서 -8V로 변하고 플레이트 전류 I_b는 10mA에서 6mA까지 변화한다. 이 전류는 그림 14.14(b)와 같이 맥류(교류와 직류가 섞인 것)인데 교류 성분만 나타내면 그림 14.14(c)와 같이 된다.

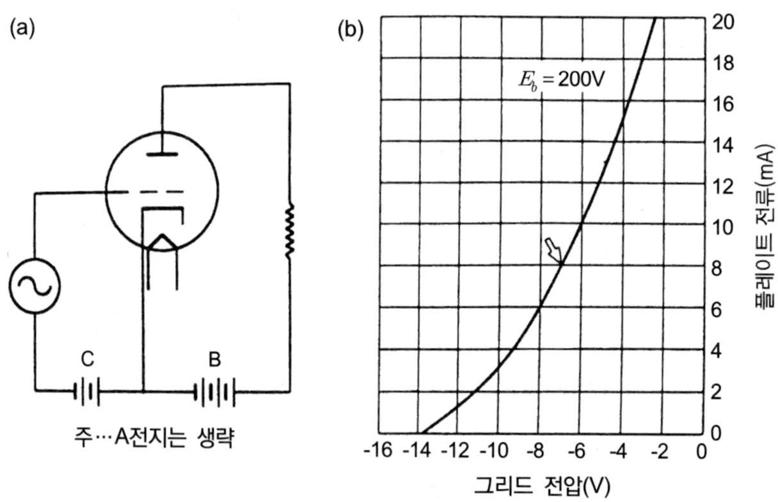

그림 14.13. 3극 진공관 증폭 회로와 특성

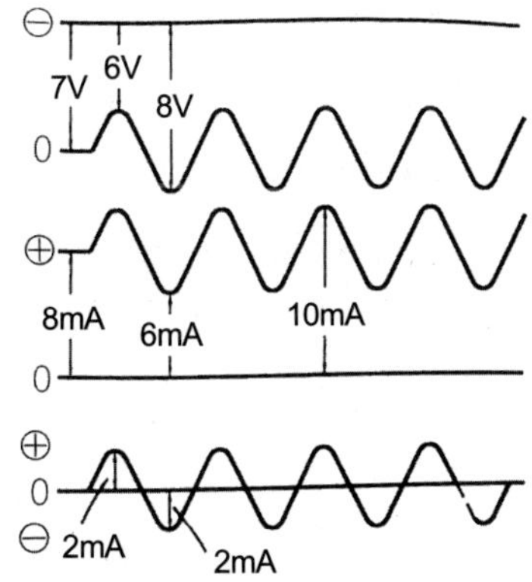

그림 14.14. 진공관 단자의 전압과 전류

여기서 R_L = 10kΩ을 연결하면 최대값이 2mA × 10kΩ = 20V의 교류 전압이 얻어진다. 즉 1V 입력이 20V가 되어 출력된 것으로 증폭 작용을 나타낸 것이다. 증폭된 전압과 그리드에 가한 전압과의 비를 증폭도 또는 증폭률이라고 한다.

14.3.2. 진공관의 부하 특성

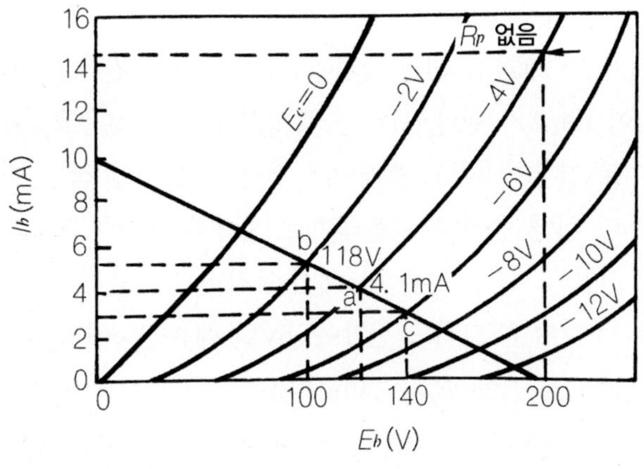

그림 14.15. 진공관 특성도와 부하저항의 역할

14.3.1절에서 계산한 교류 출력 전압 대비 교류 입력 전압의 비율을 증폭도라 하였으나, 이는 부하 저항의 전압 강하를 고려하지 않은 것이다. 실제로는 플레이트에 가해지는 직류 전압 E_b은 캐소드와 플레이트 사이에 가한 직류 공급 전원 전압 E_{bb}보다 낮아진다. 플레이트 직류 전압 E_b가 달라지면, 실제로 동작하는 특성 곡선도 달라진다. 단 그리드측은 전류가 흐르지 않으므로 그리드 전압은 그대로 걸린다.

각각의 그리드 전압 E_c에 대하여 플레이트 전압 E_b에 따른 플레이트 전류 I_b의 특성 곡선은 그림 14.15와 같다. 이 회로에서는 직류 공급 전원 전압 E_{bb}는 200V이고, 부하 저항을 20kΩ이다. 부하 저항이 없을 경우는 특성 곡선 그대로 동작하므로 그리드 전압 -4V로 하면 플레이트 전류는 14.4mA(그림 14.15의 화살표) 흐르지만, 부하 저항으로 20kΩ을 넣으면 플레이트 직류전압이 떨어지므로 플레이트 전류는 저항에 의한 전압강하 분량만큼 떨어진다.

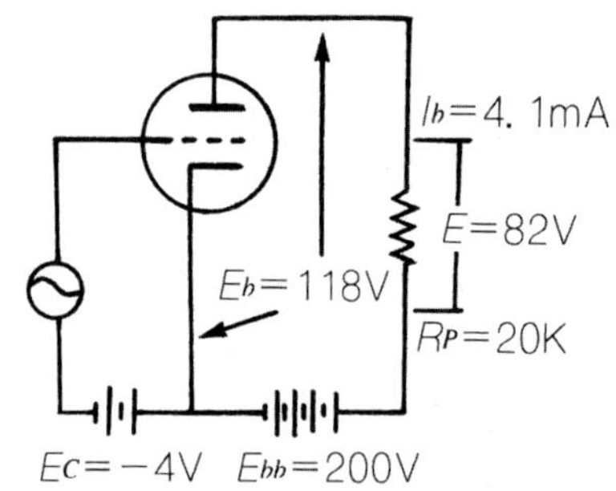

그림 14.16. 진공관 회로의 전압과 전류

플레이트 전류 감소폭은 그림 14.15의 특성 곡선으로부터 구할 수 있다. 먼저 부하 저항 20kΩ에 얼마 만큼의 전류를 흘리면 플레이트 전압 0의 값이 되는가를 구한다. 부하 저항 20kΩ의 전압 강하가 200V가 되는 전류값은 $20 \times 10^3 \times$ 전류 = 200V 식에서 계산하면 플레이트 전류값이 10mA가 된다. 그러면 특성도에서 플레이트 전압이 0이고 전류가 10mA인 점과 플레이트 전류가 0이고 플레이트 전압이 200V인 점을 서로 직선으로 연결한다. 이 직선으로부터 실제 동작하는 플레이트 전압과 플레이트 전류를 알 수 있다.

예를 들면 그리드 전압이 -4V일 때는 점a에서 동작하므로 플레이트 전류가 4.1mA이고 플레이트 전압 E_b은 118V이며, 그리드 전압이 -6V일 때는 점c에서 동작하므로 플레이트 전류가 3mA이고, 플레이트 전압 E_b가 140V이다.

그림 14.16에서 그리드 전압 E_c가 -4V일 때 부하저항에 의하여 82V의 전압강하가 일어나기 때문에 플레이트 전압 E_b은 118V, 플레이트 전류는 4.1mA인 것을 표시하고 있다. 이 진공관에 그리드 전압 E_c로 -4V를 가하면, 최대값이 2V인 교류 입력 전압을 가할 때 그리드 전압은 -2V~-6V까지 변한다. 그러므로 플레이트 전류는 그림 14.17의 특성 곡선표에서 보면 4.1mA를 중심으로 3mA~5.2mA까지, 플레이트 전압은 118V를 중심으로 96V에서 140V까지 변화한다. 그래서 증폭률은 (140-96)V/4V = 11 배이다.

즉 그림 14.15의 점a를 중심으로 직선상에서 동작하고 있다는 것을 알 수 있다. 이 직선상의 동작 범위를 크게 그려 보면 그림 14.17과 같다. 이 전압 변화가 증폭기의 출력 전압이며, 입력 전압을 더 높이면 출력 전압도 높아진다. 정특성과 다른 곳에서 동작하므로 정특성과 구별하기 위하여 부하 특성 또는 동작 특성이라 하고 이 직선을 부하 저항선이라고 한다.

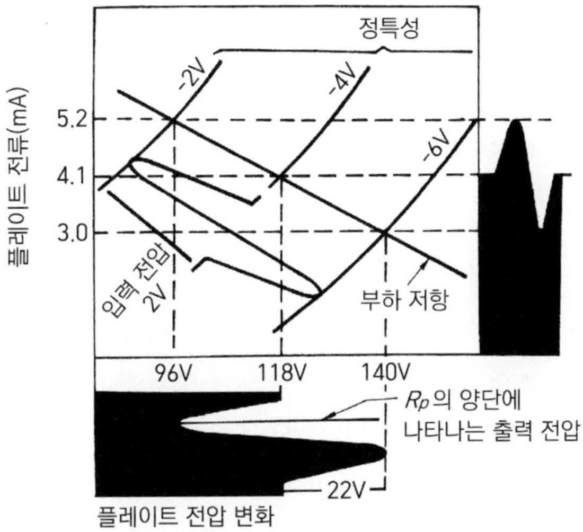

그림 14.17. 동작시의 전압과 전류

부하 특성은 부하 저항 값에 따라 다르다. 그림 14.18은 부하 저항 값과 전원 전압이 다를 경우 부하 저항선을 각각 그린 것이다. 이 직선을 그리려면 전원 전압을 부하 저항으로 나누어서 전류 값을 구하여, 플레이트 전압 $E_b=0$의 선상에 마크(그림 13.18의 화살표)하고, 그 점과 전원 전압의 점과의 직선을 그리면 된다. 부하 저항선의 경사는 전원 전압과는 무관하며 부하 저항값에 의하여 정해진다는 것을 알 수 있다.

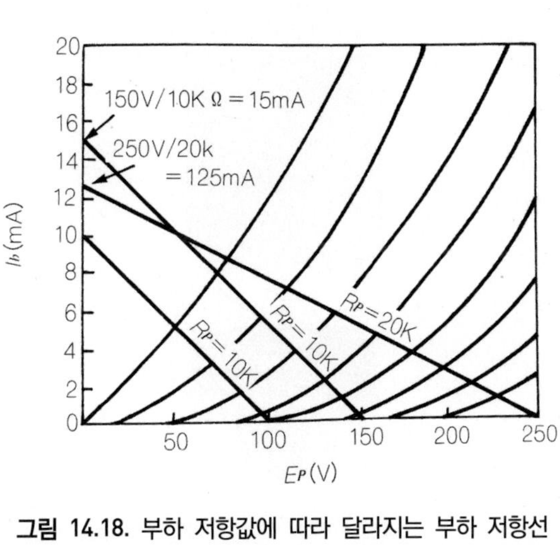

그림 14.18. 부하 저항값에 따라 달라지는 부하 저항선

14.3.3. 대표적인 5극관 종류

■ (1) 6CA7/EL34

EL34는 대출력 전력 증폭 5극 2차대전 후 유럽 네덜란드의 필립스에서 오디오용으로 개발되었으며, 오래 사용할 수 있고 장점이 많은 오디오용 진공관이다. 싱글로 최고 11W의 출력을 얻을 수 있고 PP로는 40~55W 출력이 무난하다. PP 회로로 제작할 때 캐소드 바이어스 방식보다는 고정 바이어스 방식을 사용하면 출력과 왜율이 좋아진다. 미국계 6CA7은 빔 4극관(beam tetrode)이다. 미국계 진공관 6CA7은 힘이 있고 저역이 견실하며, 유럽계 EL34은 맑고 고운 음을 내는 용도가 적당하다.

■ (2) 6L6/6L6-G, 6L6GB, 6L6GC/5881

6L6(그림 14.19) 만큼 역사가 긴 것도 없다. 1935년 RCA사가 개발한 것으로 당시에는 메탈 튜브였으며 그 뒤로 6L6G가 출시되고 다시 송신관으로 탑 플레이트화한 807이 만들어졌다. 다시 플레이트를 내부로 연결한 6L6GC가 오디오용으로 탄생하고 이후로도 계속 애용되고 있는 진공관이다. 그리고 비슷한 특성을 지닌 것으로 WEC사의 350B가 있다.

일반적으로 빔관이라고 부르는 이 종류의 진공관에서는 제2그리드 전압 E_{g2}의 변동에 민감하다. 제1그리드 전압 E_{g1}이 플레이트 전류 I_p의 변화에 따라 크게 움직이지 않으면 출력이 감소하든가 찌그러짐이 증가하므로, 대출력을 내려면 제2그리드 전압 E_{g2}의 변동성을 최소화하기 위해 안정적인 전원 공급이 중요하다.

그림 14.19. 6L6의 형상

■ (3) 6V6, 6V6G, 6V6GT, 6V6GTY

전력 증폭 진공관 6V6는 이전 버전의 6F6G에 비하여 히터 전력이 65%, 플레이트 전류가 85%가 되도록 효율성을 높여 중소출력의 하이파이 세트용으로 보급되었다. 6V6GT 싱글 앰프 출력은 2~5W 정도이고, PP 앰프는 최고 14W이다. 싱글에서 B전압이 315V인 경우 5.5W의 출력을 얻을 수 있다. 싱글 앰프에서는 입력 신호가 있을 때와 없을 때 플레이트 전류 I_b 차이는 크지 않아 전원 레귤레이션이 나빠도 크게 문제되지 않지만, PP 앰프의 경우는 플레이트 전류가 30% 이상 증감이 있으므로 안정된 전원이 필수적이다.

■ (4) 6550/KT88/6550A

6550과 KT88은 호환성이 있으나, 빔 4극관과 5극관으로 구분된다는 것이 다른 점이다. 6550(RCA, TUNG-SOL), 6550A(G. E), KT88(GEC)의 규격 비교는 표 14.7에 정리되어 있다. 플레이트 전압이 6550은 최대 600V이고 KT88/6550A는 800/660V이므로 이 점을 주의해야 한다. KT88은 영국에서 개발한 것이고 6550은 미국에서 개발한 것이다.

표 14.7. 각 진공관의 최대 정격 및 최대 출력 (제조사 발표값)

구분 \ 진공관명	6CA7	6GB8	8417	EL156	6550	6550A	KT88
최대 플레이트 전압(V)	800	800	660	800	600	660	800
최대 스크린 전압(V)	450	400	500	450	400	440	600
최대 플레이트 손실(W)	27.5	35	35	50	35	35	35
최대 스크린 손실(W)	8	10	5	8	6	6	6
최대 캐소드 전류(mA)	150	200	200	180	175	190	230
최대 출력(PP분) W	100	130	100	130	100	100	100

■ (5) 350B

WEC사의 제품 중 명품으로 불리우는 진공관이 300B라면, WEC사의 5극관으로는 350B가 있다. 300B의 형님격인 300A가 있듯이, 350B도 그 형님격인 350A가 있다. 300A와 300B 특성이 같듯이 350A와 350B도 동작 특성은 같으나 핀 타입이 다르다. 350A는 807과 흡사하다.

■ (6) 6267/EF86

저잡음, 고이득 mT형 5극관으로 가격이 비싸 고급 기종을 제작하는데 많이 사용되었다. 고역 증폭 특성이 좋아 마이크 입력단이나 프리 앰프의 초단 증폭용으로 많이 사용되었다.

■ (7) 6BQ5/EL84, 7189, 7189A

9핀의 mT형 전력 증폭용 5극관이며 상호 컨덕턴스(g_m)와 능률이 높다는 장점이 있다.

6BQ5는 7189 및 7189A와 같은 핀 접속이지만 7189A는 ①번 핀이 제1그리드와 연결되어 있으므로 소켓에서 ①번 핀과 ②번 핀을 굵은 와이어로 서로 연결하는 것이 외부 잡음이 흡수되는 것을 막을 수 있다. 5극관의 대부분이 3결 접속하면 소리가 좋아진다. 6BQ5도 3결 접속으로 고운 소리를 낼 수 있으나 출력은 많이 감소한다.

■ (8) 6AQ5/6005, EL90

전항의 6V6G과 너무도 흡사한 것으로 최대 플레이트 전압 제한만 다를 뿐 나머지는 거의 같다. 싱글 앰프로 4.5W, PP 앰프로 10W의 출력을 낼 수 있는 가정용 소출력 앰프로 적절하며 왜율도 6BQ5에 뒤지지 않는 진공관이다. 플레이트 전압을 250V 이상 걸지 말아야 하며 6BQ5에 비해 히터 전류가 적어 유리하다. 단 제2그리드가 약하므로 플레이트 전압보다 낮게 설계해야 한다.

■ (9) 6BM8/ECL82

유럽에서 개발된 진공관으로 6AV6의 3극부와 6AR5의 5극부를 한 유리관에 넣어 만든 편리한 진공관으로 단 2개의 관으로 스테레오 앰프 제작이 가능하다. 이 진공관의 장점은 상호 컨덕턴스 g_m값이 낮아서 발진 등의 위험이 적다는 것이고, 단점은 3극부 증폭률이 낮고 5극부 전원 전압 제한이 있다는 점이다.

■ (10) 6GW8/ECL86

6BM8의 장단점을 개량하여 만든 진공관으로 플레이트 전압이 300V이며 3극부 증폭률도 12AX7과 같은 100이다. 그리고 5극부와 3극부를 실드로 격리시켰고 3극부의 잡음 문제도 해결하였으나 3극부 증폭률이 높아 발진할 우려가 있다. PP 앰프로 13W가 무난하다. 3극부 설계시 A=70 이하로 하는 것이 발진에 대비할 수 있는 방책이다.

표 14.8. 진공관의 유럽명과 구미명

유럽명	구미명	유럽명	구미명
ECC81	12AT7	EF80	6BX6
E81CC	12AT7WA, 6201	EF86, EF806	6CF8, 6267
ECC82	12AU7, 5814	EL34	6CA7
ECC83	12AX7, 7025, 5751	EL36	6CM5
ECC85	6AQ8	EL84	6BQ5, 7189
ECC88	6DJ8	EL86	6CW5
E88CC	6922	EL90	6AQ5
ECF80	6BL8	EZ81	6CA4
ECF82	6U8	GZ34	5AR4
ECL82	6BM8	ECC802	6189
ECL86	6GM8	ECC803	6057

표 14.8에는 진공관들의 유럽에서 사용하는 이름과 구미에서 사용하는 이름이 정리되어 있다.

14.4. 정류관

진공관 앰프에서 가장 중요한 전원을 만드는데 사용하는 정류관은 앰프의 수명과 음질에 큰 영향을 준다. 진공관은 DC 전원으로 작동하므로 진공관 앰프를 배터리를 사용하여 제작하는 것이 이상적일 수도 있으나, 제한적 공간과 비용을 고려하면 가정용 AC 전기를 정류하여 사용하는 것이 현실적이다.

스위치를 넣었을 때 순간적으로 출력관이나 다른 진공관에 높은 B전압이 공급되므로 진공관 플레이트에 무리를 준다. 진공관은 예열 워밍업에 해당하는 웜업(warm-up)시간이 필요하다. 이러한 문제들을 정류관으로 해결할 수 있다. 또한 대출력 앰프에서 필수적인 레귤레이션이 좋은 전원부를 책임지는 것 또한 정류관이다. 정류관은 내부저항이 작은 내구성이 좋은 진공관을 권장하며, 전파 정류 방식이 우수하다.

14.4.1. 정류관의 계통도

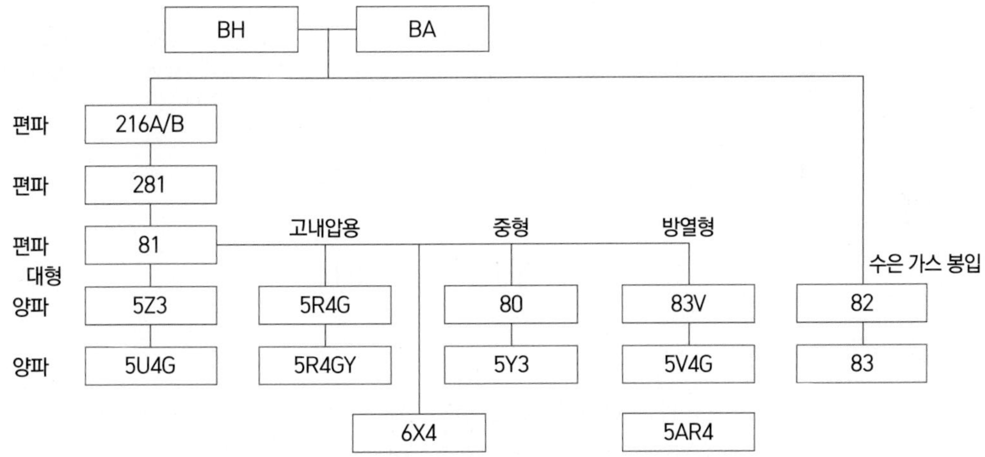

그림 14.20. 정류관의 계통도

그림 14.20은 편파이냐 양파이냐에 따라 그리고 고내압용, 중형, 방열형, 수은 가스 봉입에 따라 정류관이 어떻게 분류되는지를 보여 주고 있다.

14.4.2. 정류관의 종류

■ (1) 80/80K, 5Y3GT

80은 역사가 오래된 125mA 용량의 전파 정류용 직렬관으로 형태는 2A3처럼 ST관이다. 80K는 80 직렬형을 방열형화한 것으로 규격은 동일하다. 5Y3은 80과 같은 규격이나 소켓 타입이 다르므로 소켓과 함께 교체해야 한다. 정류 전압은 입력전압의 1.4배로 필터 콘덴서 내압에 유의하고 용량은 규격표의 $10\mu F$ 이내로 해야 한다.

■ (2) 5U4G/5U4GB/5G-K22

표 14.9. 5U4G와 5U4GB의 출력 특성표

AC 입력 전압	5U4G의 최대출력				5U4GB의 최대 출력			
	초크 입력		콘덴서 입력		초크 입력		콘덴서 입력	
	CH = 10H		C = $40\mu F$		CH = 10H		C = $40\mu F$	
	V	mA	V	mA	V	mA	V	mA
200V	110	270	95	250	115	340	160	320
250V	165	270	160	250	160	340	230	310
300V	210	270	220	240	220	340	290	300
350V	260	270	290	235	290	340	340	290
400V	300	270	360	230	360	340	400	280
450V	345	270	430	225	430	340	460	270
500V	390	250	500	190	500	320	535	240
550V	440	225	590	150	590	275	630	160

5U4G는 5Z3과 같은 특성이며 5U4GB는 더 큰 출력 전류를 얻을 수 있게 설계된 것으로 표 14.9에 규격이 정리되어 있다. 특히 5U4GB는 내부 저항을 좀 더 적게 하여 관내 전압 손실을 줄이고 출력 전류는 많게 개량한 진공관이다.

■ (3) 5Z3

5U4G의 모체인 5Z3 진공관은 UX 베이스로 하는 아주 고전적 형태의 대용량 정류관으로 최대 정류 전류는 225mA이고 초크 트랜스는 3H 이상의 용량을 사용하는 것을 권장한다. 350V 정류 전압 이하에서는 250mA도 가능하며 전압변동률은 20V이다.

■ (4) 5AR4/GZ-34

5AR4는 비교적 소형이면서 대전류를 얻을 수 있는 것은 캐소드 재료가 향상되어 적은 히터 전류로 동작이 가능해지도록 한 매우 경제적인 진공관이다. 콘덴서 입력 방식에서는 교류 입력 전압의 10% 높은 전압이 출력된다는 것을 잊지 말아야 한다. 표 14.10과

표 14.11은 콘덴서 입력 방식과 초크 입력 방식을 정리한 것이다. 소련제 GZ-34는 베이스가 너무 약한 것이 단점이다.

5U4C, 5V4와 소켓 접속이 같으므로 서로 호환이 가능하나 5AR4로 변경해 사용할 경우 B전압을 8번 핀에서 출력해야 한다. 만일 2번 핀에서 B+출력하면 B전압이 필라멘트를 통해서 나오기 때문에 필라멘트에 좋지 않다.

표 14.10. 콘덴서 입력 방식

교류 입력 전압[V_{rms}]	2×300	2×350	2×400	2×450	2×500	2×550
직류 출력 전류[mA]	250	250	250	250	200	160
전실효 플레이트 전원 임피던스[Ω]	50	75	100	125	150	175
입력 임피던스[μF]	60	60	60	60	60	60
직류 출력 전압[V]	300	350	400	450	530	610

표 14.11. 초크 입력 방식

교류 입력 전압[V_{rms}]	2×300	2×350	2×400	2×450	2×500	2×550
직류 출력 전류[mA]	250	250	250	250	200	225
데이터 변경	0	0	0	0	0	0
입력 임피던스[H]	10	10	10	10	10	10
직류 출력 전압[V]	240	283	326	370	415	460

■ (5) 5V4-G

5AR4와 구조가 같은 방열형 중전류 정류관으로 175mA 급이다. 5AR4와 5U4GB가 250mA 급이므로 같이 쓸 수는 없지만, 출력관 전류가 만일 170mA 급이면 사용이 가능하다.

■ (6) 6CA4, EZ81

mT형 고진공 방열형 전파 정류관으로 150mA의 출력 전류 능력을 가지고 있어서 앰프의 소형화에 알맞은 정류진공관이다. 동일의 형태의 방열형 진공관은 히터와 캐소드가 한쪽 편과 공통으로 출력되는데, 6CA4는 히터와 캐소드가 별도로 분리되어 있다. 히터와 캐소드 사이가 절연되어 있어 다른 진공관과 히터 전원을 공통으로 사용할 수 있지만, 원칙적으로 별도로 사용하는 것이 바람직하다.

14.5. 주요 3극관과 다극관 동작 특성 비교

표 14.12. 3극 출력관과 다극관(3결) 출력관의 동작 특성 예

명칭	E_h (V)	I_h (A)	동작	E_p	E_g(V)/ R_k**(Ω)	$I_{p()}/I_{pmax}$ (mA)	E_{sig} (rmsV)	R_L* (Ω)	출력 (W)	왜율 (%)	DF
2A3	2.5	2.5	AB_1PP	300	780	80	55×2	5k	10	5.0	3
6BX7GT(쌍3극)	6.3	1.5	AB_1PP	275	-21.5	50	15.0×2	8k	4.55	5.0	2.7
6DE7(쌍 3극)	6.3	0.9	SEPP	400	-27	20/55	19.1×2	400	7.0		
6G - A2	6.3	0.75	A_1S	350	-18.5	40/49	13.0	5k	2.2	5.0	3.57
			A_1S	380	-21.5	47/57	15.0	5k	3.2	5.5	
			A_1PP	250	-18.5	80/101	13.0×2	8k	5.0	0.8	2.7
			A_1PP	280	-21.5	94/118	15.0×2	8k	6.8	0,92	
			AB_1PP	250	-22	40/64	15.4×2	10k	4.2	1.7	
			AB_1PP	300	-26.2	55/84	18.3×2	10k	7.0	1.9	
			AB_1PP	350	-30	70/105	21.0×2	10k	10.0	2.1	
6R - A2	6.3	0.76	SEPP	400	-55	60/130	39.0×2	200	15.0		
			SEPP	300	-45	30/147	32.0×2	32	3.1		
6R - A8	6.3	1.0	A_1S	250	-19	55/58	13.4	3k	4.0	6.7	3.26
			A_1S	260	330	57/58	13.0	3k	3.7	6.5	
			A_1PP	250	-19	110/200	13.7×2	1.5k	13.7	1.5	
			AB_1PP	270	170	110/130	15.5×2	3.1k	12.6	1.5	
			AB_1PP	300	-21	80/180	14.9×2	3.6k	18.0	2.0	2
			AB_1PP	300	-25.5	80/144	15.0×2	5k	17.5	2.5	
6AQ5	6.3	0.45	A_1S	250	-17.5	31/34	12.4	3k	1.1	9.0	1.52
			AB_1PP	250	-22.5	32/45	15.9×2	7k	3.1	4.0	1.75
6AR5	6.3	0.4	A_1S	250	-22.5	25/26	15.9	4k	0.9	6.0	
			AB_1PP	250	-27.5	28/35	19.4×2	9k	2.3	3.0	
6BM8	6.3	0.4	A_1S	200	-17	35/36	12.0	3k	1.5	8.0	
			AB_1PP	200	-19	40/66	13.4×2	4k	4.0	4.0	
6BQ5	6.3	0.76	A_1S	250	270	34/36	6.7	3.5k	1.95	9.0	
7189			AB_1PP	250	270	40/43.4	8.3×2	10k	3.4	2.5	
7189A			AB_1PP	300	270	48/52	10.2×2	10k	5.2	2.5	
6CA7	6.3	1.5	A_1S	375	370	70/73	18.9	3k	6.0	8.0	
			AB_1PP	400	220	130/142	22.0×2	5k	16.5	3.0	
6CM525E5	6.3 25	1.2 0.3	B_1PP	250	-45	40/140	32.0×2	3k	16.5	2.0	
6F6-GT42	6.3	0.7	A_1S	250	-20	31/34	14.1	4k	0.9	6.5	
			AB_1PP	320	-40	34/52	28.2×2	9k	5.4	4.0	
6G-B3A	6.3	1.2	SEPP	400	140	100/125	12.0×2	200	4.0	3.0	
6G-B8	6.3	1.5	A_1S	350	160	103/109	12.2	2k	7.5	8.0	
			AB_1PP	380	100	188/204	14.3×2	3.5k	18.5	2.5	
6L6-GC	6.3	0.9	A_1S	250	490	40/42		6k	1.3	6.0	
6R-B10	6.3	0.8	AB_1PP	250	-13.5	52/84	9.9×2	3.5k	5.4	2.0	
			AB_1PP	350	-18.5	76/120	13.0×2	3.5k	12.0	2.0	
			AB_1PP	250	165	68/74	8.7×2	4k	4.8	2.0	
			AB_1PP	300	150	96/107	11.3×2	3.5k	10.6	2.0	
6R-P15	6.3	0.75	A_1S	250	270	38/40	7.5	2.5k	1.8	9.0	
			AB_1PP	250	200	56.4/60.4	8.4×2	7k	3.5	2.0	
			AB_1PP	300	200	68/73	10.2×2	7k	5.5	2.0	
6V6-GT	6.3	0.45	AB_1PP	285	-25.0	40/54	17.7×2	7k	4.2	4.0	
30A5	30	0.15	AB_1PP	100	-11.5	28/38	8.1×2	4k	1.2	2.0	
35C5	35	0.15	$4B_1PP$	100	-11.5	28/34	8.1×2	3k	0.7	2.0	
50C5	50	0.15	$4B_1PP$	100	-11.5	30/40	8.1×2	3k	1.0	2.0	

제15장

진공관 앰프 설계

앰프는 기본적으로 초단, 드라이브단(위상반전), 전력 증폭단, 그리고 전원단으로 구성되며, 실제 제작하는데 필요한 설계 방법 그리고 진공관을 선택하는 방식에 대하여 설명한다.

15.1. 초단 증폭

초단관은 다음 단 진공관의 능력을 최대한 발휘할 수 있게 도와주며 전체루프 이득조절에 중요하므로 선택하는데 신중해야 한다. 초단관은 기존 앰프 회로에서 지정하는 관을 꼭 사용할 필요는 없다. 회로의 시정수 2~3가지만 바꾸면 개성에 맞는 자기만의 앰프를 만들 수 있기 때문이다.

예를 들어 12AU7을 사용하는 앰프 회로에서 바이어스 저항값과 부하 저항, 차단 리크 저항 3가지만 바꾸면 12AX7 또는 12AT7, 6DJ8, 6CG7 등과 같은 다른 관을 사용하면서 이 관들의 특성을 잘 이용할 수 있다.

15.1.1. CR 결합 회로

그림 15.1은 기본 CR 결합 회로이다. 각각의 구성 부품을 살펴보면, 입력신호 E_{sig}에 연결된 그리드 결합 콘덴서 C_g는 입력신호 또는 전 증폭단의 직류전압이 그리드 측으로 가해지는 것을 막는 역할을 한다. 콘덴서는 AC는 통과하나 DC 전압은 통과하지 못하는 원리를 적용한 것이다. R_g는 그리드 저항으로 이 저항을 통해 바이어스 전압이 발생한다. R_k는 캐소드 저항으로 매우 중요하며 플레이트 동작 전류를 설정한다. R_p는 플레이트 부하 저항으로 증폭된 전압을 얻어낸다. 부하 저항 R_p에는 높은 직류전압이 발생하므로 C_c를 통해 직류전압을 차단하고 교류 전압 성분만 C_c를 통과해서 다음 단에 전해지도록 한다.

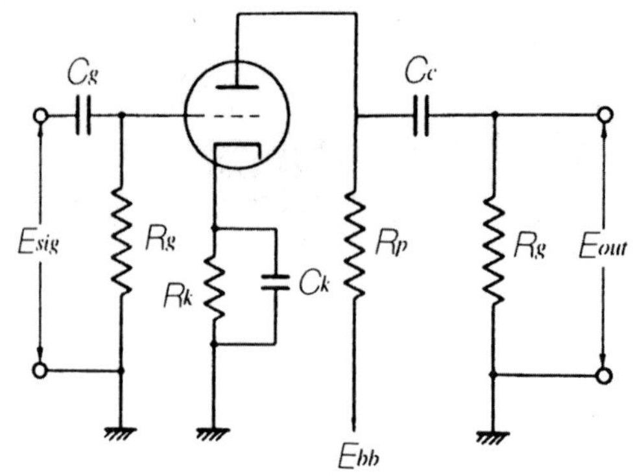

그림 15.1. 기본 CR 결합 회로

15.1.2. 트랜스 결합 회로

결합 콘덴서 C_c는 높은 주파수에서는 리액턴스가 작아 문제가 되지 않지만 낮은 주파수 증폭에서는 리액턴스가 커서 문제가 된다. 이런 여러 가지 문제점을 해결하기 위한 회로가 트랜스 결합 회로이다. 트랜스 특성이 좋지 않았던 시절에는 트랜스 결합 회로를 사용하지 않았으나, 현재는 특성이 좋은 트랜스가 사용할 수 있어서 프로 매니아들이 좋아하는 방식이다. 이 교재에서는 일반적으로 많이 사용하는 CR 결합 회로 위주로 설명한다.

15.1.3. 진공관 회로 설계

표 15.1에는 진공관 회로 설계에서 사용하는 전압, 전류, 저항, 콘덴서 등의 용어와 기호를 정리하였다.

표 15.1. 진공관 회로 설계에서 사용하는 용어와 기호

E_{bb}, $B+$ 플레이트 공급 전압 (V_{DC})	R_g 제1그리드 저항 (MΩ)
E_b 플레이트 바이어스 전압 (V_{DC})	R_k 캐소드 저항 (Ω)
E_p 플레이트 신호 전압 (V_{rms})	R_p 플레이트 부하 저항 (MΩ)
E_c 그리드 바이어스 전압 (V_{DC})	R_g' 다음 단 그리드 저항 (Ω)
E_{c1} 제1그리드 바이어스 전압 (V_{DC})	R_L 부하 저항 (MΩ)
E_{c2} 제2그리드 바이어스 전압 (V_{DC})	C_{g1} 그리드 콘덴서 (μF)
E_{g1} 그리드 입력 신호 전압 (V_{rms})	C_{g2} 스크린 바이패스 콘덴서 (μF)
E_{sig} 입력 신호 전압 (V_{rms})	C_k 캐소드 바이패스 콘덴서 (μF)
E_{out} 출력 신호 전압 (V_{rms})	C_c 커플링 콘덴서 (μF)
I_b 플레이트 전류 (mA)	P_o 출력 (W)
I_{c2} 제2그리드 전류 (mA)	A 증폭도
KF 왜율 (%)	

표 15.2. 6BQ5 특성

	E_{bb}	E_{c2}	E_{c1}	R_k	R_L	E_{g1}	P_o	KF
동작(1)	250V	250V	-7.3V	135Ω	5.2$k\Omega$	4.7 V_{rms}	6W	10%
동작(2)	250V	250V	-8.4V	210Ω	7$k\Omega$	5.5 V_{rms}	5.6W	10%

표 15.3, 표 15.4, 표 15.5의 초단 증폭용 진공관 특성 규격표를 살펴보면, B전압 E_{bb}은 100V와 250V 두 가지 기준값을 사용하여 특성을 표시한다. 저항값은 규격 저항값의 근사값으로 설정하며, 증폭도는 입력 신호 전압이 적고 출력 신호의 찌그러짐이 5%를 넘지 않는 범위 안에서 측정한 값이다. 출력 신호 전압인 출력단의 전압은 다음 단의 입력 신호 전압으로 얼마의 크기가 필요한지에 의하여 결정하고 그런 다음 사용할 B전압 E_{bb}을 결정한다.

예를 들어 전력증폭단 진공관으로 6BQ5을 사용하여 싱글 앰프를 만드는 경우 먼저 표 15.2과 같은 특성표를 살펴본다. 여기에서 초단 증폭 설계할 때 가장 중요한 항목이 입력 신호 전압 E_{g1}값이다. 동작(1) 모드에서는 E_{g1}값이 4.7 V_{rms}이고, 왜율 KF는 10%, R_L은 5.2$k\Omega$, 출력은 6W이다. 동작(2) 모드에서는 E_{g1}값이 5.5 V_{rms}이고, 왜율 KF는 10%로 같고, R_L은 7$k\Omega$, 출력은 5.6W이다. 실제 동작하는 출력 파워는 6W와 5.6W의 수치보다는 낮게 동작한다.

표 15.3. 12AU7 캐소드 바이어스의 변화에 따른 동작 특성

	E_{bb} = 100 V_{DC}						E_{bb} = 250 V_{DC}						
R_p	0.047		0.1		0.27		0.47		0.1		0.27		$M\Omega$
R_g	0.1	0.27	0.1	0.47	0.27	0.47	0.1	0.27	0.1	0.47	0.27	0.47	$M\Omega$
R_k	1200	1200	2200	2700	6800	8200	1000	1000	1500	1800	4700	6800	Ω
I_b	1.22	1.22	0.66	0.628	0.259	0.246	3.2	3.2	1.78	1.72	0.684	0.63	mA_{DC}
E_c	1.465	1.465	1.45	1.695	1.76	2.02	3.2	3.2	2.67	3.10	3.21	4.28	V_{DC}
E_b	42.7	42.7	34.0	37.2	30.0	33.6	150.5	150.5	72.0	78.0	65.0	80.0	V_{DC}
E_{sig}	0.5	0.5	0.5	0.5	0.5	0.5	1.0	1.0	1.0	1.0	1.0	1.0	V_{AC}
E_p	6.25	6.6	6.35	6.75	6.3	6.3	13.5	14.1	13.8	14.3	13.4	13.2	V_{AC}
A	12.5	13.2	12.7	13.5	12.6	12.6	13.5	14.1	13.8	14.3	13.4	13.2	-
KF	4.0	3.6	4.3	2.9	3.0	2.5	3.3	3.1	3.8	2.8	2.5	2.0	%
E_{sig}	0.65	0.65	0.57	0.77	0.71	0.98	1.70	1.70	1.34	1.70	1.80	2.52	V_{AC}
E_p	8.1	8.6	7.2	10.4	8.9	12.4	23.0	24.0	18.5	24.5	24.1	33.1	V_{AC}
A	12.5	13.2	12.6	13.5	12.5	12.6	13.5	14.1	13.8	14.3	13.4	13.1	-
KF	4.8	4.4	4.8	4.6	4.6	5.0	4.9	4.6	5.0	5.0	4.9	5.0	%

동작(1) 예와 동작(2)는 별 차이가 없다. 전력증폭의 입력신호 전압 E_{g1}은 6BQ5가 6W 출력을 내기 위해 그리드에 가해지는 신호 입력 전압으로서 초단 증폭기 설계의 기준이 된다.

표 15.4. 12AT7 캐소드 바이어스의 변화에 따른 동작 특성

	E_{bb} = 100V_{DC}							E_{bb} = 250V_{DC}							
R_p	0.1		0.27			0.47		0.1		0.27			0.47		$M\Omega$
R_g	0.27	0.47	0.27	0.47	1.0	0.47	1.0	0.27	0.47	0.27	0.47	1.0	0.47	1.0	$M\Omega$
R_k	1500	1800	3900	3900	4700	5600	6800	680	680	1800	1800	2200	3300	3900	Ω
I_b	0.54	0.51	0.23	0.23	0.22	0.150	0.141	1.62	1.62	0.69	0.69	0.65	0.41	0.40	mA_{DC}
E_c	-0.81	-0.92	-0.90	-0.90	-1.04	-0.84	-0.96	-1.10	-1.10	-1.24	-1.24	-1.43	-1.35	-1.56	V_{DC}
E_b	45.2	48.1	37.1	37.1	39.6	28.7	32.7	86.9	86.9	62.3	62.3	75.6	55.6	59.9	V_{DC}
E_{sig}	0.1	0.1	0.1	0.1	0.1	0.1	0.1	0.1	0.1	0.1	0.1	0.1	0.1	0.1	V_{AC}
E_p	3.0	3.0	2.8	3.0	3.1	2.95	3.0	3.90	4.10	3.55	3.70	3.65	3.50	3.60	V_{AC}
A	30.0	30.0	28.0	30.0	31.0	29.0	30.0	39.0	41.0	35.5	37.0	36.5	35.0	36.0	-
KF	1.9	1.7	1.9	1.7	1.4	1.8	1.4	0.54	1.0	1.0	0.92	0.79	0.89	0.75	%
E_{sig}	0.54	0.29	0.30	0.29	0.38	0.22	0.34	0.61	0.49	0.54	0.56	0.71	0.64	0.77	V_{AC}
E_p	6.6	8.7	8.4	8.4	11.5	6.5	10.0	23.0	19.7	19.0	20.6	25.5	22.1	27.0	V_{AC}
A	30.0	30.0	28.0	28.9	30.3	29.5	29.4	37,0	40.2	35.2	36.8	35.9	34.5	35.1	-
KF	3.9	4.7	5.0	4.5	4.9	3.6	4.1	4.4	4.2	4.7	4.2	4.6	4.8	4.6	%

그러면 전력증폭단 진공관으로 6BQ5을 사용할 경우 초단 증폭기를 설계해 보자. 동작(1) 모드에서는 4.7 $Vrms$가 초단 증폭기 출력신호 전압이 되므로 이 값을 토대로 초단 증폭 설계를 해야 한다. 초단 진공관으로 12AU7, 12AT7, 12AX7 자료를 살펴보자. B+ 전압은 250V이므로, 플레이트 공급 전압 E_{bb} = 250V 일 때 증폭도 A는 12AU7은 13이상, 12AT7은 35이상, 12AX7은 52 이상이다. 그러므로 6BQ5의 입력 신호 전압이 4.7 $Vrms$가 되도록 초단관이 동일 전압으로 출력되려면, 각 초단관 입력 신호는 12AU7은 360mV, 12AT7은 135mV, 12AX7은 90mV로 계산된다. 이 값은 rms 값이므로 실제 최대치는 이 값보다 1.4배 만큼 커야 한다. 표 15.3, 표 15.4, 표 15.5를 살펴보면 위의 3가지 진공관 모두 초단 증폭으로 사용하면, 전력증폭 메인앰프용 6BQ5 진공관에서 최대 출력이 나올 수 있다.

메인 앰프의 입력 감도는 약 500mV(실제는 0dB 0.7V) 이상이므로 각 관의 입력 감도를 500mV 수준으로 설계해야 한다. 그러나 CD 플레이어 같은 디지털 출력 소스는 정격 출

력이 보통 2V로 높아서 프리 앰프를 사용하지 않고 인티그레이티드 앰프를 설계하여 메인 앰프에 가변저항 VR을 부착하여 볼륨을 조절하면서 직접 들을 수가 있다.

표 15.5. 12AX7 캐소드 바이어스의 변화에 따른 동작 특성

	E_{bb} = 100 V_{DC}							E_{bb} = 250 V_{DC}							
R_p	0.1		0.27			0.47		0.1		0.27			0.47		$M\Omega$
R_g	0.27	0.47	0.27	0.47	1.0	0.47	1.0	0.27	0.47	0.27	0.47	1.0	0.47	1.0	$M\Omega$
R_k	4700	5600	8200	10000	10000	12000	15000	1800	1800	3300	3300	3900	4700	5600	Ω
I_b	0.23	0.204	0.132	0.117	0.117	0.098	0.08	0.84	0,84	0,45	0,45	0,41	0,30	0,28	mA_{DC}
E_c	-1.08	-1.143	-1.03	-1.17	-1.17	-1.10	-1.2	-1.51	-1.51	-1.49	-1.49	-1.59	-1.41	-1.57	V_{DC}
E_b	77.0	79,6	64.4	68.4	68.4	56.8	62.4	166	166	128	128	139	109	118.5	V_{DC}
E_{sig}	0.1	0.1	0.1	0.1	0.1	0.1	0.1	0.1	0.1	0.1	0.1	0.1	0.1	0.1	V_{AC}
E_p	3.6	3.8	4.2	4.35	5.0	4.7	5.2	5.4	5.7	6.1	6.6	6.9	6.6	7.1	V_{AC}
A	36.0	38.0	42.0	43.5	50.0	47.0	52.0	54.0	57.0	61.0	66.0	69.0	66.0	71.0	-
KF	3.4	3.4	3.6	3.2	2.6	3.2	2.6	0.3	-	0.5	0.2	0.2	0.4	0.2	%
E_{sig}	0.14	0.14	0.11	0.14	0.17	0.13	0.17	0.5	0.5	0.41	0.45	0.54	0.38	0.48	V_{AC}
E_p	5.0	5.2	4.6	6.0	8.3	6.1	8.5	26.5	28.5	24.5	29.0	37.0	25.0	33.5	V_{AC}
A	35.7	37.2	41.8	42.9	48.8	46.9	50.0	53.0	52.0	59.8	64.4	68.5	65.9	69.8	-
KF	5.0	5.1	4.1	4.9	5.1	4.4	5.0	5.0	4.4	4.95	4.4	4.8	4.1	4.2	%

지금까지는 피드백이 없는 앰프의 예이다. NFB(negative feedback)를 걸면 증폭율이 떨어진다. 진공관은 증폭도가 크므로 1단만으로도 전력 증폭관을 구동할 수 있는 신호를 간단히 만들 수 있다. 그러나 1단으로 크게 증폭하면 잡음면에서 불리하므로, 12AX7 1단보다는 12AU7 2단을 구현하는 것이 성능면에서 유리하다.

표 15.6. 12AX7 동작 예

플레이트 전압	E_b	100V	250V
그리드 전압	E_c	-1V	-2V
증폭률	μ	100	100
플레이트 저항	R_L	80$k\Omega$	62.5$k\Omega$
상호 컨덕턴스	g_m	1.25	1.6
플레이트 전류	I_b	0.4mA	1.2mA

부하 저항은 대략 3극관의 경우 내부 저항 r_p의 3배~5배 정도가 적당하고 5극관은 내부 저항 r_p의 1/5 정도가 적당하다. 12AX7(고증폭률 쌍 3극관)을 사용할 경우 표 15.6과 같이 설계한다. 표 15.6의 동작 예에서 플레이트에 100V 또는 250V의 전압을 걸었을 때이며 플레이트 공급 전압 E_{bb}는 이 값에 부하 저항 내의 전압 강하를 더한 값으로 계산해야 한다. 부하 저항을 $80k\Omega$일 때 플레이트에 100V를 가하려면 100(V) + 0.4mA × $80k\Omega$ = 132V의 플레이트 공급 전압 E_{bb}가 필요하다.

그림 15.2와 같은 회로의 경우 부하 특성 곡선을 그려보면 그림 15.3과 같이 그릴 수 있다. 즉 공급 전압 250V를 부하 저항 $250k\Omega$으로 나눈 플레이트 전류값 1mA에 해당하는 점 a와 플레이트 전압 E_b = 250V의 점을 일직선으로 그리면 부하 특성을 나타내는 직선이 그려진다. 그리드 바이어스 전압 E_c을 -1.5V로 하면, 점 b에 해당하는 플레이트 전류가 약 0.43mA 흐르고 플레이트에는 약 143V 전압이 걸린다는 것을 알 수 있다.

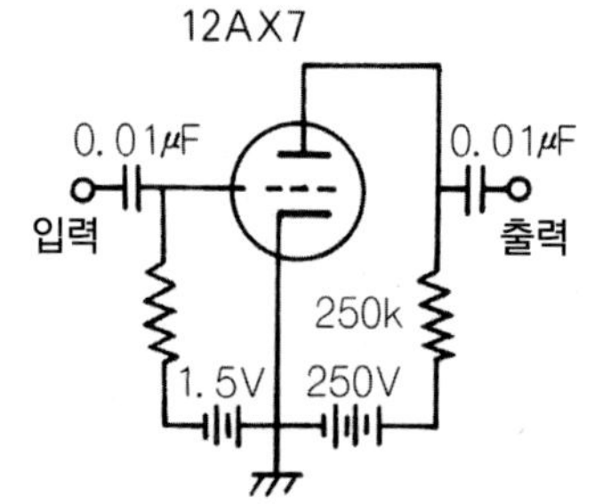

그림 15.2. 12AX7 증폭 회로 예

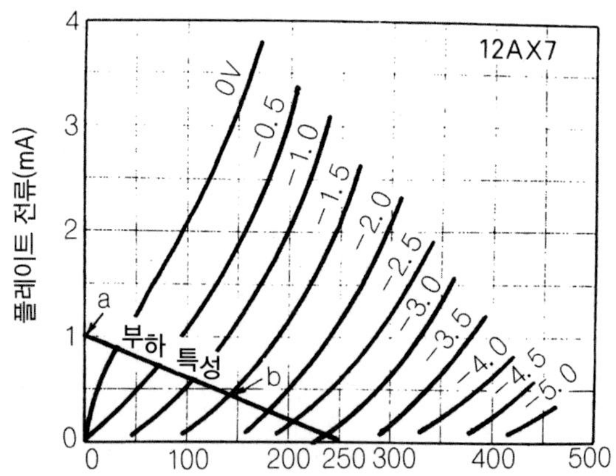

그림 15.3. 12AX7 증폭 회로의 부하 특성

그림 15.4는 12AX7 증폭 회로의 동작점 부위를 확대해서 그린 것이다. 그림 15.4에서 최대값이 0.5V인 교류신호를 그리드에 가하면 그리드 전압은 -1V에서 -2V까지 변화한다. 이 때 플레이트 전류는 약 0.57mA에서 0.29mA까지 변화하고, 플레이트 전압은 108V에서 178V까지 변화한다. 따라서 출력 전압의 변동폭은 178 - 108 = 70V이다. 70V는 P-P(peak to peak)값이므로 최대값은 그 절반인 35V이고 실효전압값은 $1/\sqrt{2}$를 곱해서 약 25V이다.

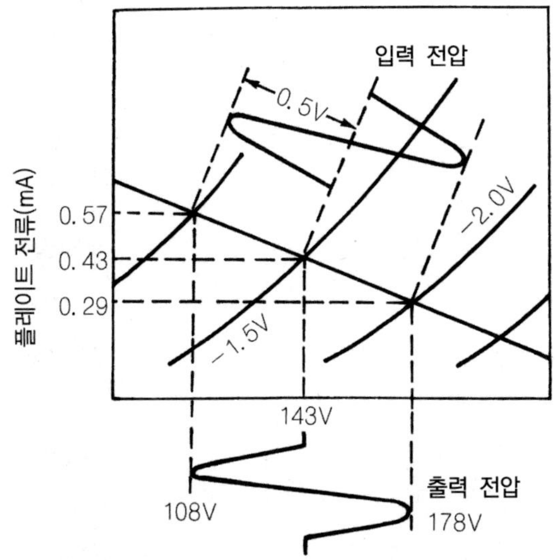

그림 15.4. 12AX7 증폭 회로의 동작 상태

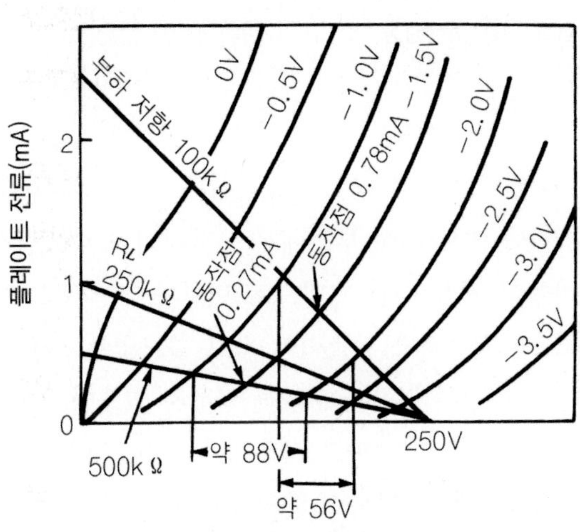

그림 15.5. 3가지 부하 저항값에 따른 부하 특성

부하 저항 R_p는 3극관을 사용할 경우 내부 저항 r_p의 3~5배가 적당하다고 앞에서 설명했는데 그림 15.5에서 설명해보기로 하자. 그림 15.5는 3가지 부하 저항 100kΩ, 250kΩ,

500kΩ에 대한 3가지 부하 특성 곡선을 그린 것이다. 이 중에 250kΩ에 대해서는 앞에서 설명했다. 500kΩ의 부하 저항일 때 그리드 바이어스 전압 E_c가 -1.5V로 동작할 때 플레이트 전류 약 0.27mA가 동작점으로 되어서, 입력교류신호의 최대값이 0.5V일 때 출력은 피크대피크 전압값으로 약 88V이고, 100kΩ의 부하 저항에서는 플레이트 전류 동작점이 약 0.78mA가 되고 출력은 피크대피크 전압값으로 약 56V가 된다. 위와 같이 부하저항이 높을수록 출력 전압(증폭도)이 크지만 플레이트 전류는 낮은 곳에서 동작하다.

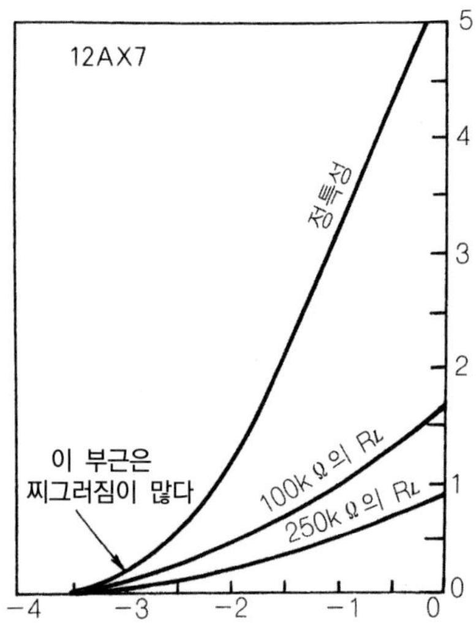

그림 15.6. 플레이트 전류가 작은 곳에서의 찌그러짐 현상

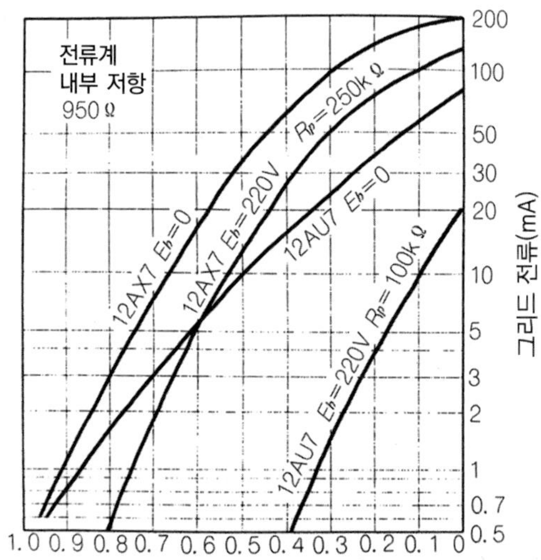

그림 15.7. 12AX7과 12AU7의 그리드 전류 실측값

한편 그리드 전압과 플레이트 전류 ($E_c - I_b$) 특성은 그림 15.6과 같이 플레이트 전류가 낮은 부분은 곡선으로 되어 있으며 이 부분에서 동작시키면 찌그러짐이 커진다. 특히 입력이 커지면 아래쪽 파형이 전혀 다른 모양으로 변한다. 부하 저항이 낮으면 전류가 큰 곳에서 동작하므로 찌그러짐은 적으나 출력이 작고 쓸모없는 전류가 소비된다. 또 진공관 내부의 손실(플레이트 손실)은 진공관에 따라 정해져 있으며 동작 전류를 한계치 이상으로 하면 진공관이 망가지므로 그 이하로 사용해야 한다. 그래서 플레이트 전류를 너무 크게 하는 것도 좋지 않다. 이러한 여러 조건으로 부하 저항은 정해지는데, 결국에는 진공관 내부 저항의 3~5배가 적합하며 12AX7 경우 부하저항 값은 100kΩ~470kΩ가 적당하다.

진공관의 동작 범위는 그림 15.6에서 가급적 직선부가 좋으므로 직선 부의 중앙에 바이어스 전압을 정하면 되지만 그리드의 초속도 전류를 생각하여 정하지 않으면 안된다.

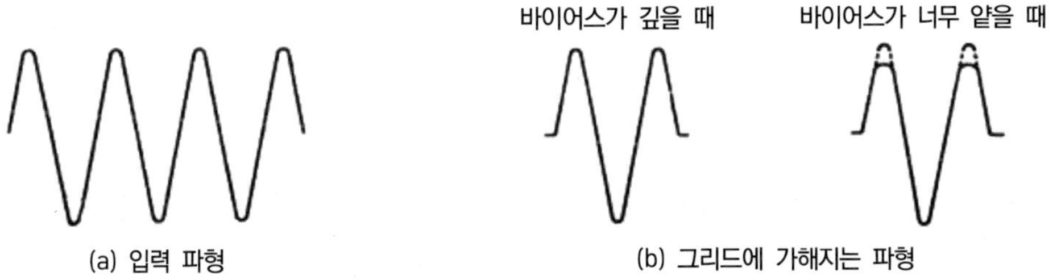

그림 15.8. 바이어스 전압이 -0.8을 넘었을 때의 입력 파형

초속도 전류는 진공관의 종류와 동작 상태에 따라서 다소 달라지지만 약 -0.8V부터 흐르기 시작한다.

그림 15.7은 12AX7과 12AU7에 대해서 그리드 전압에 따른 그리드 전류를 실측한 그래프이다. 바이어스 전압이 낮을 경우에는 그림 15.8(b)와 같이 +의 반파 부근에서 그리드 전류가 흘러 입력 파형이 찌그러진다. 한편 초단 증폭기의 전압 증폭기는 전력 증폭기의 여진기(exciter)로서 동작하므로 전력 증폭기의 입력에서 필요한 여진 전압을 충분히 제공할 수 있도록 설계한다. 전력 증폭기의 입력 전압이 15V 필요하다면, 전압 증폭기의 출력이 20V 정도는 쉽게 제공할 수 있도록 설계한다. 12AX7 진공관과 부하 저항 250kΩ 사용할 경우, 출력을 20V 만드는 것으로 설계한다면 그림 15.9에서와 보여주는 것과 같이 입력 전압은 약 0.3V 로 하면 된다. 이 경우에도 과도한 전류가 흐르지 않게 하려면 그리드 바이어스 전압 E_c를 $E_c = 0.3V + 0.8V = 1.1V$로 하면 된다.

캐소드 바이어스의 경우 바이어스 전압은 캐소드 저항의 변화로 만들며 고정 바이어스(외부에서 별도의 전압을 부가하는 방식) 방식에서는 인가 전압을 설계값에 맞게 조정하면 된다.

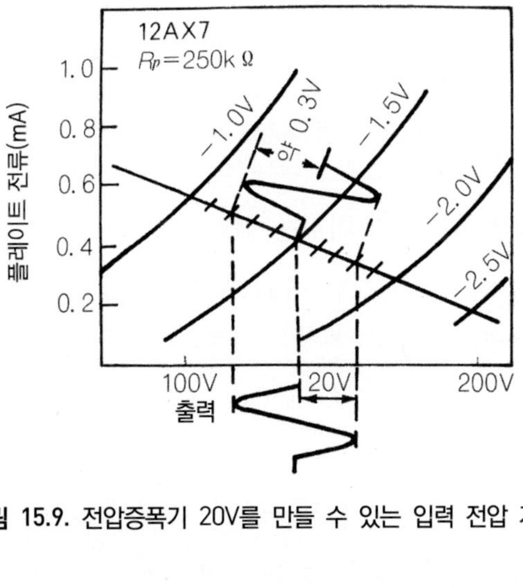

그림 15.9. 전압증폭기 20V를 만들 수 있는 입력 전압 계산

B전압이 250V, 부하 저항 R_p가 그림 15.10과 같이 250kΩ이며, 바이어스 전압은 -1.1V일 때 플레이트 전류는 그림 15.9를 보면 0.54mA 흐른다는 것을 알 수 있다. 이 전류가 캐소드 저항 R_k의 내부를 흐르므로 1.1V 만큼 전압 강하시키려면 $R_k = 1.1/(0.54 \times 10^{-3}) \fallingdotseq 2k\Omega$의 저항을 사용하면 된다. 캐소드 저항 R_k 내에서 소비되는 전력은 1.1[V] × 0.54[mA] = 0.6mW 로 작지만 1/4W형 캐소드 저항을 사용한다.

전압 증폭기 다음에는 전력 증폭기가 연결되는데 그림 15.10의 오른쪽 회로도와 같이 결합 콘덴서 C_c를 사용하여 직류를 막고 교류 신호만 통과하도록 한다. 그리고 그리드에는 저항 $R_g^{'}$가 연결된다. 그래서 교류 신호에 대하여 C_c의 임피던스를 0으로 계산하면 $R_g^{'}$는 부하 저항 R_p와 병렬로 되어 전압 증폭단 진공관의 출력을 소비해 버리므로 너무 낮으면 문제가 된다. 그러나 전력 증폭단에서 보면 이 저항이 너무 높으면 입력 저항이 높아졌을 때 그리드가 +전위가 될 염려가 있으므로 최고값을 규정하고 있고, 그 최고값은 진공관에 따라 다르나 대체로 500kΩ 정도이다. $R_g^{'}$ 저항값이 너무 낮아도 문제가 있고 너무 높아도 문제가 있어서, 두 가지 상반하는 조건을 맞추기 위하여 $R_g^{'}$의 값은 R_p의 2배에서 3배 이내로 선정한다.

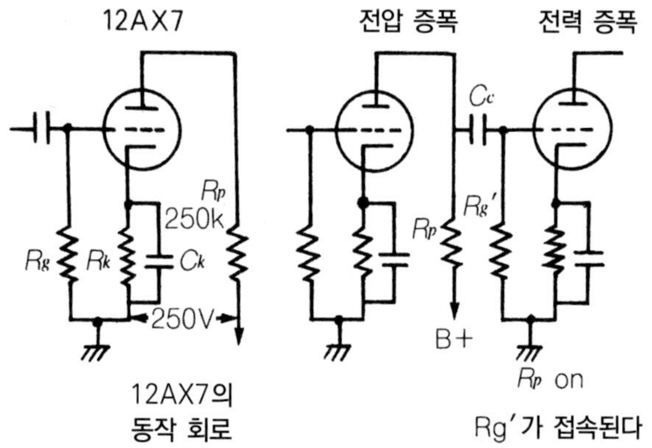

그림 15.10. 전압증폭기와 전력 증폭기의 연결

15.1.4. 콘덴서의 역할과 주파수에 미치는 영향

일반적으로 저주파 증폭 회로는 그림 15.11과 같이 회로도를 사용한다. 3극 증폭 회로는 C_{g2}를 제거하고 사용한다. 주파수 특성은 그림 15.12와 같이 낮은 주파수 대역과 높은 주파수 대역에서 감쇠가 발생한다. 회로 내의 C_c, C_k, C_{g2} 세 가지 콘덴서가 주파수 특성을 악화시키기 때문이다.

증폭된 전압(신호 전압)이 R_p의 양단에 나오면 C_c를 통하여 $R_g^{'}$ 내에 전류가 흘러 $R_g^{'}$

양단의 전압이 그리드에 가해진다. 콘덴서 C_c를 매우 큰 값을 사용하거나 주파수가 아주 높을 경우에는 C_c의 리액턴스 값이 0에 가깝게 작아져서 문제가 되지 않으나 주파수가 낮을 경우 C_c의 리액턴스가 커져 R_g' 양단의 전압이 강하한다. C_c 의 리액턴스가 R_g'와 같아졌을 때 R_g' 양단의 전압은 $1/\sqrt{2}$ 로 줄어들어, 3dB 만큼 신호가 저하된다. 3dB 만큼 줄어들어도 문제가 없는 주파수 대역을 설정하고 그 주파수에 맞는 C_c 값을 계산하여 그 값 이상을 사용한다. 단, C_c가 값이 너무 크면 큰 전압이 가해졌을 때 다음 단 그리드에 전류가 흘러 그 전압이 C_c에 충전되어 방전될 때까지 음이 찌그러지므로 너무 큰 값을 사용하면 안된다. C_k와 C_{g2}는 그 값이 작으면 부궤환이 걸려서 이득이 낮아지므로 클수록 좋다.

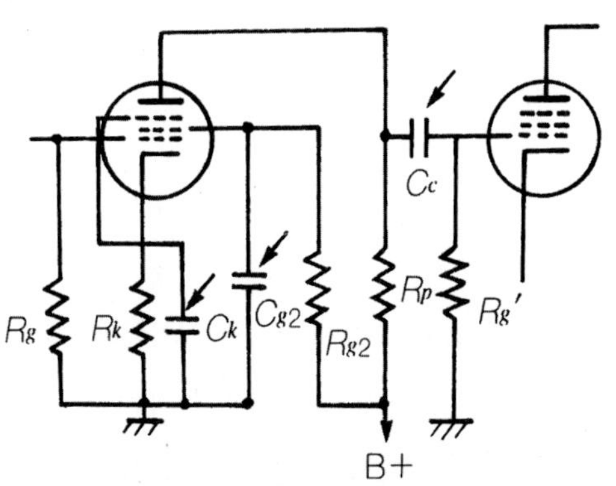

그림 15.11. 증폭기에서 콘덴서의 영향

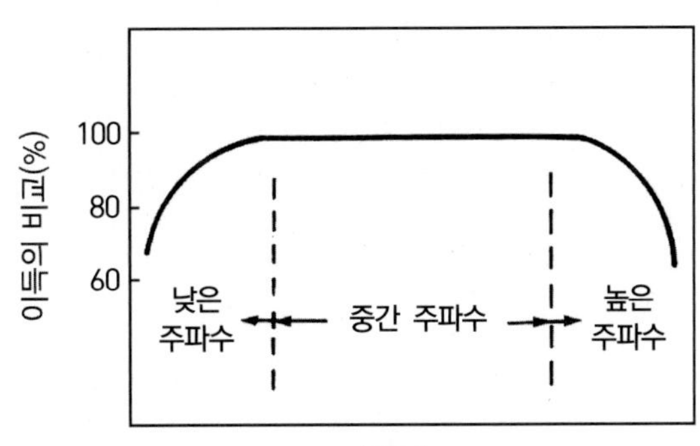

그림 15.12. 증폭기의 주파수 특성

전해 콘덴서는 리키지 전류(leakage current)가 있으면 전압이 계산 값보다 낮아진다. C_k는 누설 전류가 적은 탄탈 콘덴서를 사용하고 C_{g2}는 폴리프로피린 계통의 필름 콘덴서를 사용할 것을 권장한다.

아래 식은 C_c, C_k, C_{g2}와 연결된 저항과 주파수와의 관계식을 나타내는 것으로 커패시터 값을 설계할 때 참고하여 사용할 수 있다.

$$C_c = \frac{1.6 \times 10^6}{f \times R_g'} (\mu F) \tag{15.1}$$

$$C_k = \frac{1.6 \times 10^6}{f \times R_k} (\mu F) \tag{15.2}$$

$$C_{g2} = \frac{1.6 \times 10^6}{f \times R_{g2}} (\mu F) \tag{15.3}$$

15.2. 전력 증폭

15.2.1. A급 증폭과 B급 증폭

그림 15.13(a)와 같이 그리드 전압과 플레이트 전류 ($E_c - I_b$) 특성 곡선의 직선부 중앙을 동작점으로 해서 동작시키는 것을 A급 증폭이라 한다.

B급 전력 증폭은 그림 15.13(b)와 같이 바이어스 전압을 깊게 걸어 플레이트 전류가 적게 또는 흐르지 않게 하는 점을 동작점으로 동작시키는 것을 말한다. B급 증폭은 그림 15.13(b)와 같이 입력 전압 반 사이클에 해당하는 동안에만 전류가 흐르므로 이대로는 찌그러짐이 커져 쓸 수 없다. 그래서 나머지 반 사이클을 다른 진공관으로 증폭하는 회로를 사용한다. 두 개의 진공관을 사용하는 회로를 푸시풀(PP: push-pull) 회로라 한다.

A급 증폭 회로와 B급 증폭 회로의 중간에 동작점을 정한 방식을 AB급 증폭 회로라고 한다. 이것은 그림 15.13(c)와 같이 입력 전압의 반사이클은 찌그러진 파형으로 되어 있으므로 B급과 마찬가지로 해서 푸시풀(PP) 형태의 회로를 만들어서 사용해야 한다.

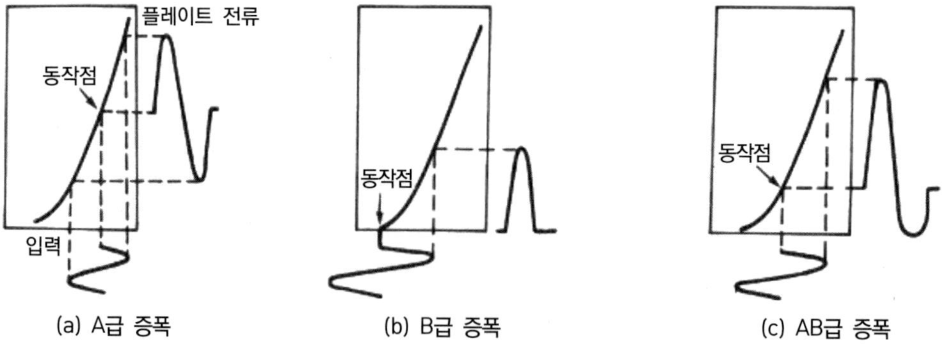

그림 15.13. A급, B급, AB급 증폭기의 동작점

AB급 증폭기 중에서도 A급에 가깝고 입력 전압이 그리드 바이어스 이하로 사용하는 것을 AB_1급, B급에 가깝고 입력 전압이 그리드 바이어스를 넘는 것을 AB_2급이라고 한다. 같은 의미에서 A급은 그리드 전류를 흘리지 않는 상태로 사용하므로 A_1급이라고도 한다.

15.2.2. 싱글과 푸시풀

1개의 진공관으로 증폭할 경우를 싱글 증폭기라고 하는데 1개의 진공관으로 얻어지는 전력은 사용하는 진공관에 의해서 정해지므로 같은 진공관으로 더욱 큰 전력을 필요로 할 때는 2개 이상 사용하여 병렬 접속으로 하거나 푸시풀로 사용한다.

푸시풀(PP) 증폭기는 2개의 진공관을 대칭으로 접속하여 각각의 그리드에 위상이 180° 다른 신호 전압을 가한다. 이렇게 하면 B급일 경우는 각 진공관에 반 사이클마다 플레이트 전류가 흘러 출력 트랜스를 통하면 완전한 신호가 스피커를 울리게 된다. AB급의 경우도 양쪽의 진공관에 반 사이클마다 같은 모양의 전류가 흐르므로 스피커에는 찌그러짐이 없는 전압이 가해진다.

15.2.3. 전력 증폭단 설계

진공관의 사양을 나타내는 특성표에는 표준 특성 예가 나와 있으므로 그 기준대로 설계하면 정상적으로 동작한다. 표 15.7의 6BQ5 진공관 예를 들어 설계해 보자. 그리드 저항 R_g는 높을수록 입력 신호 전압의 손실은 적으나 너무 높으면 그리드의 전위가 높아 나빠진다. 앞에서 설명한 것 같이 전압 증폭단의 R_p가 100kΩ 일 때 그리드 저항 R_g는 250kΩ ~ 330kΩ을 사용하고, R_p가 250kΩ 일 때 그리드 저항 R_g는 470kΩ ~ 500kΩ을 사용한다.

표 15.7. 6BQ5의 동작 예(A급 싱글 증폭기)

플레이트 전압	E_b	250V	250V
제2그리드 전압	E_{c2}	250V	250V
제1그리드 전압	E_{c1}	-7.3V	-8.4V
캐소드 저항	R_k	135Ω	210Ω
부하 저항	R_L	5.2$k\Omega$	7$k\Omega$
출력	P_o	6.0W	5.6W
왜율	KF	10%	10%

캐소드 저항 R_k은 규격표에 명시된 값을 사용하면 되지만, 아래와 같이 계산하여 구할 수 있다.

$$R_k = \frac{E_{c1}}{I_k} \quad (15.4)$$

3극관의 경우 $I_k = I_b$이고, 5극관의 경우 $I_k = I_b + I_{c2}$이다. 6BQ5의 경우 I_b = 48mA이고 I_{c2} = 5.5mA이므로 제1그리드 접압 E_{c1}가 -7.3V 일 때, $R_k = 7.3/(48\times10^{-3} + 5.5\times10^{-3})$ = 135Ω이다. 3극관인 2A3의 경우는 $I_k = I_b = 60\,\text{mA}$이고 그리드 바이어스 전압은 -45V이므로 $R_k = 45/(60\times10^{-3})$ = 750Ω이다.

설계한 136Ω과 750Ω은 정규값에 해당되지 않아서 정확한 그 값의 저항을 구매할 수 없으므로, 136Ω의 경우 270Ω을 2개 병렬 연결하여 135Ω으로 사용하고 750Ω은 1.5kΩ 2개를 병렬로 연결하여 사용한다. 전력용량은 $I_k^2\times R_k$ 으로 계산하면 $(53.5\times10^{-3})^2\times 136 = 0.39\,W$ 이므로, 1W 저항을 사용하면 충분하다. 그러나 캐소드 바이어스는 출력관의 플레이트 전류를 만드는 곳이므로 장시간 사용하면 경화 염려가 있으므로 저항의 전력용량[W]의 크기를 계산치의 2~5배를 적용하여 사용한다. 정리하면 R_g 저항은 470kΩ 1/4W를 사용하고, R_k 저항은 135Ω 3W를 사용한다.

E_{c2}가 E_b와 같을 경우 R_{g2} 없이 직접 연결하여도 괜찮으나, 스크린 그리드 리크 시 대전류 흡입을 방지하기 위해 100Ω 정도의 보호 저항을 R_{g2} 값으로 사용한다. $E_{c2} < E_b$ 일 때에는 R_{g2}는 전압 강하용으로 사용된다. 5극관의 경우 빔관 보다는 R_{g2}의 역할이 매우 중요하다. 특히 EL34의 스크린은 매우 구조가 약하므로 수명에 중점을 두고 R_{g2}를 보호용으로 사용하는 것이 좋다.

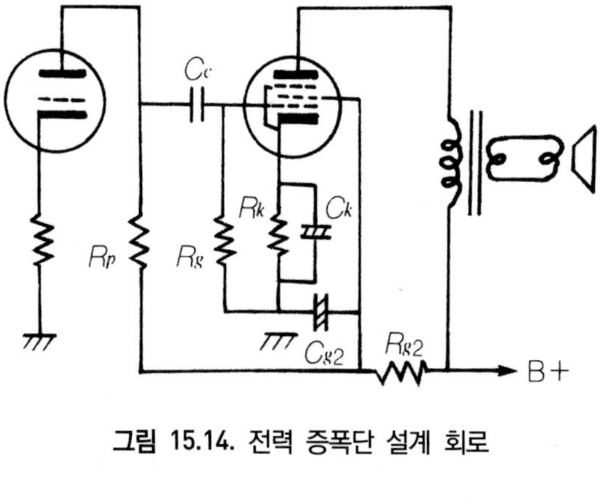

그림 15.14. 전력 증폭단 설계 회로

콘덴서 용량은 앞에 기술한 식 (15.1), 식 (15.2), 식 (15.3)으로 사용하여 구한다. 설계하고자 하는 주파수를 선정하여 공식에 대입하면 그 용량이 산출된다. 그러나 C_c의 경우 상한값이 $0.33\mu F$를 넘지 않도록 한다.

15.3. 전원 회로

전원 회로는 앰프에서 기본적이면서 가장 중요한 부분이다. 앰프를 매우 덥거나 매우 추운 날씨 같은 악조건에서 사용하는 경우가 있으므로, 실제의 용량보다 여유 있게 설계하는 것이 좋다.

정류관은 전원트랜스의 2차 측에 변환된 AC 전압을 DC로 전환하는 진공관이다. DC 전원을 만드는 목적 이외에 출력관 또는 다른 전압 증폭관에 가하는 전압을 낮은 전압에서부터 서서히 올려 최대 공급 전압까지 가하는 역할을 한다. 즉 진공관의 히팅 타임에 맞춰 플레이트 전압을 최고값까지 공급하는 역할을 한다는 의미이다. 그러므로 진공관의 특성에 알맞는 조건을 만들어주므로 출력관을 보호하면서 장시간 사용할 수 있도록 한다.

15.3.1. 정류관의 최대 정격

■ **최대 플레이트 내역 전압(히터·플레이트 내역 전압)**

정류관은 2극관으로 역방향으로 전압을 가했을 경우는 전류가 흐르지 않는다. 이것은 전압이 그리 높지 않은 경우로 어느 정도 이상의 전압이 되면 내부 방전을 일으켜 진공관을 사용하지 못하게 된다. 그러므로 역방향의 최대 전압을 설정하고 그 이하로 사용할 것을 권한다. 이것이 최대 플레이트 내역 전압이다.

■ **최대 플레이트 전류(히터·플레이트 전류)**

정류관에는 짧은 시간에 큰 전류가 흐르므로 그 최대값이 설정되어 있다. 이것은 플레이트 손실과 캐소드 에미션(캐소드로부터의 전자 방출)의 관계에 의하여 최대값이 제한된다. 첨두 플레이트 전류라고도 한다.

■ **직류 출력 전류**

직류 출력 전류는 정류관으로부터 얻을 수 있는 최대의 직류 전류이며, 플레이트 손실점에 의해 제한된다. 교류 입력 신호 전압 E_p에 의해서 달라지며 E_p가 커지면 직류 출력 전류 I_o를 작게 해야 한다.

■ **최소 전원 임피던스**

전원 스위치를 켜게 되면 정류 회로에 큰 충전 전류가 흐른다. 또는 앰프가 동작 중

B+전압의 단락 등의 이유로 큰 전류가 흐를 수 있다. 진공관에는 흐를 수 있는 전류가 제한되어 있으며, 그 이상의 전류가 흐르면 진공관을 더 이상 사용하지 못하게 된다. 그래서 최악의 경우라도 전류가 정해진 이상 흐르지 않도록 전원 회로에 보호 저항을 넣을 필요가 있다. 이것을 전원 저항 또는 전원 임피던스라 하고 진공관 종류와 사용 조건에 따라 최소값이 정해져 있으므로, 전원 측의 저항이 최소값보다 낮게 되는 경우가 일어나지 않도록 설계해야 한다.

15.3.2. 콘덴서 입력형과 초크 입력형

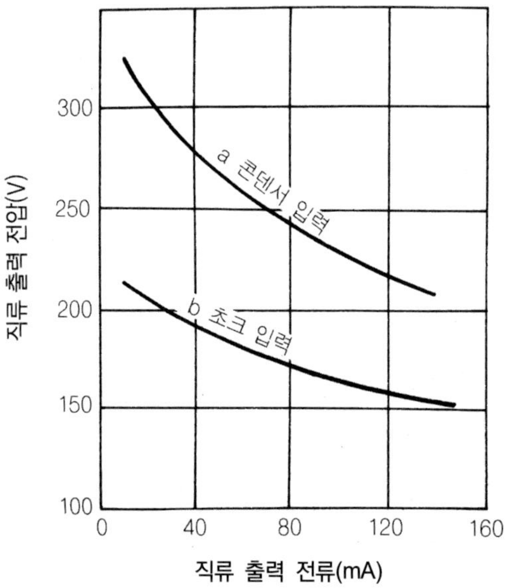

그림 15.15. 콘덴서 입력형과 초크 입력형의 전압 변화

정류관 출력단에 콘덴서를 연결한 것을 콘덴서 입력형, 초크를 연결한 것을 초크 입력형이라 한다. 인덕턴스는 전류값의 변화를 방해하므로 리플을 적게 하는 기능이 있다. 리플을 적게 한다는 것은 필터 효과가 크다는 것을 의미하기 때문에 전압의 변동을 억제하는 효과가 크다.

그림 15.15에 보듯이 콘덴서 입력형은 전압이 급격히 변화하고 초크 입력형은 전압이 서서히 변화한다. 단, 초크 입력형의 경우 설계값보다 작은 인덕턴스 값에서는 효과가 적고 그리고 콘덴서 입력형보다 큰 입력 전압이 필요하다. 큰 입력전압이 필요한 이유는 정류관 내부 저항에 의한 전압 강하가 크기 때문이다.

15.3.3. 전원 트랜스 용량

전원트랜스는 각 단의 전력을 공급하는 것으로 정격보다 1.4배 높은 것으로 설정하는 것이 좋다. 히터 전압의 경우 보통의 6.3V 1개만 만들어서 공급하는 것보다는 L채널, R채널 따로따로 또는 전단과 전력 증폭단을 분리하여 4개를 공급하는 것이 바람직하다. 또는 전단을 하나로 묶고 L채널 전력증폭단, R채널 전력 증폭단으로 해서 3개 이상으로 하는 것이 바람직하다.

그리고 정류관 히터 (필라멘트) 전압은 별도로 분리하여 설계한다. 특히 초단관 및 드라이브관 히터 권선은 센터 탭(C.T)을 중앙에서 인출하여 1점 접지 포인트로 쓰는 것도 좋은 방법이다. B권선은 반파 정류용과 전파 정류용 두 가지가 있으나 출력이 큰 것은 전파 정류 방식을 선택한다.

전원 트랜스의 정격은 정해진 부하 전류를 흘렸을 때 정해진 전압이 나오도록 설계하며 무부하시에는 10%~15% 만큼의 높은 전압이 나온다. 무부하시 전압에서 전부하시의 전압을 빼고 이것을 전부하시 전압으로 나눈 것을 전압 변동률이라 하며, 이 값은 작을수록 좋다.

15.3.4. 정류관 선택 요령

표 15.8은 대표적인 세계의 정류관의 규격표를 비교 정리한 것으로 콘덴서 입력형으로 사용할 때의 규격이다. 표 15.8의 규격표에서 정격을 넘지 않는 범위 내에서 선정한다. 콘덴서는 규정값 이하를 권장하고 초크는 규정값 이상을 권장한다. 초크 특성을 보면 전류를 흘리면 인덕턴스 값이 저하하는 특성을 가지고 있다. 그러므로 높은 전류를 사용할 때는 높은 인덕턴스(H) 값의 초크를 사용한다.

표 15.8. 정류관의 규격표 비교(직: 직렬형, 방: 방열형, 캐: 캐소드 분리형)

명칭	TYP	용도 종류	$E_f \times I_f$	e_{px}	E_p	I_o	비고
6X4	캐	mT 양파	6.3V×0.6A	1250V	325V	70mA	6X4 W 동등
6CA4	캐	mT 양파	6.3V×1.0A	1000	350V	150mA	EZ-81 동등
5Y3	직	GT 양파	5V×2A	1400	350V	125mA	
80	직	ST.GT 양파	5V×2A	1400	350V	125mA	
5AR4	방	GT 양파	5V×1.9A	1500	450V	250mA	GZ-34 동등
5U4-G	직	ST.GT 양파	5V×3A	1550	430V	225mA	
5U4-GB	직	GT 양파	5V×3A	1550	460V	275mA	5Z3, 83 동등
5V4	방	GT 양파	5V×2A	1400	415V	175mA	
GZ-37	방	ST 양파	5V×2.8A	1600	500V	350mA	

물론 험(hum) 면에서도 유리하고 전원 레귤레이션(변동률)에도 극히 유리하다는 것을 명심해야 한다. 특히 전원 트랜스와 출력 트랜스를 배치할 때는 누설자력선에 의하여 험이 커질 수 있으므로, 그림 13.11을 참조하여 누설 자력선이 많은 쪽을 피해서 배치하여 유도자력선에 의한 험 발생을 줄일 수 있도록 배치해야 한다.

제16장

6080W 프리미엄 진공관 앰프 설계 및 제작

16.1. 6080W 진공관 앰프 설계

초단 증폭용으로 오디오 특성이 좋은 고급 5극관 EF86을 3극관 결합으로 사용하고, 측정기용 고신뢰관 6DJ8 진공관을 사용하여 입력임피던스가 크고 출력임피던스가 낮은 SRPP 회로의 드라이버단을 구성하였다. 출력관으로 경제적인 쌍3극 고신뢰관 6080W 진공관을 사용하여 출력 3.5W를 얻는 회로를 설계하였다. 그 회로도는 그림 16.1과 같다.

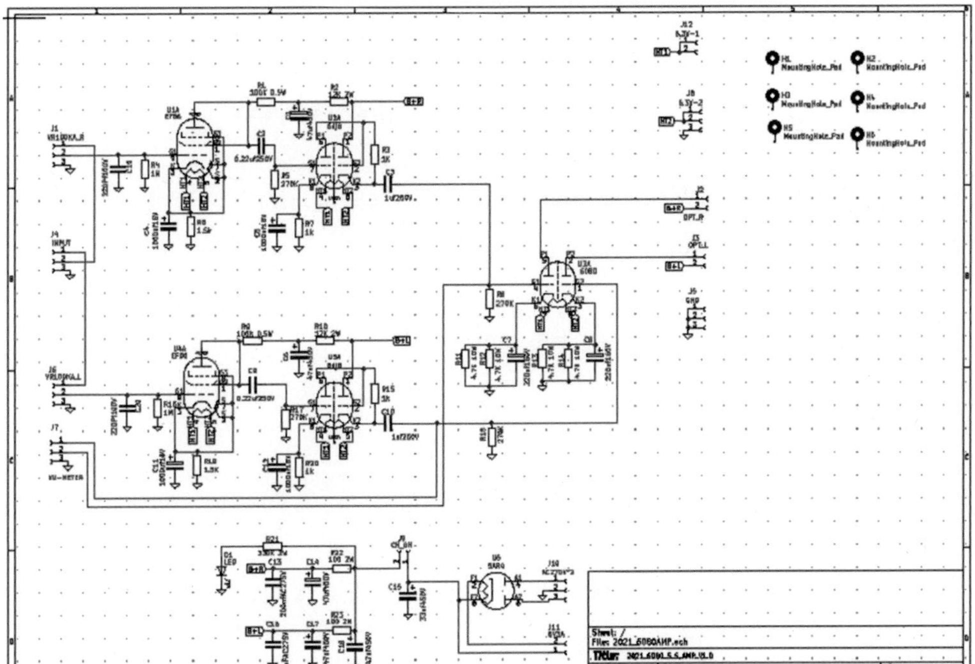

그림 16.1. 6080W 출력관의 진공관 앰프 증폭기 회로도

6080W 진공관 인터 앰프의 전체 회로도는 전원 트랜스, 초크 트랜스, 2개의 출력 트랜스, 2개의 VU미터기를 포함하여 구성되어 있으며, 그림 16.2와 같이 구성되어 있다.

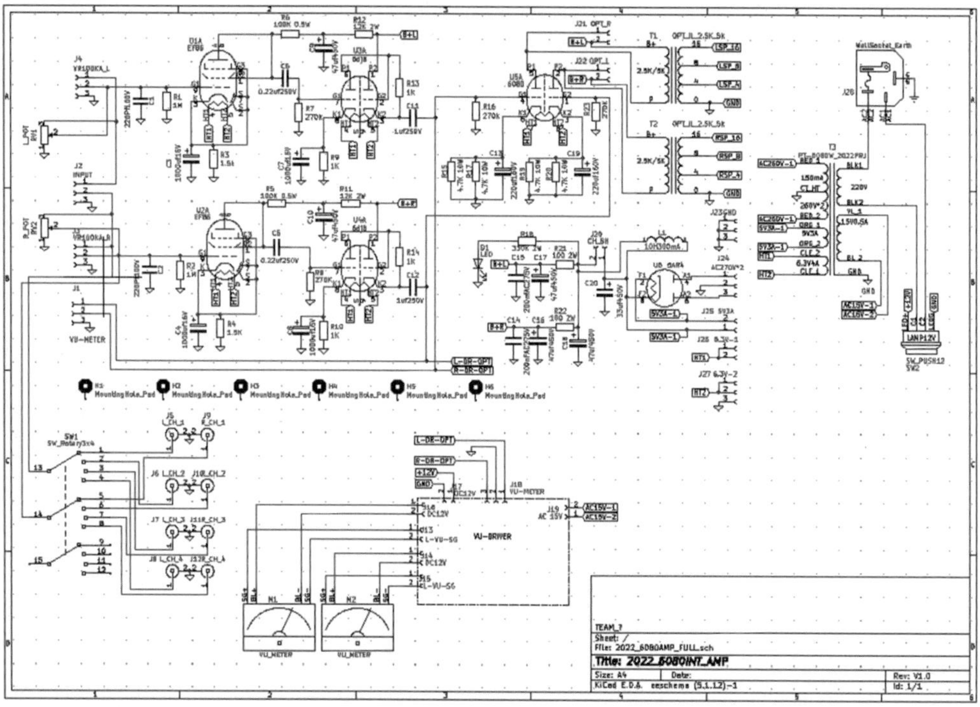

그림 16.2. 6080W 출력관의 진공관 앰프 전체 회로도

6080W 진공관 인티 앰프에서 사용하는 부품 리스트는 표 16.1과 같으며 다음 사항을 유의하여 부품 확인을 하여야 한다.

- 부품입수 후 부품표와 회로도를 비교 부품 수량 확인
- 부품 외관상 이상이 없는지 확인
- DVM 등 측정기를 이용 부품 정상 여부 확인
- 진공관 트랜지스터, FET 등 반도체의 외형 및 다리(E, B, C, /S, G, D)위치는 데이터시트 참조하여 확인
- 진공관은 Gm 측정, 커패시터는 내압 확인 필수, 저항은 저항값 측정, 다이오드와 트랜지스터는 정방향 통전 역방향 절연 측정

표 16.1. 진공관 인티 앰프의 부품 리스트

번호	품명	형명	수량	레퍼런스
1	진공관	EF-86(nos)	2	U1, U4
2	//	5u4G(nos)	1	U6
3	//	6DJ8(Used)	2	U2, U5
4	//	6080W	1	U3
5	진공관 소켓	8pin	2	U3, U6
6	//	9pin	4	U1, U2, U4, U5
7	전해콘덴서	33μF 450V	1	C15
8	//	47μF 450V	5	C1, C6, C14, C17, C18
9	//	220μF 160V	2	C7, C8
10	//	1000μF 25V	4	C4, C5, C11, C12
11	세라믹	220pF 100V	2	C19, C20
12	커플링 콘덴서	1μF 250V	2	C3, C10
13	//	200nF 250V	2	C2, C9
14	AC용콘덴서	200nF 275V	2	C13, C16
15	저항	1kΩ 1/2W	4	R3, R7, R15, R20
16	//	1.5kΩ 1/2W	2	R6, R19
17	//	100kΩ 1/2W	2	R1, R9
18	//	270kΩ 1/2W	4	R5, R8, R18, R17
19	//	1MΩ 1/2W	2	R4, R16
20	//	100Ω 2W	2	R22, R23
21	//	12kΩ 2W	2	R2, R10
22	//	330kΩ 2W	1	R21
23	//	4.7kΩ 10W	4	R11, R12, R13, R14
24	3.81mmCON	2P	5	J2, J3, J9, J11, J12
25	//	3P	7	J1, J4, J5, J6, J7, J8, J10
26	초크트랜스	8H 150mA	1	
27	출력트랜스	5K: 4, 8, 16	2	
28	전원트랜스	220V: 260V*2, 5V 3A, 6.4V 4A	1	
29	케이스	400*350*100	1	
30	VU METER		2	
31	VU DRIVER		1	
32	VR	100kΩ, A 타입	1	
33	셀렉터	4P3W	1	
34	프린트기판	제작	1	
35	손잡이	자유 H-3	2	
36	스피커단자		6	흑2, 적4
37	BT 모듈		1	
38	BT 케이스		1	
39	RCA 단자		4조	
40	기판 써포터	12mm	8개	
41	나사	3*12mm	8개	
42	전원케이블		1개	
43	퓨우즈	3A 250V	3개	
44	수축 튜브	2, 3, 4mm	각 1개	
45	실드선	5M		
46	전원 스위치		1개	
47	케이블타이		20	

16.2. KICAD를 이용한 진공관 앰프 PCB 기판 설계

16.2.1. KiCad 소개

Kicad는 무료로 사용할 수 있는 전자회로 도면 설계용 툴로 필요한 오디오 도면을 설계하고 설계한 도면으로 PCB를 바로 제작할 수 있게 한다. 오디오 앰프 제작 시 PCB를 제작하여 사용하면 효율적으로 부품을 연결시킬 수 있다. 유도 장해나 잡음의 유입을 차단할 수 있고 품질을 균일하게 유지하고 회로 업그레이드를 쉽게 할 수 있다.

- 인쇄 전자 회로기판(PCB) 제작용 오픈 소스소프트웨어(Freeware) 제품군
- 회로도와 PCB가 함께 설계되는 통합 설계 도구
- 회로 기판(PCB) 및 도면 관련 부품 설계용 유틸리티(심볼에디터, 풋프린트에디터) 포함
- 무한크기 기판 최대 32층의 회로 기판 제작
- PCB 제작 광 플롯터용 Gerber 파일, 부품 자동 배치용 구성 부품 위치, 드릴링 등 필요한 모든 파일 생성
- 회로망의 전기적 특성(트랙두께 간격 등) 결정용 PCB 계산기, 인쇄용 파일 검사용 Gerber 뷰어, 완성된 PCB 미리보기용 3D 뷰어 포함
- PCB 및 회로 동작 검사용 통합 SPICE 시뮬레이터 포함
- KiCad의 인터넷 홈페이지 https://kicad-pcb.org/
- KiCad는 GNU/리눅스, Apple macOS, Windows 등에서 실행됨
- 인터넷 사이트 https://kicad-pcb.org/download/ 에서 최신버전 Kicad *.*.* 다운로드 설치 사용

16.2.2. PCB 설계 워크플로우

캐드를 이용하여 도면을 설계하고 제작하는 순서는 다음과 같다.

① 회로도 그리기

② 회로도 기호를 라이브러리에서 찾아 지정된 선을 연결, 라이브러리에 기호가 없을 경우 기호를 새로 만듦

③ 각 구성 요소에 대해 풋프린트를 배정하고 없는 경우 사용자 정의 풋프린트를 생성 반영

④ 필요에 따라 회로도가 완성되면 전기 규칙 점검 (ERC)

⑤ PCB 편집기로 전송하여 레이아웃 시작

⑥ PCB 편집기는 회로도 정보를 이용하여 회로도와 PCB 풋프린트 부품 간 선 연결을 일치시킴

⑦ 회로 기판에 풋프린트 위치를 선정 배치

⑧ 구성 요소 배치 후 구성 요소 사이에 트랙을 연결

⑨ 트랙은 규정에 따라 전류 용량, 임피던스 요구 사항, 고전압 누화 등을 고려 선 폭과 선 간격 설정

⑩ 회로도 변경 사항은 보드에 바로 반영 가능 반대의 경우도 가능

⑪ 기판 레이아웃이 완료되고 보드가 설계 규칙을 통과한 경우 검사(DRC)하여 문제 시 수정

⑫ 보드를 만들 수 있도록 거버 파일 제작 출력

⑬ PCB 제작자에 제작 의뢰

16.3. 6080W 진공관 앰프 조립 및 제작

그림 16.3은 기판 윗면 사진이고, 그림 16.4는 기판 아랫면 사진이다. 기판은 부품 면인 프린트 면이 위로가고 +전원부가 위쪽으로 향하게 했을 때 회로도와 부품배치가 유사하게 제작되었다. 그림 16.3 사진과 같이 윗면이 위로 보이게 위치시키고 부품을 조립하면 실수를 줄일 수 있다.

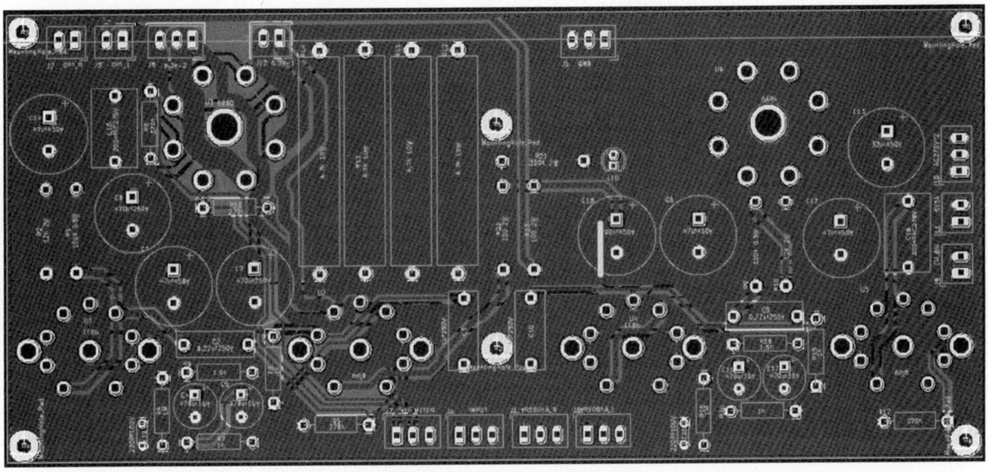

그림 16.3. PCB 기판 윗면

PCB 기판 조립순서는 다음과 같다.

① PCB 안쪽에 들어가는 작은 부품부터 배치

② 부품 단자 극성 확인 후 배치

③ 트랜스, 기판 등 큰 부품은 방향 위치 주의하면서 제일 나중에 배치

④ 회로 기판, 트랜스, 스위치 소켓 등은 고정 후 배선

⑤ 조립 시 부품과 케이스에 흠집이 나지 않도록 주의

⑥ 방열판 고정 시 절연지 삽입

⑦ 일점 실드

⑧ 전원 단자 배선 시 수축 튜브나 절연 테이프 사용

⑨ 히터 같이 전류가 많이 흐르는 곳은 굵은 선 배선

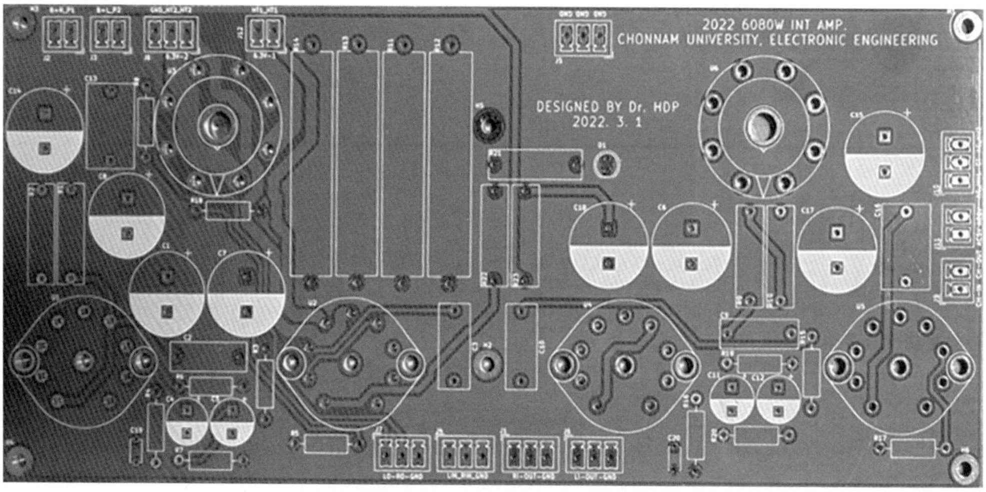

그림 16.4. PCB 기판 아랫면

부품을 PCB에 납땜의 경우 가열 면적이 작을 경우에는 30W 인두로 가능하지만, 주변에 그라운드가 넓게 펴져 있거나 부품의 크기가 커서 가열해야 하는 면적이 넓을 경우에는 인두의 전력이 50W 또는 80W 정도가 높아야 한다. 그래서 30W인데 50W(또는 80W) 부스트 기능이 있는 인두가 적절하며, 인두로 납땜될 부분과 부품의 리드를 동시에 가열하면서 납땜하는 것이 좋다. 특히 그림 16.5의 기판 윗면을 조립할 때 다음의 6 가지 사항을 유의하여 조립한다.

① 본격적인 납땜을 하기 전에 가조립하여 부품이 맞는지 위치가 적정한지 확인

② 단자대는 배선 구멍이 밖으로 향하게 배치

③ LED는 사각구멍이 캐소우드이므로 짧은 다리를 삽입

④ 전해 콘덴서 +/− 극성 주의, 다이오드 방향 주의

⑤ 8 핀의 진공관 소켓은 반대쪽에서 삽입하면서 1번 위치에 주의

⑥ 리드선은 그림 16.5과 그림 16.6을 참조하여 연결하되 너무 짧게 자르지 않도록 주의

그림 16.6은 부품을 PCB에 조립하고 케이스와 연결하기 위한 단자들의 상세이름을 보여주고 있다.

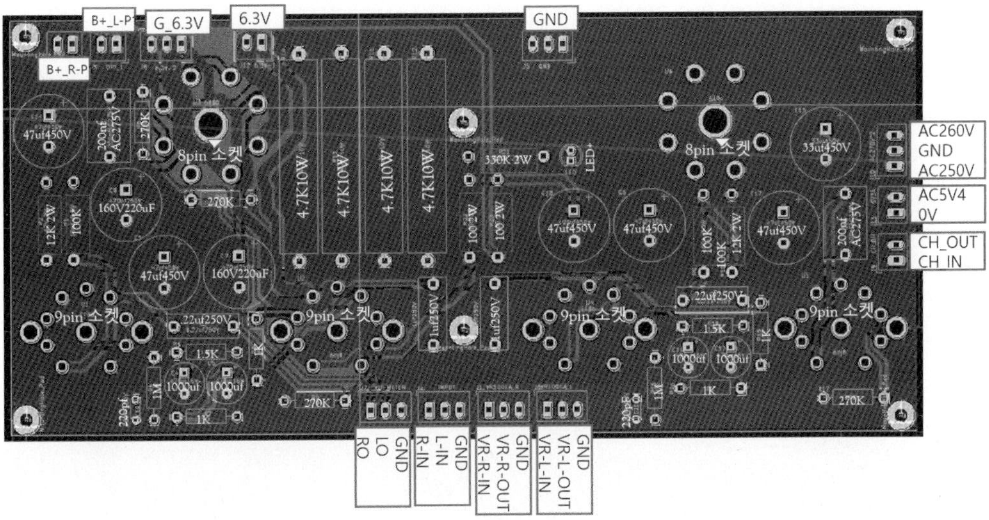

그림 16.5. 기판 윗면 조립을 위한 부품명 및 연결핀 상세 설명도

앰프 부품 중에서 사이즈가 큰 것들은 케이스에 직접 부착한다. 상판에는 5가지 종류의 부품이 장착되어 있는데, 첫 번째로 전원 관련 트랜스 2개와 출력 트랜스 2개의 총 4개의 트랜스가 상판에 부착되어 있고, 두 번째로 오디오 신호 입력용 RCA 커넥터가 4조 설치되어 있으며, 세 번째로 스피커 연결용 단자가 8Ω과 16Ω을 선택할 수 있게 설치되어 있고, 네 번째로 초단 증폭용 진공관 4개와 전원용 진공관 1개와 6080W 출력용 진공관 1개를 꽂을 수 있으며, 다섯 번째로 FM튜너/USB/블루투스 모듈이 설치되어 있다.

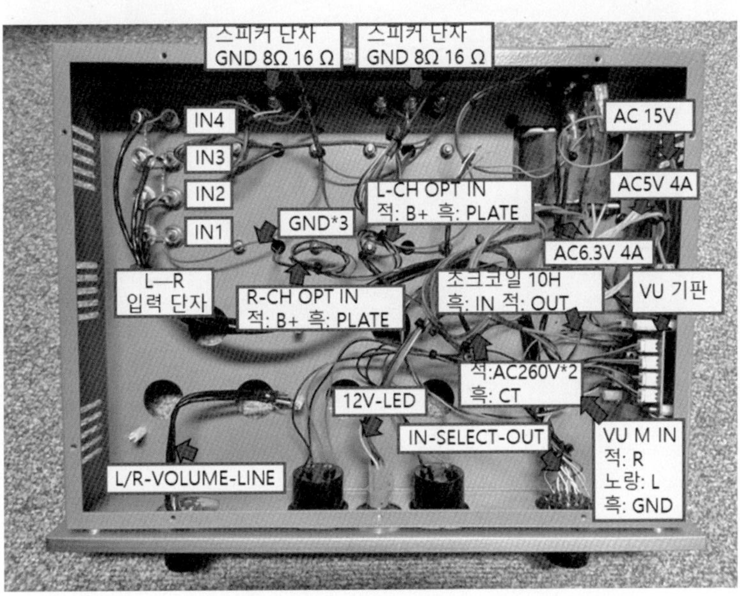

그림 16.6. PCB와 배선을 위한 케이스 선들의 상세 이름

케이스 전면부에는 왼쪽으로부터 실렉터, Left VU미터, 전원 스위치, Right VU미터, 그리고 볼륨 조절기가 배치되어 있다. 케이스 후면부에는 220V 전원 연결 커넥터가 있다. 케이스의 내부의 우측 벽에는 VU미터 조절기 기판이 부착되어 있다. 그림 16.6은 케이스에 부착하는 모든 부품들이 장착된 상태이며, PCB의 단자들과 연결할 준비가 되어 있는 모습이다.

그림 16.7. 기판 아랫면에 진공관 소켓을 장착한 모습

그림 16.8. PCB 기판과 케이스 부착 부품과 연결한 모습

그림 16.7은 PCB 기판 아랫면에 진공관 소켓을 장착한 모습이다. 진공관 소켓은 실제 위치는 케이스의 윗면에 튀어나오는 모습으로 나타난다. 그림 16.8는 PCB의 단자들과 케이스에 부착한 부품들을 모두 연결한 모습이다.

16.4. 진공관 앰프 조정 및 테스트

16.4.1. 바이어스 조정 및 잡음 측정

PCB 기판의 오배선을 확인하고, 가판의 단자들에 케이스의 연결선을 연결한 다음에 전원을 켜서, 약 2분 후 다이오드 D1이 켜지는 것을 확인한다. D1 불빛을 확인한 다음에는 3가지 진공관의 바이어스 전압을 측정하여 다음과 같이 확인한다. 양쪽 채널의 전압이 크게 차이 나지 않는 것이 좋다.

① 6080W 출력관 진공관의 캐소우드 저항 R13, R14 및 R11, R12 양단의 전압을 측정하여 약 85V~90V가 걸리는지 확인하고 기록한다.

② Ef86 진공관의 캐소우드저항 R6, R19 1.5 kΩ 양단의 전압을 측정하여 약 2V가 걸리는지 확인하고 기록한다.

③ 6DJ8 진공관의 캐소우드저항 R7, R20 1 kΩ 양단의 전압을 측정하고 약 3V가 걸리는지 확인하고 기록한다.

잡음 측정은 SNR 미터로 측정하는 것이 정석이지만 측정기가 없는 경우 간이형 측정 방법으로 신호발생기와 오실로스코프로 측정하는 방법과 소리로 들어서 판단하는 두 가지 방법이 있다. 오실로스코프로 측정할 경우 앰프 입력단에 1 kHz의 정현파 신호를 공급하고 스피커가 연결된 상태에서 볼륨을 조절하여 1V P-P 신호가 출력되도록 조절한다. 이 상태에서 입력을 0V로 하고 출력 잡음의 크기를 측정해서 SNR을 계산한다.

$$\text{SNR} = 20\ \log(\text{노이즈 전압}/1) \tag{16.1}$$

소리로 측정하는 방법은 앰프를 켜고 볼륨을 최소로 한 다음, 스피커에 귀를 대고 백색잡음을 귀로 들어본다. 스피커에 귀를 대고 들어서 거의 안들리거나 약간 들리는 것은 정상이다. 스피커에 아주 가까이서 귀에 잡음이 들리지만, 스피커에서 2 미터 정도 떨어져서 귀로 들었을 때 백색잡음이 들리지 않을 정도면 정상적인 범위에 속하는 잡음으로 본다.

16.4.2. 주파수 특성 측정

앰프의 특성을 파악하는 방법으로 20 Hz ~ 20 kHz의 주파수 특성을 그래프로 그려서 조사한다. 주파수를 20 Hz부터 시작하여 20 kHz까지 높여가면서 입력 대비 출력의 전압이 얼마나 일정하게 나오는지 측정한다. 성능이 좋은 앰프는 20 Hz부터 20 kHz까지 입력

대 출력 전압비가 일정하게 나오는데, 성능이 좋지 않으면 저주파 또는 고주파에서 전압 이득이 떨어질 수 있다.

앰프의 주파수 특성을 측정하기 위하여 그림 16.9와 같이 RCA 입력단자에 함수 발생기의 정현파를 선택하여 입력하고 그 신호를 오실로스코프 채널 A에 연결한다. 그리고 스피커 출력단자를 오실로스코프 B채널에 연결하여 앰프 입력과 출력을 오실로스코프로 동시에 볼 수 있도록 한다. 그림 16.10에 색을 구분하여 앰프 입력은 청색으로 적색은 Left 출력신호를 흑색은 Right 출력신호의 크기를 그래프로 그린다. 주파수 특성 측정 절차를 순서대로 설명하면 다음과 같다.

① 앰프 볼륨을 최소 0에 위치, 앰프 입력 단자 CDP 채널에 RCA 잭을 이용하여 함수발생기의 사인웨이브 1KHZ 1V(P-P)연결, 채널 셀렉터 CDP 선택

② 앰프 스피커 단자에 임피던스를 맞추어 L, R 채널 스피커 연결

③ 측정하고자 하는 채널 스피커 단자에 오실로스코프 프로브 연결

④ 오실로스코프에 1KHZ 1V P-P가 나오도록 볼륨 조절

⑤ L 채널에 대하여 주파수 변경하면서 출력 레벨 측정 기록

⑥ R 채널에 대하여 주파수 변경하면서 출력 레벨 측정 기록

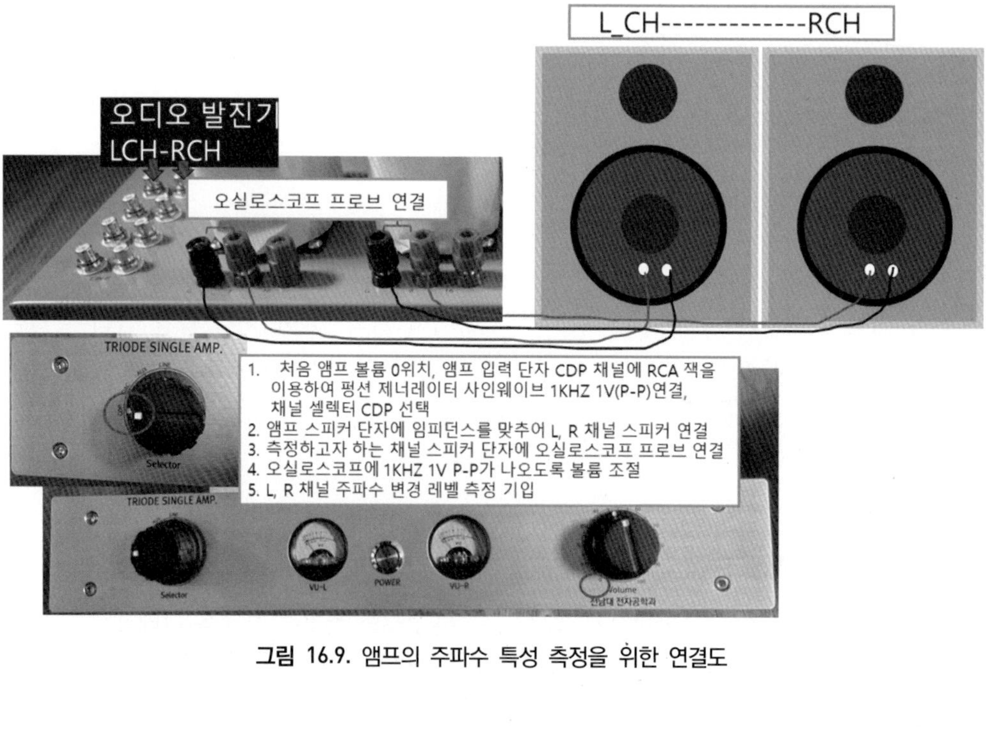

그림 16.9. 앰프의 주파수 특성 측정을 위한 연결도

그림 16.10. 주파수 특성 측정용 그래프

16.5. 오디오 시스템 연결 시 주의사항

그림 16.11은 제작한 진공관 앰프의 전면 모습이다. 왼쪽으로부터 실렉터, Left VU미터, 전원 스위치, Right VU미터, 그리고 볼륨 조절기가 배치되어 있다. 실렉터는 CDP, DAC, AUX, LINE의 4개가 있는데, 이중 LINE은 왼쪽 앞쪽에 설치되어 있는 FM튜너/USB/블루투스의 출력을 선택한다.

그림 16.12는 위에서 바라본 앰프 모습인데, 우측 뒤쪽으로 RCA 입력 단자가 4개 조가 있고, 뒤편에 스피커로 연결되는 출력단자가 있는데 8Ω과 16Ω을 제공한다.

그림 16.11. 제작한 앰프의 정면 모습

앰프와 스피커를 연결할 때 주의해야 할 사항이 세 가지가 있다. 첫째는 스피커 임피던스에 맞는 단자와 연결해야 한다. 8Ω 스피커의 경우는 8Ω 앰프 출력 단자와 연결해야 하고, 16Ω 스피커의 경우는 16Ω 앰프 출력 단자와 연결해야 한다. 스피커의 임피던스와 맞지 않은 단자와 연결하게 되면 최대 전력 전송 이론에 어긋나게 되어 음량이 줄어들게 된다.

두 번째는 스피커와 연결할 때 +단자와 -단자를 정확하게 연결해야 한다. 앰프의 스피커의 +단자와 -단자를 바꾸어 연결하게 되면 스피커 앞에 귀를 대고 들어보면 소리가 스피커 앞으로 나오지 않고 소리가 스피커 안쪽 방향으로 향하게 된다. 이는 +단자 -단자를 바꾸어져서 콘지를 움직이게 하는 전류가 반대로 흐르게 되어 콘지의 움직임 방향이 180도 바뀌게 되어 소리가 스피커 안쪽 방향으로 향하게 된다. 소리가 스피커 전면으로 튀어나오지 않고 스피커 안쪽 방향으로 향하게 되면, 음악이 힘이 없고 입체감도 없어지게 된다.

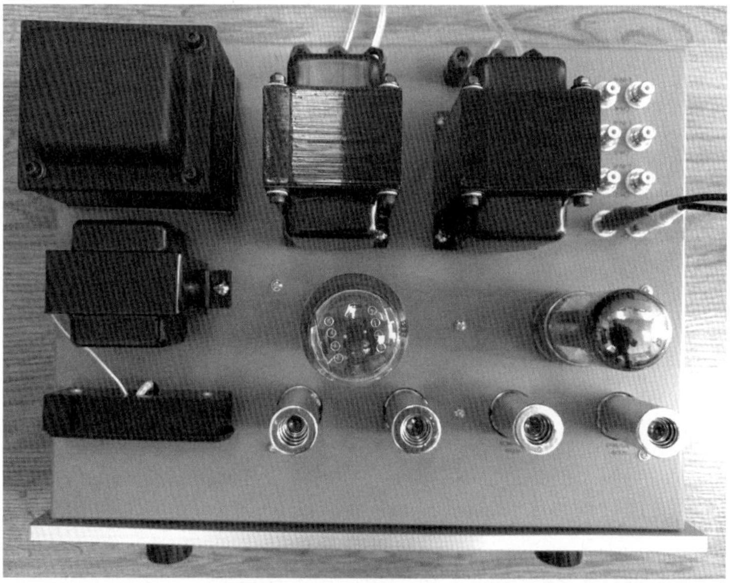

그림 16.12. 제작한 앰프의 상부면 모습

세 번째는 앰프와 스피커의 L, R 채널 연결할 때 좌우가 바뀌지 않도록 해야 한다. 실제 L, R이 바뀌어 연결되어 있는 가정이 상당수가 있다. 두 가지 방법으로 L, R을 확인할 수 있는데, 첫째는 한번은 L 채널에서만 소리가 나오고 다음에는 R 채널만 소리가 나오는 테스트 CD를 사용하여 좌우를 확인하는 것이다. 둘째, 제작한 앰프의 경우 내부 배선이 바뀌는 경우가 있을 수 있는데 하드웨어적인 방법으로 좌우측 입력단 RCA 코넥터를 번갈아 빼보는 것이다. 이때 음량은 겨우 들릴 정도로 볼륨을 낮추어 놓고 시험하는 것이 좋다. 좌우 채널을 구별하는 테스트 CD가 없다면, 오케스트라 음악을 틀어놓고 제1바이올린의 소리가 그림 16.13에 나와 있는 것처럼 좌측에서 상이 맺히는지 확인하면 된다. 오디오를 새로 설치하거나 오디오 시스템을 이동하여 재배치할 때는 꼭 L, R 채널 연결이 정확한지 확인해야 한다.

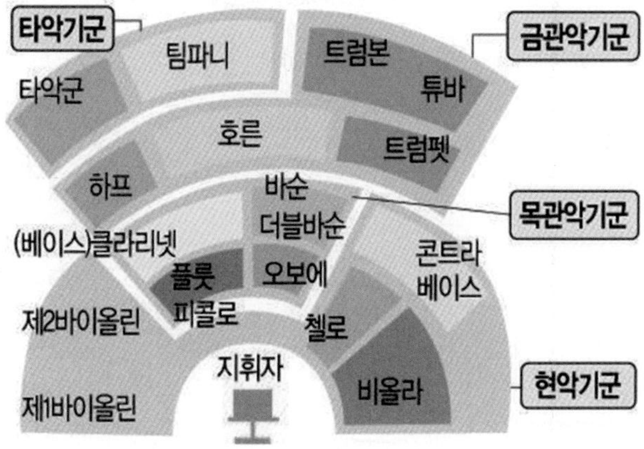

그림 16.13. 현대 오케스트라 기본적인 악기 편성도

참고자료

- Douglas Self, Audio Power Amplifier Design Handbook 4th Edition, Focal Press, 2009.
- 이재홍 편저, 세계 유명 오디오기기 회로집, 월간 오디오사 출판부, 1995년.
- 이찬영, 진공관 앰프 제작 길라잡이, 성안당, 1998년.
- 김세헌, 전자캐드기능사를 위한 Cadence OrCAD/AllegroV16.5, 내하출판사, 2012년.
- 최윤욱 저, 굿모닝 오디오, 오픈하우스, 2009년.
- 라디오기술사 편저, 멀티앰프 시스템, 라디오기술사, 1988년.
- 김광곤 편저, 디지털 오디오, 문화방송(주), 1992년.
- 데이빗 마인즈, 하버 로버트 런스타인, 김철웅 편저, 모던리코딩 테크닉 6판, 커뮤니케이션북스(주), 2008년.
- Donald L. Schilling, Charles Belove, Electronic Circuits, 2nd Ed, McGraw-HILL KOGAKUSHA LTD, 1979.
- 허준, 오디오 마니아 바이블, 돌을새김, 2007년.
- 참소리, 참소리축음기·에디슨박물관, 2004년.
- Alexander, Saduka 지음, 심귀보, 김대진, 김준성, 이기원, 전태현, 차형태, 최병재, 최수일, 황석승 공역, 회로이론, 7판, McGraw-Hill Korea, 2021년.
- B. Razavi, Fundamentals of Microelectronics, John Wiley & Sons, Inc., 2008.
- A.S. Sedra and K.C. Smith, Microelectronic Circuits, 5th Edition, Oxford University Press, 2004.
- Donald A. Neamen 지음, 김규철, 김명식, 백광렬, 사공석진, 성영휘, 예윤해, 윤경식, 이준영, 전태현, 한상규, 전자회로, McGraw Hill Education, 2017년.
- Thomas L. Floyd 지음, 장학신, 이원석, 강창수 옮김, 현대 전자회로, 광문각, 2012년.
- Albert P. Malvino, David J. Bates 지음, 진경복, 류근관, 박진현, 정연호 옮김, 전자회로 8판, McGraw Hill, 2016년.
- 김대진, 김성민, 김진술, 김철홍, 박규해, 최수일, 전기전자컴퓨터공학기초, 전남대학교출판부, 2015년 8월.
- 김대진, 박형도, 최적 전자제품 설계제작 프로젝트, 전남대학교출판문화원, 2018년 1월.
- 최수일, 김대진, 김진술, IT공학기초실험, 전남대학교출판문화원, 2020년 2월.